Serielles Bauen

Systeme, Installationen und Effizienz im Wohnungsbau

1. Auflage 2025

Autoren:

Marion Appelt
Stefan Bacher
Jürgen Benitz-Wildenburg
Tobias Hennemann
Elisabeth Hierlein
Jonas Kleuderlein
Diana Krüger
Frank Lattke
Markus Leppin
Olaf Löchte
Markus Meyer
Stephan Löring
Jens Uwe Pott
Falk Schneemann
Daniela Schneider
Sandra Schuster
Mike Sieder
Saskia Stalberg
Felix Thust

FORUM
WISSEN,
DAS ANKOMMT.

Bibliografische Information der Deutschen Bibliothek

Die Deutsche Bibliothek verzeichnet diese Publikation in der Deutschen Nationalbibliografie; detaillierte bibliografische Daten sind im Internet über http://dnb.dnb.de abrufbar.

Mandichostraße 18
86504 Merching

Telefon: +49 (0)8233 381-123
Fax: +49 (0)8233 381-222
E-Mail: service@forum-verlag.com
Internet: www.forum-verlag.com

Hinweis: Aus Gründen der besseren Lesbarkeit und Einfachheit wird in den folgenden Texten meist die männliche Form verwendet. Die verwendeten Bezeichnungen sind als geschlechtsneutral bzw. als Oberbegriffe zu interpretieren und gelten gleichermaßen für alle Geschlechter.

Titelfoto/-illustration: © ah_fotobox – stock.adobe.com
Satz: Reemers Publishing Services GmbH, 47799 Krefeld
Druck: Druckerei Joh. Walch GmbH & Co. KG, 86179 Augsburg
Printed in Germany

ISBN 978-3-98875-254-3 (Print-Ausgabe)
ISBN 978-3-98875-255-0 (Kombi-Ausgabe)
ISBN 978-3-98875-256-7 (E-Book)

Vorwort

Das Prinzip des seriellen Bauens steht heute für ein strategisches Instrument, mit dem der Wohnungsbau beschleunigt und effizienter gemacht werden soll. Was wie eine innovative, neuartige Lösung klingt, beruht auf vielen Vorbildern. Ein Blick zurück in die Nachkriegszeit zeigt, wie dem Wiederaufbau und dem damaligen Wohnungsmangel begegnet wurde, als es darum ging, Wohnraum schnell und effizient zu schaffen. Typengrundrisse waren die Blaupause für die bekannten Mehrfamilienhaustypologien der 1950er Jahre in Mauerwerk mit Satteldach und Lochfassaden. Bäder und Treppenräume liegen an der Außenwand, häufig stehen die Gebäude als Hochparterre in der Stadtlandschaft. Unter dem Begriff der Plattenbauten oder Großtafelbauweise entwickelte sich eine Bauweise, die geprägt ist von der Anwendung industriell hergestellter Wand- und Deckenbauteile aus Beton. Diese Art fand in den Großwohnsiedlungen ihren eigenen Ausdruck.

Ein Blick noch weiter zurück in die industrielle Revolution erinnert an die Entwicklung der Eisenbauweise. Der Kristallpalast in London (1851) steht beispielhaft für ein neues Bauen mit industriell vorgefertigten Bauteilen, die als Katalogware in unzähligen Projekten Anwendung fanden.

Ist es also jetzt Zeit für einen scheinbaren Rückschritt, um mit altbekannten Bauweisen die Probleme unserer Zeit zu lösen und fehlenden Wohnraum zu schaffen?

Dieses Buch beleuchtet den Stand der Technik der Herstellung und Anwendung von vorgefertigten Bauweisen und Bauteilen für die Konstruktion, Installationen und den Ausbau von mehrgeschossigen Wohnungsbauten. Wie Konrad Wachsmann[1] bereits 1959 trefflich beschreibt, ist die Verlagerung der Bauprozesse in die Werkstatt einer der Schlüssel, um dem Prinzip der Industrialisierung folgend, Präzision und Qualität zu steigern. Die Vorfertigung im Sinne einer Fertigfabrikation ganzer Bauteile ermöglicht eine Leistungssteigerung. Das Bauen wird zu einem Montageprozess, der, wenn gut geplant, zu einer erheblichen Zeitersparnis vor Ort führen kann. Ein weiterer Effekt ist die Reduktion von Bauabfällen, da in der Werkstatt verhältnismäßig weniger Ausschuss entsteht und Reststoffe weiterverwendet werden können.

Da der Sektor für mehr als 50 % des Brutto-Abfallaufkommens verantwortlich ist[2], liegt hier die Chance für die Transformation der Baubranche hin zu ressourceneffizienten und zirkulären Bauweisen.

***Bild 1:** Robuste Konstruktion: Montage von Stahlbetonfertigteil-Balkonen in einem Holztafelbau mit Holzbetonverbund-Decken. (Quelle: Lattke Architekten)*

Die Baubranche begegnet den neuen ökologischen und ökonomischen Anforderungen auf unterschiedliche Art. Die Herstellung von Stahlbetonfertigteilen ist seit den 1960er Jahren eine bekannte Technologie. Auch in kleinteiligem Mauerwerk lassen sich einzelne Wände oder auch ganze Raummodule fertigen. Stahlkonstruktionen sind für den Wohnungsbau bisher nicht üblich.

[1] Wachsmann, Konrad: Wendepunkt im Bauen, Mainz: Verlag Krausskopf 1959

[2] https://www.umweltbundesamt.de/daten/ressourcen-abfall/abfallaufkommen#bau-abbruch-gewerbe-und-bergbauabfalle (Stand: 01.11.2025)

Die Innovationen im modernen vorgefertigten Holzbau der letzten 25 Jahre haben jedoch den Grundstein gelegt für die Anwendung im mehrgeschossigen Bauen unter Einhaltung der baurechtlichen und technischen Anforderungen.

Die Vielfalt liegt in der Kombination der Baustoffe und Bauweisen – eine dogmatische Sichtweise ist nicht angebracht. Die Wirksamkeit der Baustoffe entscheidet sich dabei in der spezifischen technischen Anforderungen und der Einbausituation. Das Einbeziehen der Auswirkungen auf die Reduktion klimaschädlicher Emissionen ist Prämisse der Planung und Anwendung. Denn der Bausektor verursacht mehr als 30 % der globalen CO_2-Emmisionen, die durch die Gewinnung und Produktion von Baustoffen, deren Verarbeitung und dem Betrieb von Gebäuden entstehen. Bei der Herstellung und dem Betrieb von Gebäuden liegen hier enorme Einspar- und Innovationspotenziale.

Die Wiederverwendung von Bauteilen und Baustoffen spielt dabei eine große Rolle. Am besten gelingt das mit Konstruktionen, die sortenrein und einfach zu trennen sind. Dem industriellen oder seriellen Bauen fällt hier eine große Verantwortung zu, demontierbare und trennbare Systeme zu entwickeln (siehe Kapitel „Kreislauffähigkeit des seriellen und modularen Bauens").

Der Umgang mit vorgefertigten Bauteilen erfordert eine Planungsstrategie, die sowohl den Transport und die Logistik der Elemente wie auch die Fügung der Teile berücksichtigt. Serielles oder standardisiertes Bauen diszipliniert die Planenden zur Beachtung der den Bauweisen immanenten Konstruktionsregeln. Da in der Werkstatt gebaut wird, müssen sämtliche Entscheidungen in der Planungsphase getroffen werden. Hierbei kommt der Arbeitsweise des Planungsteams eine besondere Bedeutung zu (siehe Kapitel „Planungsprozesse und BIM").

Alle Beteiligten müssen ein tiefes Verständnis für die Regeln der Vorfertigung mitbringen. Der Planungsprozess erfordert eine zielgerichtete Kooperation der Akteure und deren spezifische Kompetenzen. Die Kenntnis verschiedener Konstruktionsprinzipien, deren Anforderungen und Regeln, ist Grundlage einer erfolgreichen Planung. Für die Verwendung vorgefertigter Wand- und Deckenelemente sind die Bauteilaufbauten und Regeln der Fügung zu beachten. Lösungen für den Brandschutz, Bauphysik, Schallschutz und Raumakustik werden in der Planungsphase entwickelt und später umgesetzt (Kapitel „Elemente der seriellen Bauweise").

Was in der Fahrzeugindustrie etabliert ist, nämlich die Vorfertigung von Technikkomponenten und ganzen Bauteilgruppen, findet langsam auch in der Gebäudeplanung Anwendung. In der Lüftungstechnik kennt man die Vorgehensweise. Lüftungsgeräte werden als kompakte dezentrale Einheiten oder als Großgeräte verbaut. Das Plug & Work-Konzept beschreibt Module mit integrierten Technikkomponenten, die im Werk montiert, auf der Baustelle aufgestellt und zusammengesteckt werden. Im Bereich der Sanitärtechnik können Technikwände vorgefertigt werden, was zu einer erheblichen Zeitersparnis auf der Baustelle führt ührt (siehe Kapitel „Modulare Einbauten und Installationen").

Einen Schritt weiter geht die Vorfertigung von kompletten Sanitärmodulen als Bad- und/oder WC-Raum. Dabei gelangt die Installation und der Ausbau des Moduls zu einem vollständigen Ausstattungsstandard. Einziger limitierender Faktor für die Umsetzung ist die Dimension des Moduls (siehe Kapitel „Modulare Einbauten und Installationen").

Das Prinzip des seriellen Bauens beruht auf der Anwendung von vorgefertigten Bauteilen und Modulen, um die Qualität des Bauens zu steigern. Die Wiederholung der Elemente schmälert die Ästhetik der Architektur nicht zwingend, auch wenn die Disziplin der standardisierten Prozesse der Planung und Umsetzung sichtbar wird. Die Gestaltung lebt von der vielfältigen Anwendung der einzelnen Teile und deren Logik der Dimension und Fügung. Dieses Buch gibt einen Einblick in die technische Bandbreite der Möglichkeiten und die standardisierten Planungsprozessen, die die Grundlage für ein erfolgreiches Projekt darstellen.

Merching, im November 2025

Frank Lattke

Inhaltsverzeichnis

Autorinnen und Autoren

Marion Appelt

Im dena-Kompetenzzentrum Serielles Sanieren unterstützt Marion Appelt das Energiesprong-Kommunikationsteam. Sie ist ausgebildete Verlagslektorin und verfügt über umfassende Erfahrung in Redaktion und Öffentlichkeitsarbeit. Bei Energiesprong DE liegt Marion Appelts Fokus besonders auf dem Marktsegment Nichtwohngebäude.

Autorin des Kapitels „Serielle Sanierung"

Stefan Bacher

Dipl.-Ing. (FH) Stefan Bacher ist seit über 15 Jahren als Prüfingenieur Bauakustik im ift Rosenheim tätig und hat an einer Vielzahl von Forschungsprojekten zum Schallschutz mitgewirkt.

Autor des Abschnitts „Vorgefertigte Raummodule und Nasszellen" im Kapitel „Elemente der seriellen Bauweise"

Jürgen Benitz-Wildenburg

Dipl.-Ing. (FH) Jürgen Benitz-Wildenburg leitet im ift Rosenheim den Bereich PR & Kommunikation. Als Schreiner, Holzbauingenieur und Marketingexperte ist er seit 38 Jahren in der Holz- und Fensterbranche in verschiedenen Funktionen tätig. Als Lehrbeauftragter, Referent und Autor gibt er seine Erfahrung weiter.

Autor des Abschnitts „Vorgefertigte Raummodule und Nasszellen" im Kapitel „Elemente der seriellen Bauweise"

Tobias Hennemann

Tobias Hennemann ist Produktmanager Building Solutions bei der Wieland Electric GmbH.

Autor des Abschnitts „Steckbare Elektroinstallation" im Kapitel „Modulare Einbauten und Installationen"

Elisabeth Hierlein

Elisabeth Hierlein studierte Konstruktiven Ingenieurbau an der Universität Dortmund und ist zudem diplomierte Wirtschaftsingenieurin. Sie arbeitete 17 Jahre in der Tragwerksplanung in Kölner Ingenieurbüros vom Entwurf bis zur Ausführungsplanung. Seit 2006 ist sie für die Fachvereinigung Deutscher Betonfertigteilbau e.V. (FDB) tätig, seit Juli 2007 als Geschäftsführerin. Die Schwerpunktthemen ihrer fachlichen Arbeit sind der konstruktive Fertigteilbau, Fassaden, Architekturbeton, Bauphysik und Nachhaltig Bauen mit Beton.

Autorin der Abschnitte „Vorgefertigte Betonelemente", „Ziegelfertigteile" und „Besonderheiten der Baustellenlogistik" im Kapitel „Elemente der seriellen Bauweise"

Jonas Kleuderlein

Jonas Kleuderlein ist geschäftsführender Gesellschafter der SGS Engineering GmbH und seit über 15 Jahren als Fassadenberater im Bereich Gebäuderevitalisierung, nachhaltige Hochhaushüllen und Glassonderkonstruktionen tätig. Dazu zählen Projekte wie das „Futurium" in Berlin, das „Four" in Frankfurt oder „The Q" in Fürth. Als Dozent gibt er an der Hochschule für angewandte Wissenschaft Augsburg und der Bergischen Universität Wuppertal sein praxisnahes Fachwissen weiter. Er ist zudem Autor von Fachbeiträgen und Referent auf Fachkonferenzen wie der ZAK World of Facades.

Autor des Abschnitts „Fassadensysteme" im Kapitel „Elemente der seriellen Bauweise"

Diana Krüger

Diana Krüger studierte Bauingenieurwesen an der Fachhochschule Buxtehude und absolvierte im Anschluss an der HFH in Hamburg das Studium zur Wirtschaftsingenieurin. Sie leitet seit 2019 als Referentin den Geschäftsbereich Technik und Betrieb sowie die Fachgruppe Betonbauteile beim Bayerischen Industrieverband Baustoffe, Steine und Erden e. V. (BIV). Nach ihrem Bauingenieurstudium war sie als Projektentwicklerin und -leiterin für einen Erschließungsträger tätig. Im Anschluss engagierte sie sich im technischen Vertrieb für Tiefbauprodukte deutschlandweit sowie in Österreich. Mit dem Abschluss ihres Studiums zur Wirtschaftsingenieurin übernahm sie die Position der Verkaufsleitung Deutschland, Österreich und Schweiz, bevor sie zum BIV wechselte.

Autorin der Abschnitte „Vorgefertigte Betonelemente", „Ziegelfertigteile" und „Besonderheiten der Baustellenlogistik" im Kapitel „Elemente der seriellen Bauweise"

Frank Lattke

Frank Lattke ist Architekt und Gründer des Büros Lattke Architekten in Augsburg (seit 2004). Von 2002 bis 2014 war er wissenschaftlicher Mitarbeiter am Fachgebiet Holzbau von Prof. Hermann Kaufmann an der Technischen Universität München mit Schwerpunkt auf Forschung und Lehre zum modernen Holzbau. Er leitete unter anderem das europäische Forschungsprojekt TES EnergyFacade (WoodWisdom ERA-Net) und war anschließend Projektpartner in leanWOOD und BIMwood. Seit 2022 ist er Forschungsprofessor für Baukonstruktion und digitale Fabrikation an der

Technischen Hochschule Nürnberg Georg Simon Ohm. Sein wissenschaftliches und praktisches Interesse gilt der Weiterentwicklung vorgefertigter, serieller Holzbauweisen für Neubau und Gebäudemodernisierung.

Autor des Kapitels „Planungsprozesse und BIM"

Markus Leppin

Dipl.-Ing. (FH) Markus Leppin leitet den Geschäftsbereich „Prüfung von Baustoffen, Bauelementen und Holzbau für Brand, Bauakustik, Fassade" des ift Rosenheim. Davor war er viele Jahre in der Fertighausindustrie tätig und hat in dieser Zeit Holzbausysteme sowie Holz-Beton-Hybrid Systeme bis zur Serienreife entwickelt sowie unterschiedliche Großprojekt geleitet. Außerdem ist er als Lehrbeauftragter an der TH-Rosenheim tätig.

Autor des Abschnitts „Vorgefertigte Raummodule und Nasszellen" im Kapitel „Elemente der seriellen Bauweise"

Olaf Löchte

Dipl.-Ing. (FH) Olaf Löchte, Jahrgang 1971, studierte Ver- und Entsorgungstechnik mit dem Schwerpunkt Technische Gebäudeausrüstung an der Fachhochschule Münster-Steinfurt. Seit 2016 ist er als Fachplaner und seit 2018 als Sachverständiger für gebäudetechnischen Brandschutz durch EIPOS Dresden qualifiziert. Seine berufliche Laufbahn begann 1996 als TGA-Fachplaner in verschiedenen Ingenieurbüros. Ab 2007 war er bei TECE tätig, zunächst im technischen Innendienst, später als Anwendungstechniker für TECEsystem, den seriell vorgefertigten Installationswänden von TECE. Seit 2015 ist er Technischer Leiter der Anwendungstechnik TECEsystem.

Autor des Abschnitts „Vorgefertigte Installationswände" im Kapitel „Modulare Einbauten und Installationen"

Stephan Löring

Prof. Dr.-Ing. Stephan Löring hat viele Jahre als Tragwerksplaner im üblichen Hochbau gearbeitet. Nach seiner Promotion an der TU Dortmund erfolgte die Erstberufung an die Hochschule Zittau-Görlitz. Seit 2008 ist er Professor für Baukonstruktion an der Hochschule Bochum, wo er baustoff- und bauartübergreifend die angewandte Tragwerksplanung im Rahmen der Bauingenieurausbildung vertritt.

Autor des Kapitels „Wand- und Skelettbauweise"

Markus Meyer

Markus Meyer, Jahrgang 1968, arbeitet seit mehr als 25 Jahren in der Lüftungsbranche und konnte in dieser Zeit mehr als 5.000 Projekte weltweit beratend und/oder planerisch begleiten. Im Jahr 2007 macht er sich mit seinem eigenen Planungsbüro AIROPTIMA selbstständig. Sein Hauptaugenmerk liegt in der Planung von energieeffizienten und schlanken Systemlösungen für Wohn- und Nichtwohngebäude in der Sanierung sowie im Neubau. Für viele Organisationen arbeitet er als Dozent und Ausbilder für moderne und nachhaltige Lüftungstechnik. Die Firma AIROPTIMA hat ihren Firmensitz im eigenen Betriebsgebäude, dem „House of Energy". Diese erhielt als erstes Nichtwohngebäude weltweit das begehrte Zertifikat „Passivhaus Premium". Eines der interessantesten Projekte war im Jahr 2020 die Planung der Lüftungstechnik für „HOMEGROUND" in Herzogenaurach – die Unterkünfte der Firma ADIDAS für die deutsche Fußballnationalmannschaft zur Fußball-Europameisterschaft 2021.

Autor des Abschnitts „Planung von Lüftungstechnik mit individuellen Vorfertigungssystemen" im Kapitel „Modulare Einbauten und Installationen"

Jens Uwe Pott

Herr Dr.-Ing. Jens Uwe Pott hat von 1996 bis 2001 an der Ruhr-Universität Bochum Bauingenieurwesen studiert und danach bis 2006 am Institut für Baustoffe der Leibniz-Universität Hannover zum Thema „zementgebundene Schäume" promoviert. Nach mehreren Jahren als technischer Bauberater der BetonMaketing Nord tätig übernahm er 2010 die Geschäftsführung des BAU-ZERT e. V., vormals Güteschutz Beton- und Fertigteilwerke Nord e. V. und ab 2012 die Geschäftsführungen des Verband Beton- und Fertigteilindustrie Nord sowie der Fachvereinigung Betonbauteile mit Gitterträgern e. V. Seit 2011 ist Herr Dr. Pott Beratender Ingenieur, eingetragen bei der Ingenieurkammer Niedersachsen.

Autor der Abschnitte „Vorgefertigte Betonelemente", „Ziegelfertigteile" und „Besonderheiten der Baustellenlogistik" im Kapitel „Elemente der seriellen Bauweise"

Falk Schneemann

Nach Ausbildung zum Zimmermann, Architekturstudium in Stuttgart und Abschluss an der TU Delft arbeitete Falk Schneemann zunächst bei Benthem Crouwel in Amsterdam, war dann Associate bei Foster + Partners und Senior Architekt bei Herzog & de Meuron. Von 2013 bis 2025 war er wissenschaftlicher Mitarbeiter am Lehrstuhl des KIT für Baukonstruktion von Ludwig Wappner wo er 2019 zu Hochhäusern der Nachkriegszeit in Westdeutschland promoviert wurde. 2017 gründete er Falk Schneemann Architektur mit Fokus auf nachhaltige Architektur, wobei besonders das Projekt der Garagenaufstockungen in zirkulärer Bauweise breite Beachtung fand. Seit 2025 ist Falk Schneemann Professor für Zirkuläres Bauen und Entwerfen an der Hochschule Darmstadt.

Autor des Kapitels „Vorbild Gewerbebau“

Daniela Schneider

Daniela Schneider ist Architektin und Leading Environmental Specialist bei der EPEA GmbH, Part of Drees & Sommer, mit besonderer Expertise in den Cradle to Cradle®-Designprinzipien für innovative und kreislauffähige Baukonzepte. Ihr Architekturstudium absolvierte sie in Stuttgart, ergänzt durch einen Masterabschluss in Architektur und Umwelt an der Hochschule Wismar. Zudem forscht sie aktuell am Karlsruher Institut für Technologie im Bereich Nachhaltiges Bauen, wodurch sie eine Schnittstelle zwischen praxisorientierter Planung und wissenschaftlicher Forschung bildet.

Autorin des Kapitels „Kreislauffähigkeit des seriellen und modularen Bauens“

Sandra Schuster

Dr.-Ing. Sandra Schuster ist Architektin mit langjähriger Erfahrung in Praxis, Forschung und Lehre. Sie leitet die Forschungsgruppe TUM.wood sowie die Forschung am Lehrstuhl für Architektur und Holzbau der Technischen Universität München. Ihr Schwerpunkt liegt auf dem mehrgeschossigen und zirkulären Holzbau sowie auf der Transformation von Planungsprozessen im Kontext von Digitalisierung, Ressourceneffizienz und gesellschaftlichem Wandel. Sie setzt sich dafür ein, architektonische Gestaltung mit ressourcenschonenden und gesellschaftlich relevanten Perspektiven zu vereinen. Für das Forschungsprojekt circularWOOD wurde sie 2024 mit dem DGNB-Forschungspreis ausgezeichnet.

Autorin des Kapitels „Planungsprozesse und BIM“

Mike Sieder

Prof. Dr.-Ing. Mike Sieder forscht seit seiner Promotion im Bereich Holzbau, ressourcenschonendes und energiesparendes Bauen. Er ist Vorsitzender des deutschen Spiegelausschusses NA 005-04-01 AA Holzbau (SpA zu CEN/TC 124, CEN/TC 250/SC5, ISO/TC 165), Mitglied in verschiedenen nationalen wie europäischen Normungsgruppen des Holzbaus, Mitglied des Sachverständigenausschusses Holzbau des Deutschen Instituts für Bautechnik sowie gutachterlich für verschiedene Forschungsinstitutionen tätig. Als Tragwerksplaner, Beratender Ingenieur und öffentlich bestellter und vereidigter Sachverständiger für Holzbau, Tragwerke (Statik und Konstruktion) im Holzbau bedient er auch die baupraktischen Belange des Holzbaus.

Autor des Abschnitts „Holztafelbau“ im Kapitel „Elemente der seriellen Bauweise“

Saskia Stalberg

Saskia Stalberg studierte Bauingenieurwesen (M. Eng.) mit der Fachrichtung Baubetrieb an der Technischen Hochschule Köln und schrieb ihre Masterarbeit über die ökologischen und ökonomischen Potenziale des 3D-Betondrucks im Vergleich zu konventionellen Betonbauweisen. Seit April 2025 ist sie als technische Referentin bei der Fachvereinigung Deutscher Betonfertigteilbau e.V. für die Bereiche Betontechnologie und Innovation zuständig. Zuvor war sie beim Bau- und Liegenschaftsbetrieb NRW in der Bauleitung und Projektsteuerung tätig.

Autorin der Abschnitte „Vorgefertigte Betonelemente“, „Ziegelfertigteile“ und „Besonderheiten der Baustellenlogistik“ im Kapitel „Elemente der seriellen Bauweise“

Felix Thust

Felix Thust, Jahrgang 1998, ist Ingenieur für Energieeffizientes Planen und Bauen – E2D (B. Eng.) und studierte, mit Schwerpunkt auf die Integrale Planung von Gebäuden, an der Technischen Hochschule Augsburg. Er ist seit 2021 im Praxissemester und danach als Werkstudent, und seit 2023 als Planungsingenieur und Projektleitung für Lüftungstechnik im Bereich Wohn- und Nichtwohngebäude bei AIROPTIMA tätig. Er entwickelt Lüftungslösungen, die Energieeffizienz, Nutzerkomfort und Wirtschaftlichkeit miteinander vereinen. Gleichzeitig sind ihm praxisgerechte und verständliche Lösungen für Planer und Ausführende wichtig.

Autor des Abschnitts „Planung von Lüftungstechnik mit individuellen Vorfertigungssystemen“ im Kapitel „Modulare Einbauten und Installationen“

Hinweis zur Erstellung der Inhalte

Die Beschreibungstexte liegt in der Verantwortung der jeweiligen Autorinnen und Autoren.

Zur Einordnung: Wand- und Skelettbauweise

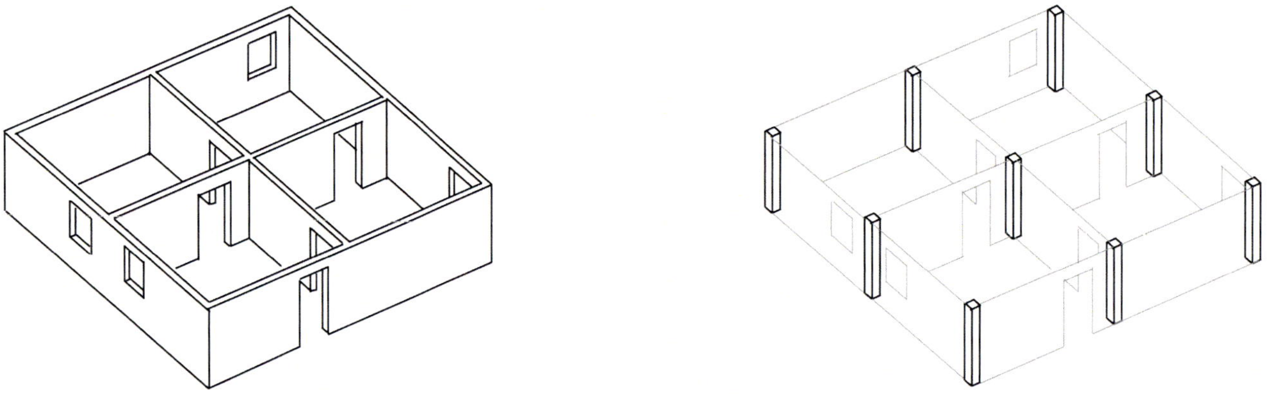

Bild 1: *Wandbauweise (links) und Skelettbauweise (rechts) (Quelle: Löring)*

Bei Konstruktionen im Hochbau wird zwischen der Wandbauweise und der Skelettbauweise unterschieden. Während bei der Wandbauweise die raumtrennenden Wände tragend ausgebildet werden und die Deckenlasten übernehmen, findet der vertikale Lastabtrag in der Skelettbauweise über Stützen statt. Die Raumtrennung und die Fassadenausbildung erfolgen in diesem Fall über nachträglich eingebaute nichttragende Wände bzw. Fassadenelemente (Bild 1).

Der Großteil der Wohngebäude in Deutschland wird in Wandbauweise hergestellt. Wenn die Anordnung der Wohnräume, Küchen und Bäder über den Nutzungszeitraum des Gebäudes im Wesentlichen unverändert bleibt, erweisen sich tragende, raumtrennende Wände als sinnvoll. Die im Wohnungsbau übliche Mauerwerksbauweise wirkt sich auch auf das Raumklima positiv aus. Der Vorteil der Bauweise liegt in der günstigeren Beanspruchung der Deckenplatten und der Wirtschaftlichkeit bei der Erstellung des Bauwerks. Da die tragenden Wände gleichzeitig der Aussteifung dienen, sind keine zusätzlichen Tragwerkselemente für den horizontalen Lastabtrag gegen Wind oder ggf. Erdbeben erforderlich. Allerdings können tragende Wände nachträglich nur nach Rücksprache mit Statikern mit größeren Durchbrüchen versehen oder gar ganz entfernt werden. In jedem Fall müssen statisch nachgewiesene Abfangkonstruktionen eingebaut werden. Neben der Mauerwerksbauweise hat sich auch die Holzrahmenbauweise als Wandbauweise etabliert.

Ein Vorteil der Skelettbauweise liegt in der größeren Flexibilität während der Nutzung des Gebäudes. Da der vertikale Lastabtrag allein über die Stützen erfolgt, können alle Innenwände und auch die Fassade nichttragend ausgeführt und deshalb entsprechend ihrer Anforderungen optimiert werden. Die nichttragenden Innenwände können gemauert oder in Leichtbauweise als beplankte Ständerwand erstellt werden. Sie können jederzeit entfernt, hinzugefügt oder verschoben werden. Deshalb wird diese Bauweise bisher für alle Bauten verwendet, bei denen hohe Anforderungen an die Variabilität der Nutzung bestehen, wie beispielsweise Bürogebäude oder öffentliche Bauten. Allerdings muss bei Skelettbauten die Aussteifung gegen Horizontallasten in jedem Fall gesondert nachgewiesen werden und erfordert gegebenenfalls zusätzliche Tragelemente. Vor dem Hintergrund des seriellen Bauens wird die Skelettbauweise möglicherweise auch zunehmend im Wohnungsbau etabliert, um u. a. Vorfertigungsgrade zu erhöhen. Die Ausführung erfolgt dabei in Stahlbeton, Stahl oder Holz. Eine regelmäßige Anordnung der Stützen ermöglicht einen größeren Wiederholungsfaktor von baugleichen, nichttragenden Fertigteilelementen und bietet deshalb wirtschaftliche Vorteile.

Bei Bauwerken in Skelettbauweise erfolgt der vertikale Lastabtrag im Wesentlichen über Stützen. Der horizontale Lastabtrag, die Aussteifung, wird vom Treppenhauskern und zusätzlichen Wandscheiben übernommen. Alternativ sind aber auch Auskreuzungen oder, insbesondere im Stahlbau, biegesteife Rahmenkonstruktionen denkbar.

Die Reduzierung der vertikalen Tragwerkselemente auf die Stützen ermöglicht eine große Grundrissvariabilität. Deshalb wird diese Bauweise bevorzugt in Bürogebäuden und öffentlichen Bauten verwendet, um Nutzungsänderungen flexibel ohne Eingriff in die Tragkonstruktion vornehmen zu können. Die Skelettbauweise schafft aber auch im Wohnungsbau die Möglichkeit, die nichttragenden inneren Wände und die nichttragende Fassade ohne Restriktionen durch den vertikalen Lastabtrag zu optimieren. Das heißt beispielsweise, dass neben Innenwänden aus Mauerwerk auch beplankte Ständerwände, Massivholzwände oder Glaswände zum Einsatz kommen können. Die Fassade kann ganz auf den Wärmeschutz ausgerichtet werden oder besondere optische Ansprüche erfüllen. Außerdem können die nichttragenden Bauteile im Hinblick auf Vorfertigung und eine große Wiederholungsrate bei gleichen Bauteilen optimiert werden. Zur Erreichung vieler geometrisch gleicher Bauteile ist eine regelmäßige Stützenstellung in einem Raster, wie sie in vielen Bürogebäuden üblich ist, sehr vorteilhaft.

Die Stützen in einem Skelettbau sollten in allen Geschossen übereinanderstehen, da ansonsten aufwändige Abfangmaßnahmen erforderlich werden. Die Treppenhäuser dienen als Fluchtweg und müssen deshalb besondere Brandschutzanforderungen erfüllen.

Grundsätzlich sind Skelettbauten aus Stahlbeton, Stahl und Holz denkbar. Dabei gibt es Unterschiede, was die Möglichkeiten zur Aussteifung des Gebäudes und den Brandschutz betrifft. Die Geschossdecken mit ihren hohen Anforderungen an den Schallschutz erfordern besondere Maßnahmen.

Bild 2: *Großbaustelle mit Skelettbau (Quelle: © Kara – stock.adobe.com)*

Wandbauweise

Da die Anordnung der Wohnräume, der Küchen und Bäder im Wesentlichen über den Nutzungszeitraum des Gebäudes unverändert bleibt, wird nicht so eine hohe Anforderung an die Flexibilität der Konstruktion gestellt wie z. B. bei Bürogebäuden. Deshalb sind Konstruktionen als Wandbauweise im Wohnungsbau nach wie vor auch aus wirtschaftlichen Gründen sinnvoll. Allerdings wird angestrebt, die Wände zwischen einzelnen Wohnräumen möglichst nichttragend auszuführen, um Raumgrößen von Aufenthaltsräumen an geänderte Nutzungsansprüche anpassen zu können. So kann aus zwei kleinen, benachbarten Schlafzimmern später ein größerer Raum geschaffen werden. Das führt in der Folge zwar zu größeren Deckenspannweiten, die aber bis zu bestimmten Grenzen konstruktiv gut realisierbar sind. Die damit einhergehende Reduzierung der tragenden Wände muss allerdings beim Nachweis der Aussteifung, also dem Nachweis gegen horizontale Lasten, berücksichtigt werden. Die Aussteifung wird durch das Zusammenwirken von Deckenplatten und Wandscheiben sichergestellt, sodass i. d. R. und abgesehen von Erdbebengebieten keine zusätzlichen Tragwerkselemente erforderlich sind.

Für die Ausführung in Wandbauweise kommen neben der üblichen Ausführung von Geschossdecken aus Stahlbeton auf Mauerwerkswänden auch Wände aus Stahlbeton infrage. Außerdem hat sich die Holzrahmenbauweise als Wandbauweise etabliert (siehe Bild 1).

Bei der Ausführung mit Wänden aus Mauerwerk oder Stahlbeton werden i. d. R. Stahlbetondecken eingesetzt, in selteneren Fällen auch Holzbalkendecken. Werden die Wände in Holzrahmenbauweise angefertigt, ist eine Kombination mit Holzbalkendecken möglich. Alternativ bieten sich Holzbauten mit massiven Deckenplatten aus Holz auf massiven Wänden aus Holz an. Grundsätzlich sind bei Holzbauten besondere Herausforderungen an den Brandschutz und den Schallschutz zu beachten.

Bei der Herstellung von Stahlbetondecken wird zunehmend auf den Einsatz von Halbfertigteilen mit Aufbeton zurückgegriffen. Dadurch kann auf die Schalung und auch auf Teile der Rüstung verzichtet werden. Diese Bauweise verknüpft Wirtschaftlichkeit mit statischen Vorteilen, da zum einen ein zweiachsiger Lastabtrag und zum anderen die günstige Durchlaufwirkung der Deckenplatte genutzt werden können.

Ganzfertigteile, beispielsweise aus Spannbeton-Hohldielen, bieten zwar wirtschaftliche Vorteile, sind aber auf regelmäßige Grundrisse angewiesen und konnten sich bisher im Wohnungsbau nicht durchsetzen.

Wände aus Mauerwerk

Wohnbauten mit Geschossdecken aus Stahlbeton und Wänden aus Mauerwerk stellen die vorherrschende Bauweise im Wohnungsbau in Deutschland dar. Die Mauerwerksindustrie hat in den letzten Jahrzehnten große Fortschritte dabei gemacht, die Bauweise zu rationalisieren, um wettbewerbsfähig gegenüber der Bauweise mit Stahlbetonwänden zu bleiben. So sind die Steinformate deutlich größer geworden. Üblich bei der Vermauerung von Ort sind Steinhöhen von ca. 25 cm, vermehrt werden aber auch „Planelemente“ eingesetzt. Diese ca. 50 cm hohen, großformatigen Steine, werden in der Baustellenlogistik wie Fertigteile behandelt und erfordern deshalb eine entsprechende Planvorlaufzeit. Es wird fast nur noch Dünnbettmörtel verwendet und auf die Stoßfugenvermörtelung verzichtet. Viele Wandverbindungen werden nicht mehr verzahnt vermauert, sondern als Stumpfstöße mit Flachstahlankern ausgeführt. Wegen des großen Gewichts der größeren Steine müssen aus Arbeitsschutzgründen Setzhilfen und spezielle Hebewerkzeuge beim Aufmauern der Wände vorgehalten werden.

Als Steine kommen je nach Region Kalksandsteine, Ziegel, Leichtbetonsteine oder Porenbetonsteine zum Einsatz. Die Mauersteinindustrie hat die Eigenschaften der Steine optimiert. So verfügen Kalksandsteine wegen ihrer großen Rohdichte über gute Festigkeits- und Schallschutzeigenschaften, während Porenbetonsteine wegen der enthaltenen Luftporen gute Wärmedämmeigenschaften aufweisen. Dafür handelt es sich bei ihnen um Steine mit geringen Festigkeitswerten. Ziegel und Leichtbetonsteine können im Produktionsprozess so konzipiert werden, dass sie entweder für Wärmeschutz oder für Schallschutz bzw. Festigkeit ausgelegt werden.

Mit den Eigenschaften der Steine sind auch die möglichen Wandaufbauten verknüpft. Für tragende Innenwände kommen je nach Belastung Wandstärken zwischen 11,5 cm und 24 cm infrage. Bei Außenwandaufbauten gibt es zwei Prinzipien: Entweder wird die notwendige Wärmedämmung mit oder ohne Zusatzdämmung sichergestellt. Bei Mauerwerk mit zusätzlicher Wärmedämmung wird zwischen Mauerwerk mit Wärmedämmverbundsystem und Mauerwerk mit Verblendschale unterschieden (Bild 2).

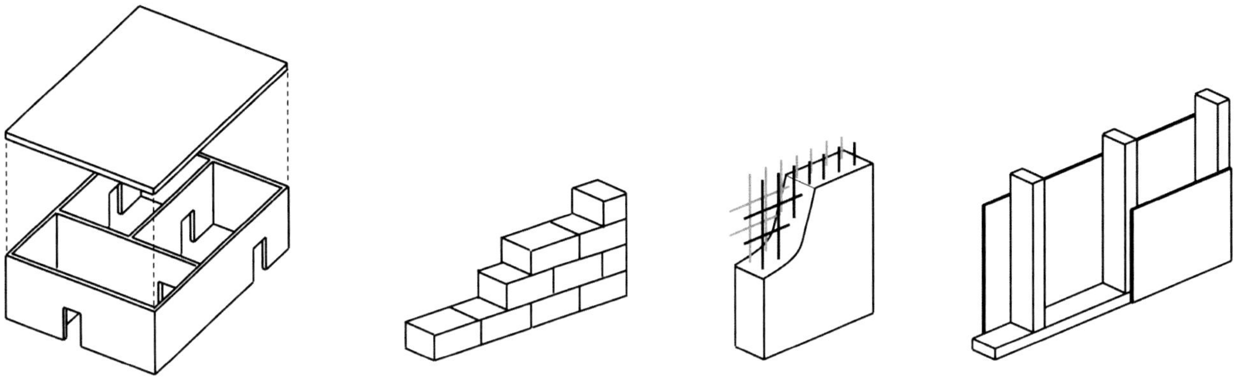

Bild 1: *Wandbauweise aus Mauerwerk, Stahlbeton und in Holzrahmenbauweise (Quelle: Löring)*

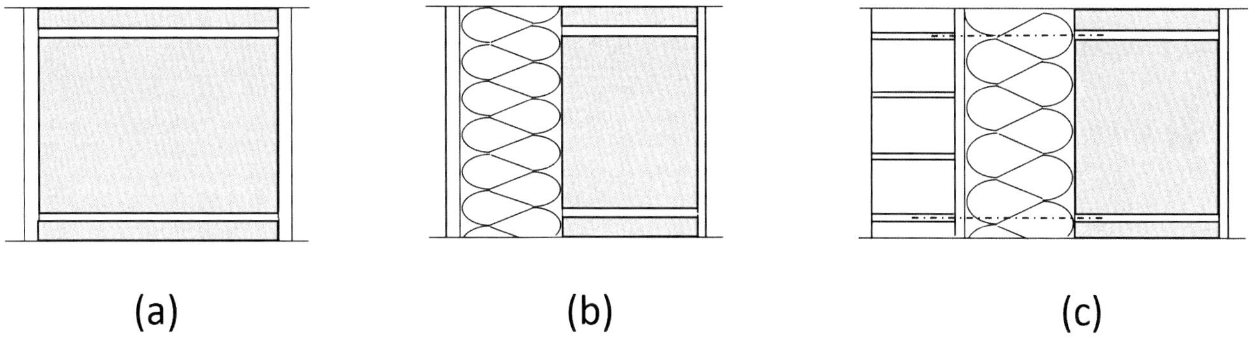

Bild 2: *Außenwandaufbauten: a) ohne Zusatzdämmung b) Wärmedämmverbundsystem außen c) Dämmung im Schalenzwischenraum (Quelle: Löring)*

Weil in Variante nach Bild 2 a) das Wandmaterial ohne Zusatzdämmung den Wärmeschutz erfüllen muss, kommen dafür nur hoch wärmedämmende Leichthochlochziegel, Leichtbetonsteine oder Porenbetonsteine infrage. Die Wandstärken müssen entsprechend groß sein und liegen inzwischen bei mindestens 36,5 cm. Der Vorteil der Bauweise liegt unter Berücksichtigung der Lebenszyklusanalyse beim sortenreinen Trennen beim Rückbau, der bei den Varianten mit Zusatzdämmung nicht ohne Weiteres gegeben ist. Bild 2 b) zeigt die Ausführung mit außen angebrachtem Wärmedämmverbundsystem. Das ermöglicht schlanke tragende Wände mit Wandstärken zwischen 17,5 cm und 24 cm, für die Kalksandsteine, Ziegel und Leichtbetonsteine verwendet werden können. Dies gilt auch für die Variante in Bild 2 c) mit Verblendmauerwerk als nichttragende äußere Schale und Dämmung im Schalenzwischenraum. Konstruktionen mit Verblendmauerwerk sind aufwändig, ermöglichen aber Sichtmauerwerk und sind im Vergleich zur Ausführung mit Wärmedämmverbundsystem wartungsarm.

Das Mauerwerk oberhalb von Öffnungen muss abgefangen werden. Dafür werden bei üblichen Türen fast ausschließlich Flachstürze verwendet. Bei Fenstern und Öffnungen mit moderaten Breiten, die bis an die Decke reichen, werden zunehmend deckengleiche Unterzüge der Stahlbetondecke zur Lastabfangung eingesetzt. Aus der Decke herausragende Unterzüge und Überzüge werden zur Überbrückung größerer Öffnungen und Wanddurchbrüche eingeplant, oder um tragende Wände der darüber liegenden Geschosse abzufangen.

Die Vorteile der Mauerwerksweise liegen in der Flexibilität bei der Herstellung und in Bezug auf das angenehme Raumklima, da die massiven Wände als Wärmespeicher im Winter und zur Kühlung im Sommer dienen. Außerdem sind sie robust bei unplanmäßigem Feuchtigkeitseintrag.

Mauerwerkswände können auch als Fertigteile vorproduziert werden[1]. Für den Transport ist dann eine entsprechende Sicherung durch innenliegende

[1] Schermer, D., Brehm, E. (Hrsg.): Mauerwerk Kalender 47. Jahrgang, Berlin: Ernst & Sohn 2022. Vgl. auch Abschnitt „Ziegelfertigteile"

Bewehrung oder Spanngurte vorzusehen. Auf der Baustelle ist das große Gewicht der Wände zu berücksichtigen, das ggf. besondere Hebewerkzeuge erfordert.

Wände aus Stahlbeton

Wohnbauten mit Wänden aus Stahlbeton haben, abgesehen vom Einsatz in Kellern und Tiefgaragen aus Feuchteschutzgründen, nur geringe Marktanteile. Da der Aufwand für das Einschalen, Bewehren und Betonieren hoch ist, wurden Fertigteillösungen entwickelt. Etabliert haben sich für Wände aus Stahlbeton neben den Ganzfertigteilen insbesondere Halbfertigteile, die aus zwei miteinander verbundenen Schalen bestehen und deren Zwischenraum vor Ort ausbetoniert wird. Das ermöglicht die einfache kraftschlüssige Anbindung an benachbarte Bauteile. Dennoch haben sich Wohnbauten mit Wänden aus Stahlbeton nicht durchgesetzt, wenn man von Wänden mit statisch notwendigen Anforderungen oder Aufzugswänden absieht.

Wände aus Holz

Holzbalkendecken, die aus nebeneinanderliegenden Holzbalken und aufgebrachten Schalungen aus Holz bestehen, haben eine lange Tradition. Auch Wände in Holzbauweise gibt es in Form der Blockbauweise und Fachwerkbauweise schon lange. Im Zuge der Rationalisierung hat die Holzbauindustrie die Holzrahmenbauweise entwickelt: Dabei handelt es sich um beplankte Ständerwände aus Holz, deren Querschnittsabmessungen und Ständerabstände standardisiert wurden. Die Wände werden geschossweise zwischen den Decken aus Holz angeordnet.[2]

In den letzten Jahren sind auch Decken und Wände aus massiven Holzbauelementen in verschiedenen Konstruktionsvarianten entwickelt worden. Gegenüber den Holzbalkendecken und den Wänden in Holzrahmenbauweise haben sich insbesondere Vorteile im Hinblick auf den Brandschutz und die verfügbaren Speichermassen für ein besseres Raumklima ergeben.

Die Vorteile der Holzbauweise im Vergleich zur Massivbauweise liegen in der Verwendung nachwachsender Rohstoffe bei der Betrachtung der CO_2-Bilanz und in der Tatsache, dass deutlich weniger Baufeuchte eingetragen wird als beim Bau mit mineralischen Werkstoffen. Deshalb sind auch keine Aushärtezeiten zu berücksichtigen, was den Baufortschritt beschleunigen kann.

Brandschutzanforderungen haben im Wohnungsbau den Einsatz von Holzkonstruktionen lange auf Einfamilienhäuser beschränkt. Allerdings sind in den letzten Jahren die Landesbauordnungen angepasst worden, um auch Holzkonstruktionen in Mehrfamilienhäusern zu ermöglichen. So wurde inzwischen die Gebäudeklasse 4 eingeführt, die Wohnbauten bis zu einer Höhe von 13 m der obersten Geschossdecke über Terrain in Holzbauweise erlaubt. Die Entwicklung geht dahin, auch höhere Wohnbauten bis zur Hochhausgrenze in Holzbauweise zuzulassen. Allerdings bestehen an Treppenhäuser mit notwendigen Treppen immer noch zusätzliche Anforderungen, sodass es inzwischen viele hybride Ausführungen von Mehrfamilienhäusern in Holzbauweise und Treppenhäusern in Massivbauweise gibt.

Die Aussteifung von Wohnbauten in Holzwandbauweise erfolgt über das Zusammenwirken der Decken mit den aussteifenden Wänden. Dazu ist die Geschossdecke als Scheibe auszubilden. Wegen des relativ geringen Eigengewichts von Holzbauten müssen für Beanspruchungen infolge von Wind häufig zugfeste Verbindungen zwischen den Geschossen und mit der Gründung vorgesehen werden.

Holzrahmen- bzw. Holztafelbauweise

Hinweis

Im Detail wird das Thema im Abschnitt „Holztafelbau" beschrieben.

Massivholzdecken und Massivholzwände

In den letzten Jahren haben Deckenplatten und Wände aus Massivholz an Marktanteilen gewonnen. In Mehrfamilienhäusern bieten sie Vorteile im Hinblick auf die Bauhöhe und den Brandschutz, die Herausforderungen bezüglich des Schallschutzes bleiben jedoch bestehen.

Massivholzdecken gibt es in mehreren Varianten: Neben Brettstapeldecken aus vernagelten stehenden Brettern und Dübelholzdecken aus verdübelten Vollholzquerschnitten sind vor allem Brettschichtholzdecken aus liegenden Brettschichtholzträgern und Brettsperrholzdecken weit verbreitet. Brettsperrholzplatten bestehen aus mindestens drei kreuzweise verleimten Brettlagen aus Nadelholz. Die Plattenstöße können stumpf gestoßen, gefalzt oder

[2] vgl. Abschnitt „Holztafelbau"

mit Nut- und Feder-Verbindung ausgeführt werden. Ein günstiger zweiachsiger Lastabtrag kann bei Brettsperrholzplatten nur angesetzt werden, wenn im Feldbereich keine Fugen angeordnet werden müssen.

Massivholzwände aus Brettsperrholz verfügen über eine höhere Steifigkeit und Festigkeit als Wände in Holzrahmenbauweise. Die erhöhte Speichermasse führt zu einer verbesserten Behaglichkeit, insbesondere in den Sommermonaten. Bei Außenwänden ist jedoch zusätzliche Außendämmung aufzubringen, um die Wärmeschutzanforderungen zu erreichen. Dadurch ergeben sich gegenüber der Holzrahmenbauweise größere Gesamtwanddicken. Wenn auf Folien auf der Innenseite der Wand als Luftdichtheitsschicht verzichtet werden soll, ist die Ausführung der Deckschicht an der Innenseite entsprechend anzupassen[3]. Im Bild ist der Anschluss einer Massivholzdecke auf einer Außenwand aus Massivholz dargestellt.

In Bild rechts wird der Wärmeschutz durch ein Wärmedämmverbundsystem sichergestellt. Alternativ sind auch Holzfassaden oder vorgesetztes Verblendmauerwerk möglich. Außerdem wurde die für den Lastfall Wind erforderliche zugfeste Verankerung der Brettschichtholzelemente dargestellt.

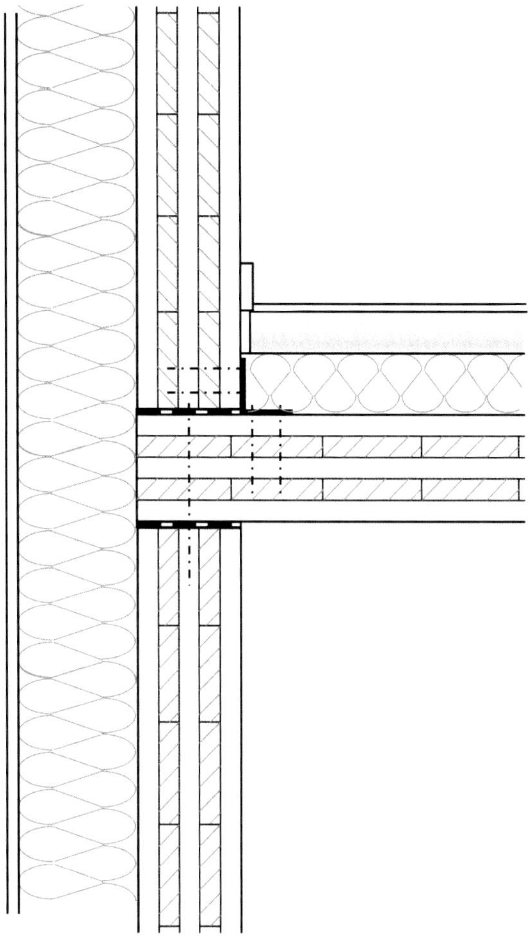

Bild 3: *Vertikalschnitt durch eine Außenwand mit Auflager Geschossdecke (Quelle: Löring)*

[3] Wiegand, T. et al: Holzbau Handbuch, Reihe 4, Folge 6, Bauen mit Brettsperrholz, 4. Auflage, Düsseldorf: Informationsdienst Holz 2016

Skelettbauweise

Bei Bauwerken in Skelettbauweise erfolgt der vertikale Lastabtrag im Wesentlichen über Stützen. Der horizontale Lastabtrag, die Aussteifung, wird vom Treppenhauskern und zusätzlichen Wandscheiben übernommen. Alternativ sind aber auch Auskreuzungen oder, insbesondere im Stahlbau, biegesteife Rahmenkonstruktionen denkbar.

Die Reduzierung der vertikalen Tragwerkselemente auf die Stützen ermöglicht eine große Grundrissvariabilität. Deshalb wird diese Bauweise bevorzugt in Bürogebäuden und öffentlichen Bauten verwendet, um Nutzungsänderungen flexibel ohne Eingriff in die Tragkonstruktion vornehmen zu können. Die Skelettbauweise schafft aber auch im Wohnungsbau die Möglichkeit, die nichttragenden inneren Wände und die nichttragende Fassade ohne Restriktionen durch den vertikalen Lastabtrag zu optimieren. Das heißt beispielsweise, dass neben Innenwänden aus Mauerwerk auch beplankte Ständerwände, Massivholzwände oder Glaswände zum Einsatz kommen können. Die Fassade kann ganz auf den Wärmeschutz ausgerichtet werden oder besondere optische Ansprüche erfüllen. Außerdem können die nichttragenden Bauteile im Hinblick auf Vorfertigung und eine große Wiederholungsrate bei gleichen Bauteilen optimiert werden. Zur Erreichung vieler geometrisch gleicher Bauteile ist eine regelmäßige Stützenstellung in einem Raster, wie sie in vielen Bürogebäuden üblich ist, sehr vorteilhaft.

Die Stützen in einem Skelettbau sollten in allen Geschossen übereinanderstehen, da ansonsten aufwändige Abfangmaßnahmen erforderlich werden. Die Treppenhäuser dienen als Fluchtweg und müssen deshalb besondere Brandschutzanforderungen erfüllen.

Grundsätzlich sind Skelettbauten aus Stahlbeton, Stahl und Holz denkbar. Dabei gibt es Unterschiede, was die Möglichkeiten zur Aussteifung des Gebäudes und den Brandschutz betrifft. Die Geschossdecken mit ihren hohen Anforderungen an den Schallschutz erfordern besondere Maßnahmen.

Stahlbeton-Skelettbauweise

Wohnbauten aus Stahlbeton-Skelettbauweise mit Ausfachungen aus Mauerwerk sind aus Südeuropa bekannt, konnten sich aber in Deutschland bisher nicht durchsetzen. Das Ausfachungsmauerwerk kann entweder vollständig nichttragend sein oder zur Aussteifung beitragen. Grundsätzlich ist es aber sinnvoll, die Aussteifung dem Treppenhauskern und einzelnen aussteifenden Wandscheiben aus Stahlbeton zuzuweisen. Das ermöglicht den Einsatz von gelenkig angeordneten Fertigteilstützen und damit einen hohen Vorfertigungsgrad und eine einfache Montage. Auf Abbiegungen der Stützenbewehrung in die Stahlbetondecken sollte auf jeden Fall verzichtet werden, da dadurch der Fertigteileinsatz erschwert wird. Die im Hallenbau häufig anzutreffenden Fußeinspannungen der Stützen als Maßnahme zur Aussteifung sind nur bei ein- bis zweigeschossigen Gebäuden eine sinnvolle Alternative.

Um auch bei der Konstruktion der Geschossdecken einen großen Fertigteileinsatz zu ermöglichen, bieten sich Konstruktionen von Fertigteilplatten auf Fertigteilbalken an. Die in Bürogebäuden verbreiteten Flachdecken ohne Unterzüge erfordern wegen der Durchstanzproblematik zumindest in Teilen den Einsatz von Ortbeton, was diese Bauweise im Kontext mit dem seriellen Bauen unattraktiv macht. Der Einsatz von Fertigteilen ermöglicht einen schnellen Baufortschritt, erfordert aber auch größere Bauteilhöhen im Deckenbereich, da ein Zusammenwirken aus Balken und Decken ohne aufwändige Zusatzmaßnahmen nicht mehr gegeben ist.

Beim Brandschutz bietet die Stahlbetonbauweise im Vergleich zu Holz und Stahl Vorteile: Der gegen Hitze relativ unempfindliche Beton schützt die innenliegende Bewehrung eine Zeit lang vor großen Temperaturen und ermöglicht deshalb eine größere Feuerwiderstandsdauer.

Stahl-Skelettbauweise

Ein Skelett in Stahlbauweise ermöglicht vergleichsweise schlanke Stützen mit wenig Raumbedarf. Die Aussteifung kann über den biegesteifen Anschluss mit Rahmenecken an die Deckenträger erfolgen, was relativ einfach möglich ist. Dies stellt eine interessante Alternative zu den sonst erforderlichen Verbänden dar, also „Auskreuzungen“ mit dünnen Stahlstäben in einzelnen Wandfeldern.

Die Ausführung der Geschossdecken erfordert i. d. R. die Planung mit Stahlträgern und darauf angeordneten Platten aus Stahlbeton. Zwar ist der Einsatz von Trapezblechen mit Aufbeton in Ortbetonbauweise statisch sinnvoll, verlangsamt aber den Baufortschritt. Im Zuge der Rationalisierung wäre die Planung mit Stahlbetonfertigteilplatten auf Stahlträgern vorzuziehen.

Ausfachungen des Skeletts mit Sandwichelementen aus Blechen und Dämmung sind im Industriebau üblich und grundsätzlich auch für den Wohnungsbau denkbar. Ob dafür eine Akzeptanz bei den Bewohnern vorhanden ist, müsste zunächst geklärt werden.

Stahlbauteile sind zwar nicht brennbar, verlieren aber bei den großen Temperaturbeanspruchungen während eines Brands schnell ihre Festigkeit. Deshalb müssen tragende Bauteile aus Stahl in bestimmten Bauteilklassen aus Brandschutzgründen aufwändig mit Schutzplatten ummantelt werden, um die entsprechende Feuerwiderstandsdauer zu erreichen.

Holz-Skelettbauweise

Die Konstruktion von Skeletten in Holzbauweise ermöglicht im Vergleich zur Holzrahmenbauweise eine noch flexiblere Nutzungsmöglichkeit. I. d. R. wird Brettschichtholz verwendet. Die Deckenkonstruktion kann wie bei der Holzrahmenbauweise als Holzbalkendecke oder als Massivholzdecke ausgeführt werden. Zur Auflagerung der Holzbalken und der massiven Deckenelemente ist eine zusätzliche Balkenlage von Stütze zu Stütze vorzusehen. Für den horizontalen Lastabtrag scheidet eine Rahmentragwirkung normalerweise aus: Die Aussteifung wird über Kreuzverbände aus Stahl und seltener mit druckfesten Diagonalen aus Holz sichergestellt (siehe Bild).

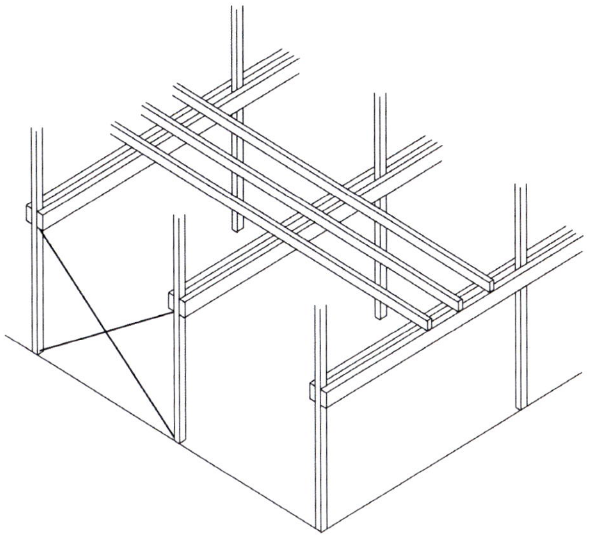

Bild 1: *Skelettbau in Holzbauweise (Quelle: Löring)*

Im Bild sind von der Holzbalkendecke exemplarisch nur drei Balken dargestellt. Die Abfangbalken von Stütze zu Stütze können auch einteilig ausgeführt werden, die zweiteilige Anordnung ermöglicht eine im Holzbau günstige laterale Verbindungstechnik. Grundsätzlich zeichnet sich der Holzbau durch eine einfache Verbindungstechnik aus, insbesondere, wenn auf biegesteife Verbindungen verzichtet wird.

Wie im Abschnitt zur Wandbauweise mit Holz beschrieben, stellt der Brandschutz zwar für den brennbaren Werkstoff Holz eine große Herausforderung dar. Die baurechtlichen Möglichkeiten wurden in den letzten Jahren aber deutlich erweitert. Zusätzlicher Brandschutz kann durch Ummantelungen erzielt werden. Alternativ können Holzbauteile überdimensioniert werden, damit die sich im Brandfall bildende Verkohlung der äußeren Schichten den inneren Holzquerschnitt schützt und trotzdem eine ausreichende Resttragfähigkeit erhalten bleibt. Auch wenn durch die Zulassung von Holzbauten in höheren Gebäudeklassen mehr Einsatzmöglichkeiten geboten werden, so ist insbesondere bei der Ausbildung der Treppenhäuser auf besondere Brandschutzanforderungen zu achten.

Fazit und Ausblick

Da im Wohnungsbau der Anspruch an die variable Nutzung nicht so ausgeprägt ist wie bei Bürogebäuden, ist die Wandbauweise nach wie vor eine wirtschaftliche Alternative zur Skelettbauweise. Die ohnehin vorhandenen Raumtrennwände oder Außenwände können vorgefertigt werden und bilden gleichzeitig günstige linienförmige Auflager für die Deckenkonstruktion. Zusätzliche Maßnahmen für die Aussteifung können entfallen. Im Vergleich dazu bietet die Skelettbauweise eine noch flexiblere Nutzung der Grundrisse und mehr Möglichkeiten bei der Wahl der nichttragenden Wände. Sie erfordert aber auch zusätzliche Maßnahmen für den horizontalen Lastabtrag und einen entsprechenden Aufwand zur Befestigung der nichttragenden Wandelemente an die Stützen.

Bei beiden Bauarten kann sowohl der Einsatz mineralischer Werkstoffe wie Beton und Mauerwerk als auch der von Stahl oder Holz sinnvoll sein. Konstruktionen aus Mauerwerk und Beton stellen eine auch bei unplanmäßiger Feuchtigkeitsbeanspruchung robuste Bauweise sicher. Schwere Wand- und Deckenelemente können im Sommer zur Kühlung dienen. Geschossdecken aus Stahlbeton liefern in Kombination mit schwimmendem Estrich einen sehr guten Schallschutz.

Konstruktionen aus Stahl in Skelettbauweise bieten sehr schlanke Stützen, benötigen aber für die Geschossdecke schwere Bauteile aus Beton, um den Schallschutz zu gewährleisten. Holz punktet als nachwachsender Rohstoff, mit Blick auf die CO_2-Bilanz und mit einem geringen Feuchtigkeitseintrag während der Bauphase. Die Planung in Skelettbauweise oder in Wandbauweise ist möglich, allerdings sind hohe Brandschutzanforderungen zu beachten. Für die Sicherstellung eines adäquaten Schallschutzes in Mehrfamilienhäusern sind aufwändige Deckenbeschwerungen einzuplanen.

Dadurch entsteht eine große mögliche Vielfalt bei der zukünftigen, auf das serielle Bauen ausgerichteten Planung von Wohnbauten, die als Chance genutzt werden kann. Eine einzige optimale Lösung, die sich auf dem Markt durchsetzen wird, wird es nicht geben. Aber der gesunde Wettbewerb unter den Bauweisen und Werkstoffen wird dazu führen, dass die Bauindustrie im Hinblick auf die notwendige Rationalisierung immer neue, innovative Baumethoden entwickeln wird, die letzten Endes dem Wohnungsbau in Deutschland guttun werden.

Elemente der seriellen Bauweise – Anwendung und Wirtschaftlichkeit

Fassadensysteme

Bei der Gebäudehülle handelt es sich neben der technischen Gebäudeausrüstung und der Primärtragkonstruktion um eine der komplexesten und kostenintensivsten Gewerkegruppen.

So ist die Fassade heute ein Schlüsselgewerk an Gebäuden mit hohem gestalterischem, funktionalem und technischem Anspruch und erfordert ein hohes Maß an spezialisiertem Fachwissen und das Zusammenspiel zahlreicher Spezialdisziplinen, wie beispielsweise Profiltechnik, Glasbau, Tragwerksplanung, Bauphysik, Brandschutz, Objektschutz und Steuer- und Regeltechnik.

Dabei ist die Fassade als „Signature" des Gebäudes in den allermeisten Fällen ein Unikat, das speziell für jedes Objekt entworfen und entwickelt wird.

Gleichzeitig gehen Mängel in der Gebäudehülle, z. B. in Form von Undichtigkeiten, häufig mit einer hohen Schadensfolge einher. Um diesem Zusammenhang adäquat zu begegnen, sind besondere Sorgfalt sowie ein Zusammenspiel vieler, oft kleinteiliger, Einzelsysteme Voraussetzung für eine dauerhaft funktionsfähige Fassadenkonstruktion.

Überblick Fassadentypen

In der Literatur gibt es unterschiedliche Ansätze, Fassadenkonstruktionen zu systematisieren. Es gibt dabei Ansätze nach Materialität, Transparenzgrad oder Tragsystem. Übersichtlich ist die Strukturierung der wesentlichen Fassadenkonstruktionen des Wohnungs- und Objektbaus entlang der jeweiligen Produkt- bzw. Verarbeitungsnormen.

Opake, also nicht transparente Konstruktionen, lassen sich dabei wesentlich in hinterlüftete und nicht hinterlüftete Konstruktionen einteilen.

Putz- und WDVS-Fassaden

Putzfassaden stellen eine Außenwandverkleidung dar, die in Verbindung mit dämmenden Hochlochziegeln sowie Wärmedämm-Verbundsystemen (WDVS) gemäß DIN 55699[1] als verklebter Schichtaufbau aus Dämmung – Mineralwolle oder expandiertem Polysterol (EPS) – mit armiertem Unterputz und Oberputz auf Mauerwerk oder Stahlbeton ausgeführt werden. Sie sind wesentlich handwerkliche, auf der Baustelle hergestellte Konstruktionen, die in der aktuellen Form quasi keine seriellen Ansätze verfolgen.

Vorgehängt hinterlüftete Fassaden

Hinterlüftete Fassadenkonstruktionen mit ihrem typischen Aufbau aus massiver Tragschale, Dämmschicht, Hinterlüftung und Witterungsschicht werden in DIN 18516[2] behandelt. Systemgebend ist dabei die Luftschicht hinter der Witterungsebene, die ein freies Abtrocknen der Konstruktion erlaubt. Als Witterungsebene können unterschiedliche Materialien wie Glas, Naturstein, Holz oder auch Metall verwendet werden. Eine Sonderform stellen Ziegelverblendschalen dar, die ebenfalls als hinterlüftete Konstruktion errichtet werden.

Dabei sind die Einzelteile, wie z. B. die Unterkonstruktion oder die Fassadentafeln, üblicherweise zugelassene Einzelsysteme. Übergreifende Systeme mit allen Komponenten mit übergreifender baurechtlicher Zulassung und entsprechender ganzheitlicher Fertigungslinie gibt es kaum.

Bild 1: *Hinterlüftete Glasfassade als Sonderkonstruktion am Futurium in Berlin. (Quelle: Kleuderlein)*

[1] DIN 55699: Anwendung und Verarbeitung von außenseitigen Wärmedämm-Verbundsystemen (WDVS) mit Dämmstoffen aus expandiertem Polystyrol-Hartschaum (EPS) oder Mineralwolle (MW)

[2] DIN 18516-1: Außenwandbekleidungen, hinterlüftet - Teil 1: Anforderungen, Prüfgrundsätze

Bild 2: Hinterlüftete Aluminium-Verbundpaneel-Fassade am DFB-Campus in Frankfurt (Quelle: Kleuderlein)

Vorfertigung

Hinterlüftete Fassadenkonstruktionen werden in Teilen mit seriellen Ansätzen hergestellt. So werden beispielsweise die Unterkonstruktion sowie die Fassadenplatten vorproduziert. Dies gilt insbesondere für Wandsysteme aus dem Industriebau, die für große Flächen mit wenigen Durchdringungen entwickelt wurden.

Fenster- und Türkonstruktionen

Fenster dienen wesentlich als Öffnungen in der Gebäudehülle, um Sichtbezug zur Außenwelt, Belichtung und natürlichen Luftwechsel herzustellen. Sie bestehen neben der Isolierverglasung aus unterschiedlichen Rahmenmaterialien, wie Kunststoff, Holz oder thermisch getrennten Aluminiumschalen.

Holzfenster werden konstruktionsbedingt im Wesentlichen handwerklich durch das Fräsen der Profile aus einem Grundblock hergestellt. Dieser besteht aus mehreren verleimten Holzschichten mit unterschiedlich zueinanderstehender Maserung. Die Eckverbindungen der Holzfenster bestehen aus verklebten Keilzapfenverbindungen. Im Unterschied zu anderen Rahmenmaterialien werden Holzfenster erst nach der Profilfügung mittels Lasur und Lackierung beschichtet.

Im Gegensatz dazu werden die Profile der **Kunststoff- und Aluminium-Verbundfenster** im industriellen Extruder-Verfahren hergestellt. Dabei wird eine warm-zähe Masse (Polyvinylchlorid bzw. Aluminiumschmelze) durch ein formgebendes Werkzeug gepresst.

Kunststofffenster bieten den Vorteil, dass die nachfolgende Profilbearbeitung sowie das Fügen zu Fensterrahmen sehr gut automatisierbar sind. Die Herstellung der Eckverbindungen durch spezielle Mehrkopfschweißmaschinen erfolgt sehr effizient.

Aufgrund der hohen thermischen Leitfähigkeit von Aluminium verfügt der Verbundquerschnitt bei Aluminiumfenstern über eine thermische Trennung. Dabei werden die extrudierten Außen- und Innenschalen mit einem Isoliersteg aus Kunststoff zu einem Verbundprofil verrollt. Die Verbindung zu Fensterrahmen erfolgt handwerklich oder teilautomatisiert mittels eingeschobenen, verklebten und mechanisch gesicherten Eckverbindern.

Hinsichtlich der Öffnungsarten und Teilung gibt es nahezu unbegrenzte Möglichkeiten der Kombination von beispielsweise Dreh-Kipp- über Schiebe- bis hin zu Wende- oder Schwingfenstern, nach Belieben in Kombination mit Unterlichtern, Oberlichtern oder Seitenfeldern. Wesentlicher Bestandteil der Fenster- und Türkonstruktionen ist das Isolierglas, welches einen mehrschichtigen Aufbau aus Glasschichten und Zwischenschichten mit Edelgasfüllung aufweist.

Bild 3: Fassade als Lochfensterkonstruktion in Kombination mit einer hinterlüfteten Aluminium-Blechfassade am Hafenparkquartier in Frankfurt am Main (Quelle: Kleuderlein)

Vorfertigung

Fenster- und Türkonstruktionen werden zu einem hohen Grad auf Basis einer theoretischen Planung werkseitig vorgefertigt. Auf der Baustelle werden die fertigen, häufig bereits verglasten Elemente, in die Rohbauöffnung gesetzt und statisch sowie bauphysikalisch an die umgebende Fassadenkonstruktion angebunden.

Vorhangfassaden

Vorhangfassaden sind nichttragende Außenwandkonstruktionen, die an das Primärtragwerk angeschlossen werden. Der Begriff Vorhangfassaden beschreibt wesentlich Konstruktionen, die vor dem Rohbau, zumeist der Deckenstirn des Stahlbeton-Skelettbaus, über die Geschosse unterbrechungsfrei durchlaufen.

Im Unterschied zu den vorgehängt hinterlüfteten Fassaden sind die Vorhangfassaden isolierte Warmfassaden ohne Hinterlüftung in einschaliger oder zweischaliger Bauweise. Behandelt werden die Vorhangfassaden in der Normenreihe der DIN EN 13830[3].

Vorhangfassaden gliedern sich in die zwei Konstruktionstypen der Pfosten-Riegel-Fassaden sowie Elementfassaden.

Pfosten-Riegel-Fassaden

Pfosten-Riegel-Fassaden werden in vorkonfektionierten Einzelteilen, wie z. B. Pfosten, Riegel, Verbinder, Konsolen, Dichtungsprofilen, Isolierverglasungen, Öffnungselementen, Klemm- und Deckleisten etc., vor Ort zusammengefügt. Das Profilgerüst kann dabei aus Holz, Aluminium oder Stahl bestehen.

Vorteile des Konstruktionsprinzips sind hohe geometrische Flexibilität und gute Anpassungsfähigkeit im Planungs- und Bauprozess sowie sehr gute Komponentenverfügbarkeit als standardisierte Systemprodukte mit zumeist verhältnismäßig kurzen Lieferzeiten.

Nachteilig sind ein hoher Montageaufwand auf der Baustelle, die Witterungsabhängigkeit und das Erfordernis einer Gerüststellung, da das System ausschließlich von außen verglast werden kann. Die Qualität der Konstruktion ist daher wesentlich von der Performance auf der Baustelle abhängig.

Elementfassaden

Elementfassaden sind zu einem sehr hohen Grad vorgefertigt – als Elemente mit allen Komponenten wie tragendem Rahmen, Verglasung, Öffnungsflügel, Dichtsystem, Sonnen- und Blendschutz bis hin zu haustechnischen Komponenten wie Lüftungs- oder Klimaeinheiten.

Auf der Baustelle werden diese Elemente in Reihen montiert und stockwerkweise von unten nach oben aufgebaut. Die Elemente werden dabei an im Vorlauf montierte und ausgerichtete Konsolen gehängt. Im Nachgang ist zumeist lediglich noch der Geschossdeckenanschluss herzustellen. Die Montageweise erlaubt eine sehr hohe Taktzahl und ist ideal für Hochhäuser, da geschossweise die Taktung an den Rohbautakt angepasst werden kann – üblicherweise ein Geschoss pro Woche – und eine Gerüststellung entfällt.

Voraussetzung ist eine hohe Wiederholungsrate gleicher oder zumindest ähnlicher Elemente sowie eine im Verhältnis frühzeitig abgeschlossene Planung der Gebäudehülle.

Bei den meisten Projekten wird aus architektonischen Gründen die Elementfassade bauvorhabenbezogen entwickelt. Ausgehend von einem Grundsystem werden Profile, Verkleidungen, Dichtungssysteme bis hin zu Öffnungsflügeln speziell für die Anforderungen des Einzelprojektes geplant, entwickelt und getestet. Beispiele hierfür sind in Frankfurt das Projekt Four oder in München das Projekt Atlas.

Bild 4: *Seriell hergestellte Elementfassade an einem Hochhaus für das Projekt Four in Frankfurt am Main (Quelle: Kleuderlein)*

Elementfassaden kommen als ein- als auch zweischalige Systeme zum Einsatz. Letztere bieten gerade bei exponierten Gebäuden die Möglichkeit, Öffnungsflügel sowie Sonnen- und Blendschutz in einem witterungsgeschützten Zwischenraum anzuordnen. Zudem verbessert die zweite Ebene den Schallschutz und den Wärmeschutz.

In der Produktion gleichen die Herstellungsschritte wesentlich der materialspezifischen Fensterproduktion. Am weitesten verbreitet sind Vorhangfassaden aus Aluminium. Die Basisprofile der Elementfassaden werden als thermisch getrennte Verbundprofile aus extrudierten Aluminiumhalbschalen und Isolierstegen aus Kunststoff hergestellt.

Die Pfosten-Riegel-Konstruktion besteht aus einem ebenfalls extrudierten Aluminiumprofil, auf welches ein Dichtsystem sowie die Klemm- und Deckleisten zur Isolierglaslagerung vor Ort auf der Baustelle aufgesetzt werden. Die Profilverbindungen werden da-

[3] DIN EN 13830: Vorhangfassaden - Produktnorm; Deutsche Fassung EN 13830:2015+A1:2020

bei üblicherweise über T-Verbinder hergestellt und mittels Schrauben gesichert. Bei geeigneten Randbedingungen werden Teile der Pfosten-Riegel-Fassade werkseitig als „Leitern“ vormontiert, um auf der Baustelle die Montagezeit zu verkürzen.

Anforderungen an die Gebäudehülle

Ursprünglich diente die Gebäudehülle hauptsächlich dem Schutz vor Witterung, ergänzt durch Funktionen wie Tageslichtnutzung, Sichtbezug nach außen und Belüftung. Heute sind daraus hochkomplexe, oft geometrisch anspruchsvolle und mehrschichtige Bauteile geworden, die spezielles Fachwissen in Bereichen der Profilgestaltung, Fertigung und Befestigung, Glas- und Werkstofftechnik, Fassadenstatik, Bauphysik sowie Brandschutz erfordern. Die Fassade stellt inzwischen ein zentrales Funktionselement von Gebäuden dar, das hohe gestalterische, funktionale und technische Anforderungen erfüllen muss.

Die Gebäudehülle muss neben dem architektonischen Anspruch als „Gesicht des Gebäudes“ Leistungsanforderungen aus dem Bauordnungsrecht, Normen und eine Vielzahl von nutzerspezifischen Vorgaben erfüllen. Im Fokus stehen folgende Disziplinen in Anlehnung an die Kriterien der Nachhaltigkeitsbewertung:

- Sommerlicher und winterlicher Wärmeschutz
- Schallschutz und Brandschutz
- Tageslichtnutzung und solare Gewinne
- Behaglichkeit und Aufenthaltsqualität
- Objektschutz (Einbruch, Explosion)
- Reinigung und Instandhaltung
- Dauerhaftigkeit und Funktionssicherheit
- Energiespeicherung und -gewinnung
- Montagefähigkeit, Rückbaufähigkeit
- Flexibilität hinsichtlich Umnutzung
- Wirtschaftlichkeit über den Lebenszyklus

Für diese Anforderungen sind im Planungsprozess Ziele zu definieren (Anforderungsbild) und daraus abgeleitet der passende Mix aus Fassadenkonstruktionen abzuleiten beziehungsweise zu entwickeln.

Nicht selten sind dabei im Planungsprozess konkurrierende Ziele gegeneinander abzuwägen. Beispielsweise gilt es bei der Bewertung transparenter Fassadenflächen, einen objektbezogen stimmigen Kompromiss zwischen der Nutzung solarer Einträge (Energiegewinne) und dem Schutz vor solar verursachten Übertemperaturen, etwa durch adaptive Sonnenschutzsysteme, zu finden. In jüngerer Zeit spielt hierbei ergänzend die Einbindung von fassadenintegrierter Photovoltaik und Fassadenbegrünung eine entwurfsbildende Rolle.

Vorfertigungsgrad von seriellen Fassadensystemen

Von den beschriebenen Fassadentypen gibt es bei den Systemen eine große Bandbreite hinsichtlich des Grads der Vorfertigung. Im Gegensatz zu opaken Fassadensystemen weisen insbesondere Fenster und Elementfassaden bereits heute einen hohen Vorfertigungsgrad auf.

Bei beiden Konstruktionsarten werden größere Stückzahlen gleicher oder ähnlicher Bauteile werkseitig hergestellt. Sowohl im Fensterbau als auch im Elementfassadenbau ist die Fertigung dabei ähnlich anderer industrieller Fertigungen, als Produktionsstraßen mit verschiedenen Fertigungsschritten, aufgebaut. Dabei werden Prozesse insbesondere im Fensterbau auch teilautomatisiert ausgeführt.

***Bild 5:** Beispiel einer Produktionshalle für Fassadenelemente (Quelle: Kleuderlein)*

Die Einzelprodukte wie Profile, Isolierglas, Paneele, Öffnungselemente, Beschläge, Dämmung und Dichtungsprofile der Fassadenkonstruktion werden werkseitig als Halbzeuge über Lieferanten bezogen, werkseitig zusammengesetzt und schließlich als Komplettelement auf die Baustelle geliefert. Konstruktionsgebend resultieren bei diesen Produkten abgeleitet auch Zwänge aus dem Transport. Neben Transportkonstruktionen, Verpackung und Zwischenlagerung sind insbesondere die Kosten und zeitliche Dauer des Transports der Elemente zu berücksichtigen.

Bild 6: *Montagetisch in einer Produktionsstraße für Fassadenelemente (Quelle: Kleuderlein)*

In den letzten Jahrzehnten hat sich die Fertigung von Elementfassaden insbesondere für Großprojekte erheblich internationalisiert. Hochhausfassaden für den europäischen Markt werden dabei nicht selten in Osteuropa, aber auch der Türkei oder China gefertigt. Zugleich liefern europäische Fassadenfirmen Konstruktionen in die ganze Welt. Beispielsweise werden die Fassadenelemente für das Projekt „Forma East Tower" in Toronto in einem Werk in der Nähe von Venedig in Italien gefertigt und nach Toronto per Containerschiff transportiert.

Bild 7: *Transport vorgefertigter Fassadenelemente zur Baustelle (Quelle: Kleuderlein)*

Fassadenspezifisch sind beim Transport neben der Größe der Elemente auch technische Zwänge zu beachten. Bei Isolierglas mit seinen hermetisch gekapselten Edelgasfüllungen besteht die Gefahr der Schädigung durch Änderung der Luftdruckverhältnisse. Daher sind bei der Fertigung sowohl der Produktionsort als auch die Transportart/Strecke bereits in der Produktauslegung zu beachten.

Werden die Elemente beispielsweise über hohe Passstraßen transportiert oder gar per Luftfracht geliefert, sind spezielle Konstruktionen zum Druckausgleich bereits bei der Fertigung zu berücksichtigen.

Bild 8: *Montage einer Elementfassade am Projekt Atlas in München (Quelle: Kleuderlein)*

Ein wesentlicher Vorteil hinsichtlich der seriellen Fertigung besteht bei Elementfassade im Unterschied zu Fensterkonstruktionen darin, dass mit der Elementfassade i. d. R. eine voll funktionsfähige Gebäudehülle geliefert und montiert wird. Die Schnittstellen zu anderen Fassadenkonstruktionen sind dabei auf ein Minimum reduziert. Entwicklung, Fertigung und Montage bleiben zumeist bei einem Unternehmen, die Prozesskette also in einer Hand. Dies ermöglicht standardisierte Lieferketten, Fertigungsschritte sowie Transportverfahren und Montageabläufe und führt in der Regel zu einer hohen Qualität der Gebäudehülle.

Bild 9: *Montage einer zweischaligen Elementfassade am Projekt „Spin“ in Frankfurt a. Main (Quelle: Kleuderlein)*

Potenziale und Hemmnisse

Aus dem Fassadenbau lassen sich gerade aus dem Bereich der Elementfassade Potenziale ableiten, die auf weitere Fassadentypen, aber auch gewerkeübergreifend übertragbar sind.

Der hohe Grad an Werkfertigung bei der Elementfassade und beim Fensterbau verkürzt die Montagezeit auf der Baustelle erheblich. Dabei reduziert sich der Einfluss von Risikofaktoren, die mit der Baustelle einhergehen. Dies betrifft in erster Linie den Einfluss von Schlechtwetter auf die Montage. Bei Kälte, Niederschlag, aber auch großer Hitze leidet die Qualität der Fertigung bzw. Montage. Teilschritte, wie das Verkleben von Dichtungsprofilen oder Folien, erfordern konstante Umgebungsparameter und müssen bei ungünstigen Randbedingungen immer wieder unterbrochen werden.

Ein weiterer wesentlicher Vorteil besteht in der werkseitigen Fertigung auf Montagetischen, also in einer für das Fertigungspersonal ergonomisch komfortablen Position. Im Vergleich zur Fertigung vom Gerüst, von Scherenbühnen oder Teleskopsteigern, teils in großer Höhe, teils in Boden- oder Überkopfposition, ist diese Montage effizienter und reduziert die körperliche Belastung des Montagepersonals.

Eine Verringerung des Wettereinflusses und eine Optimierung der Montageposition durch einen hohen Grad der Vorfertigung bündeln zudem die Qualitätssicherung und senken die Mängelquoten.

Ein wesentliches Potenzial liegt weiterhin in dem systemischen Ansatz der Elementfassade. Die Gebäudehülle wird ohne Unterbrechung aus einem Grundsystem mit häufig generisch abgeleiteten Untersystemen entwickelt. Die funktionale Einheit bleibt dabei im Grundsystem unverändert, egal ob es sich um ein Fensterelement als Öffnungsflügel, ein opakes Wandelement, ein Türelement oder ein Lamellenfeld des Technikgeschosses handelt.

Mit steigender Leistung der Rechenkapazität kann hierbei durch Parametrisierung bestimmter Entwurfsfaktoren eine objektbezogene Individualisierung des Systems erreicht werden. Ergebnis ist eine funktional einheitliche Systemfassade mit variierendem Erscheinungsbild. Systeme, wie beispielsweise das Fassadensystem Parametric System des Herstellers Schüco liefern hier erste Ansätze.

Die Gründe, warum sich diese Ansätze abseits der genannten Großprojekte wie Hochhäuser bisher kaum durchsetzen, sind zum einen der bereits angesprochene Anspruch auf eine in hohem Maße individuelle Gebäudeansicht, in Verbindung mit daraus abgeleiteten geringem Wiederholungsfaktor. Zudem ist der Fassadenbau, wie die gesamte Baubranche, gefordert, neben Neubauten mit einem sehr inhomogenen Gebäudebestand umzugehen. Die Sanierung erhöht mit der energetischen Ertüchtigung der Gebäudehülle die Planungsparameter und Zwangspunkte einer seriellen Fassadengestaltung erheblich.

Dies führt häufig dazu, dass das Grundsystem zwar in der Planung behandelt wird, die Anschlüsse und sämtliche Sonderbereiche aus dem Bestand heraus jedoch handwerklich auf der Baustelle gelöst werden.

Erschwerend wirkt sich zudem die objektbezogene Zusammenarbeit von ausführenden Firmen und Planern aus. Bisher gelingt es kaum Projektteams aus Planern und Firmen, von einem Projekt auf das nächste zu transferieren. Daraus resultieren ein reduzierter Know-how-Transfer sowie ein hoher Energieverlust in der Projektbearbeitung.

Dies führt im Bereich Gebäudehülle beispielsweise dazu, dass in der Konstellation aus Objektplaner, Fachplaner und Fassadenfirma Details wie Fenster- oder Fassadenanschlüsse für jedes Projekt neu entwickelt werden. Hier liegt ein erhebliches Potenzial in der Prozesskette.

Wirtschaftlichkeit

Die Gebäudehülle stellt mit 20-35 % einen wesentlichen Anteil der Herstellungskosten dar. Bezieht man die Lebenszykluskosten mit Reinigung, Instandhaltung und „Facelift" mit ein, steigt der Anteil nochmals.

Bei der wirtschaftlichen Einordnung ist es daher unerlässlich, auch die Betriebs-, Unterhalts-, Revitalisierungs- sowie Rückbaukosten einzubeziehen. Aus dieser ganzheitlichen wirtschaftlichen Betrachtung leiten sich Entwurf und Konstruktionsansätze ab.

Dabei werden geringe Reinigungs- und Instandhaltungsintervalle zum Planungsziel und führen beispielsweise zu Entwurfsparametern wie konstruktivem Holzschutz, mechanisch kaskadierter Wasserführung oder einfacher Zugänglichkeit hinsichtlich Reinigungsfähigkeit.

Wird die Rückbaufähigkeit und Entsorgung einbezogen, werden in der Herstellung kostengünstige Verbundkonstruktionen und aufwändig recycelbare Konstruktionen abgewertet und dadurch die Entwurfsentscheidungen teilweise erheblich beeinflusst.

Durch die Nachhaltigkeitszertifizierung, wie z. B. durch die Deutsche Gesellschaft für nachhaltiges Bauen (DGNB), erhalten solche ganzheitlichen Ansätze in den letzten Jahren immer mehr Relevanz. Dabei relativieren sich durch die Lebenszyklusbetrachtung die oftmals höheren Initialkosten von seriellen Fassadenkonstruktionen durch verkürzte Montagezeit, reduzierte Mangelanfälligkeit, minimierte Schnittstellen sowie niedrige Instandhaltungskosten, lange Lebensdauer und hohe Flexibilität hinsichtlich Umnutzungskonzepten sowie in der Regel sehr gute Rückbaufähigkeit aufgrund der elementierten Bauweise.

Gewerkeübergreifende Vorfertigung, Schnittstellen und serielle Anschlüsse

Beim überwiegenden Teil der aktuell zur Ausführung kommenden Fassaden handelt es sich um Konstruktionsmixe aus mehreren verschiedenen Fassadentypen, in einem Projektbeispiel z. B. um eine hinterlüftete Natursteinfassade mit Lochfenstern, Sonnenschutz, Balkonen und Pfosten-Riegelfassaden im Erdgeschoss.

Das bedeutet, dass nicht nur die einzelnen Fassadentypen auf unterschiedlichen Systemen basieren, sondern sowohl die jeweiligen Systemgeber, als auch die ausführenden Firmen i.d.R. unabhängige, eigenständige Marktteilnehmer sind.

In dem einfachen einleitenden Beispiel sind somit bereits vier Systemhäuser und drei ausführende Firmen zu koordinieren. Bezieht man die Schnittstellen zu Nachbargewerken wie Rohbau, Ausbau, technischer Gebäudeausstattung, Abdichtung, Blitzschutz und Gerüst mit ein, wird ersichtlich, wie viel Potenzial die derzeit überwiegende objektweise Zusammenarbeit der Beteiligten bietet.

Serielle Ansätze können gerade im Bereich der Schnittstellen erheblichen Mehrwert für die Beteiligten liefern. So könnten die Übergänge von einem System zum anderen standardisiert werden. Gemäß dem Gedanken des „Plug and Play" könnten beispielsweise Fußpunkte von Pfosten-Riegel-Fassaden im Übergang zur Gebäudeabdichtung vereinheitlicht werden, anstatt an jedem Bauvorhaben den Übergang unter den Beteiligten neu zu entwickeln. Gleiches gilt für die Übergänge von hinterlüfteten Fassaden an Fenster oder Attiken, Leibungsausbildungen von WDVS-Fassaden an Türen oder Pfosten-Riegel-Fassaden usw. Erste Ansätze liefert hier zwar die Fachliteratur wie z. B. den „Leitfaden zur Planung und Ausführung von Fenstern und Haustüren für Neubau und Renovierung"[4] der RAL Gütegemeinschaft Fenster und Haustüren e. V. Diese haben aber bisher eher beispielhaften Charakter.

Ein weiterer Ansatz ist die gewerkeübergreifende Vorfertigung. Dadurch werden Systemschnittstellen durch die Systemgeber bereits aufeinander abgestimmt. Dies kann beispielsweise durch Kooperationen und gemeinsam entwickelte Planungshilfen umgesetzt werden. Im Idealfall werden die Systeme bereits werkseitig im Interface aufeinander abgestimmt und vorbereitet. Im Fassadenbereich ist dies zwischen den Fensterprofilsystemen und den Sonnenschutzherstellern bereits sehr erfolgreich etabliert. In vielen Bereichen liegt hier aber noch erhebliches Potenzial. Hier kann von anderen Branchen viel gelernt werden.

---

[4] Gütegemeinschaft Fenster, Fassaden und Haustüren e.V.: Leitfaden zur Planung und Ausführung der Montage von Fenstern und Haustüren für Neubau und Renovierung, Frankfurt 2024

Holztafelbau

Der Holztafelbau hat sich in den letzten Jahrzehnten als leichtes, energie- und flächensparendes Bausystem im Bereich des seriellen Bauens fest etabliert. Dank hoher Planungsflexibilität und wirtschaftlicher, unkomplizierter Verarbeitung lassen sich damit in kurzer Bauzeit hochwertige, energieeffiziente Gebäude realisieren. Bereits seit über 100 Jahren gehört der Holzrahmenbau in Nordamerika zum Standard und hat sich dort als bewährtes Verfahren durchgesetzt. Der Begriff „Holzrahmenbau" leitet sich aus dem amerikanischen „Timberframe" ab. Er bezeichnet das Verbinden einzelner Holzquerschnitte und deren Aussteifung mithilfe von Holzwerkstoffplatten. Im deutschsprachigen Raum sprechen Fachleute je nach Vorfertigungsgrad entweder von Holzrahmenbau (Zusammenfügen der wesentlichen Konstruktionselemente zu einem Bauteil auf der Baustelle) oder Holztafelbau (werksmäßige Vorfertigung in verschiedenen Graduierungen) – beide Bezeichnungen beschreiben jedoch dasselbe Konstruktionsprinzip.

Der Holztafelbau ist ein industriell hochgradig vorfertigbares Bausystem. Seine konstruktiven Eigenschaften sind ideal auf die Prinzipien des seriellen und modularen Bauens abgestimmt:

- **Hoher Vorfertigungsgrad:** Bauelemente wie Wand-, Decken- und Dachtafeln werden werkseitig komplett hergestellt, was Bauzeit und Nacharbeit auf der Baustelle reduziert.
- **Standardisierte Elementierung:** Regelmäßige Rastermaße und wiederkehrende Wandaufbauten, hohe Planungssicherheit in Geometrie, Toleranzen und Baustellenlogistik sind wesentlich für die Serienfertigung im Flussprinzip.
- **Präzision durch digitale Prozessketten (BIM → CNC):** Digitale Planung (BIM/CAD) mit direkter Ableitung in die Fertigung sorgt für geringe Fehlerquote und hohe Maßgenauigkeit.
- **Geringes Bauteilgewicht:** Leicht transportierbare Elemente mit geringem Gewicht können zu Optimierungen bei Transportgeräten, Hebezeugen und der Fundamentierung führen, was die Wirtschaftlichkeit steigert.
- **Witterungsunabhängige Produktion:** Produktion in Werkhallen, was zu geringen Montageunterbrechungen, kurzen Bauzeiten und Planungssicherheit im Projektverlauf führt.

Konstruktive Grundsätze[1]

Für die Umsetzung mehrgeschossiger Gebäude in Holztafelbauart existieren zwei wesentliche Konstruktionsprinzipien, die auf dem Fachwerkbau, Holzrahmenbau bzw. Ständerbau gründen. Die aus dem nordamerikanischen Holzbau stammenden Bezeichnungen der verschiedenen Montageweisen sind auch im deutschsprachigen Raum gängige Terminologie. Die jeweiligen Konstruktionsprinzipien unterscheiden sich im Wesentlichen hinsichtlich des Vorfertigungsgrades sowie der Höhe der Außenwandelemente. Abhängig von Projektanforderungen und betrieblichen Rahmenbedingungen wird so für jedes Bauvorhaben eine optimierte und individuell angepasste Ausführungsvariante gewählt:

- platform-framing, im deutschen Sprachraum bezeichnet als Plattform-, Stapel- oder Geschossbauweise
- balloon-framing, im deutschen Sprachraum bezeichnet als Ballon- oder Mehrgeschossbauweise, mit quasi-balloon-framing, im deutschen Sprachraum bezeichnet als Quasi-Ballon-Bauweise

Plattform-Bauweise

Das Grundprinzip der Plattform-Bauweise (platform-framing) besteht in der Ausbildung jedes Geschosses als eigene „Plattform". Nach Errichtung der tragenden Außen- und Innenwände eines Geschosses werden die Deckenelemente auf den Wandköpfen aufgelagert, welche die Plattform für die Montage des nächsten Geschosses bilden. Jedes Geschoss ist damit konstruktiv und statisch weitgehend eigenständig.

Bauphysikalische und statisch-konstruktive Aspekte:

- einfache Montage dank serieller, vorgefertigter Elemente
- Brandschutz: geschossweise Trennung verhindert vertikale Brandweiterleitung in Hohlräumen
- Schallschutz: Unterbrechung der Konstruktion mindert die Flankenübertragung zwischen Geschossen
- Maßhaltigkeit: Die Plattformen dienen als exakte Ausrichtungs- und Arbeitsflächen.
- wirtschaftlich, besonders bei standardisierten Grundrissen

[1] Kessel, M.H.; Janßen, P.; Sieder, M.: Vorlesungsskript „Holztafelbau". Technische Universität Braunschweig – Institut für Baukonstruktion und Holzbau IBHolz

- Aufgrund der senkrecht zur Faserrichtung beanspruchten Hölzer im Bereich der Geschoss-Stöße bedürfen Setzungen aus Querpressung und Schwindvorgängen bei mehrgeschossigen Gebäuden besonderer Beachtung.

Ballon-Bauweise

Bei der Ballon-Bauweise (balloon-framing) verlaufen die Wandständer durchgehend über zwei oder mehr Geschosse und übernehmen damit den primären, durchgehenden Lastabtrag. Die Geschossdecken werden seitlich an die Wandständer angeschlossen.

Bauphysikalische und statisch-konstruktive Aspekte:

- geringere vertikale Setzungen aufgrund durchlaufender Ständer
- gute Lastabtragung für höhere Gebäude
- Durchlaufende Hohlräume in den Wänden begünstigen eine rasche vertikale Brandweiterleitung und eine Schallübertragung zwischen Geschossen.
- Erhöhte Anforderungen an Transport und Montage, da die Wandelemente großformatig sind.

Quasi-Ballon-Bauweise

Im Gegensatz zur klassischen Ballon-Bauweise wird bei der Quasi-Ballon-Bauweise (quasi-balloon-framing) der Geschoss-Stoß knapp oberhalb der Rohdecke angeordnet. Dadurch können die Außenwandelemente in wirtschaftlichen Abmessungen gefertigt werden, die sich an den lieferbaren Plattenformaten orientieren und die volle Bruttogeschosshöhe abdecken können. Aufgrund des geringen Anteils quer zur Faserrichtung beanspruchter Holzbauteile weist die Quasi-Ballon-Bauweise im mehrgeschossigen Holzbau ein reduziertes Setzungsverhalten auf. Gleichzeitig bleiben die positiven Effekte einer bauphysikalisch optimierten, geschossweise abgeschotteten Konstruktion erhalten.

Tragverhalten

Das Verständnis des Tragverhaltens von Holztafeln ist Voraussetzung für die optimale Wahl der Konstruktion eines Gebäudes in Holztafelbauart. Zur Konstruktion zählen der Schichtaufbau der Tafeln und der Verbund der Schichten untereinander ebenso wie die Verbindungen der Dach-, Decken- und Wandtafeln untereinander. Sie bilden in ihrer Gesamtheit zum einen

- ein räumliches Bauwerk, das die Anforderungen des Gebäudeenergiegesetzes (GEG) an Dichtheit und Wärmeschutz, ggf. darüber hinaus an Schall- und Brandschutz erfüllen muss, und zum anderen
- ein räumliches Tragwerk, das die Anforderungen des Eurocode 5 und der nationalen Anwendungsdokumente NAD an Tragfähigkeit, Gebrauchstauglichkeit und Dauerhaftigkeit erfüllen muss.

Hergestellt wird eine Holztafel, indem ein Beplankungswerkstoff auf umlaufenden Holzrippen mit Verbindungsmitteln befestigt wird. Handelt es sich um eine größere Holztafel, so sind in regelmäßigen Abständen Innenrippen anzuordnen, die ein Beulen des dünnen Beplankungswerkstoffes verhindern. Die Holzrippen können aus Vollholz, Brettschichtholz oder Furnierschichtholz sein. Für die Beplankung können Holz- und Gipswerkstoffplatten verwendet werden, die aus OSB-Platten, Sperrholzplatten, Faserplatten, Spanplatten, Gipskartonplatten oder Gipsfaserplatten bestehen können. Die Beplankung der Holzrippen kann einseitig oder beidseitig erfolgen, man spricht dann von offenen oder geschlossenen Holztafeln. Als Verbindungsmittel für die Befestigung der Beplankung auf den Rippen werden Nägel, Klammern oder Holzschrauben verwendet. Außerdem ist es möglich, die Beplankung mit den Rippen zu verkleben, dies wird heute vergleichsweise selten ausgeführt.

Wandtafeln

Eine Wandtafel besteht in ihrer Grundform aus den Rippen und der ein- oder beidseitigen Beplankung aus Holz- oder Gipswerkstoffen. Aufgrund der Vielzahl von konstruktiven und insbesondere bauphysikalischen Anforderungen werden Wandtafeln meist mit mehr als den drei erwähnten, für die Tragfähigkeit und Steifigkeit verantwortlichen Bauteilschichten ausgeführt. Bild 1 zeigt eine Außenwandtafel mit den wesentlichen Konstruktionselementen.

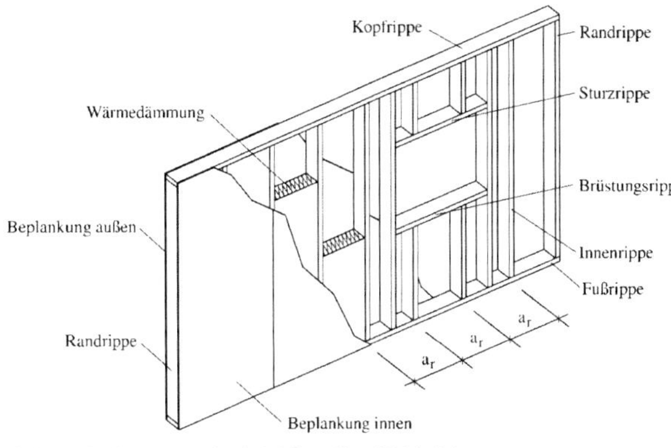

Bild 1: *Außenwandtafel (Quelle: IBHolz)*

Die Rippen sind von der Außen- und Innenseite beplankt und zwischen den Rippen ist ein Wärmedämmstoff angeordnet. Die Wandtafel begrenzenden vertikalen Rippen werden Randrippen und die horizontalen Rippen werden Fußrippe und Kopfrippe genannt. Der Abstand der vertikalen Rippen untereinander wird mit „a_r“ bezeichnet. Er ist so zu wählen, dass eine wirtschaftliche Verwendung des Beplankungswerkstoffs möglich ist und ein Beplankungsstoß auf den Innenrippen ausführbar ist. Die meisten Beplankungswerkstoffe haben eine Breite von b = 1,25/2,50 m, übliche Dicken sind t = 10 mm bis t = 25 mm. Die Breite der Beplankung führt zu einem Rippenabstand von a_r = 62,5/83,3 cm. Die in der Wandtafel vorhandene Fensteröffnung wird nach unten von der Brüstungsrippe und nach oben von der Sturzrippe begrenzt. Seitlich der Fensteröffnung sind zusätzliche vertikale Rippen außerhalb der regelmäßigen Teilung angeordnet.

Deckentafeln

Wie eine Wandtafel besteht eine Deckentafel aus den Rippen und der ein- oder beidseitigen Beplankung aus Holz- oder Gipswerkstoffplatten, die mit Nägeln, Klammern oder Schrauben auf den Rippen befestigt ist. Bei Deckentafeln werden die Rippen auch als Deckenbalken bezeichnet. Decken können nach ihrer Funktion unterschieden werden in Decken als trennendes Bauteil zwischen beheizten Räumen mit besonderen Anforderungen an die Trittschall- und Luftschalldämmung und in Decken als abschließendes Bauteil von beheizten Räumen zur Außenluft oder zu unbeheizten Räumen mit besonderen Anforderungen an die Wärmedämmung. Da die tragenden Bauteile beider Deckenarten aus den Deckenbalken und einer einseitigen oberen oder unteren oder einer beidseitigen Beplankung bestehen, hat der funktionelle Unterschied in der Regel keinen Einfluss auf die Konstruktion der tragenden Anschlüsse an die Wände. Jedoch ergeben sich z. B. für eine Decke mit unterseitig sichtbaren Deckenbalken deutlich unterschiedliche Anschlussdetails.

Werden die Deckentafeln mit einer oberseitigen tragenden Beplankung ausgeführt, ist eine Randrippe erforderlich, die schubfest mit der Kopfrippe der darunterstehenden Wandtafel zu verbinden ist. Die Bilder 2, 3 und 4 zeigen einen Anschluss Decke-Außenwand als Prinzipdetail. Bei unterseitiger tragender Beplankung ist diese Randrippe zur Kraftübertragung nicht erforderlich, da die Kopfrippe der Wandtafel die Aufgabe der Randrippe der Deckentafel übernehmen kann. Hierfür ist es erforderlich, dass sie kontinuierlich mit der unterseitigen Deckenbeplankung verbunden ist.

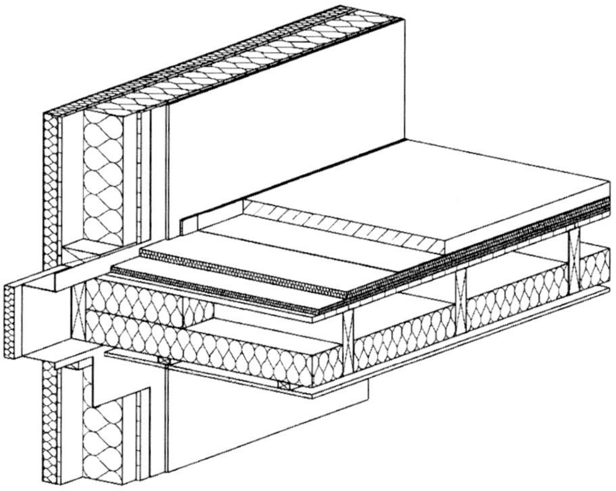

Bild 2: *Prinzipdetail Anschluss Decke-Außenwand, räumliche Darstellung (Quelle: IBHolz)*

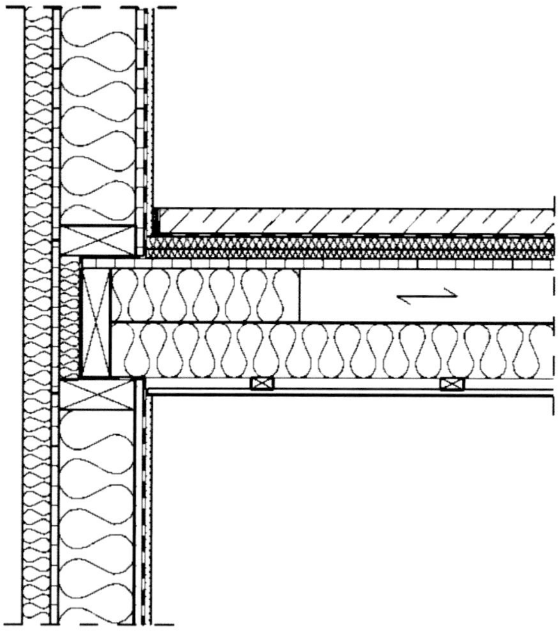

Bild 3: *Prinzipdetail Anschluss Decke-Außenwand, Schnittdarstellung (Quelle: IBHolz)*

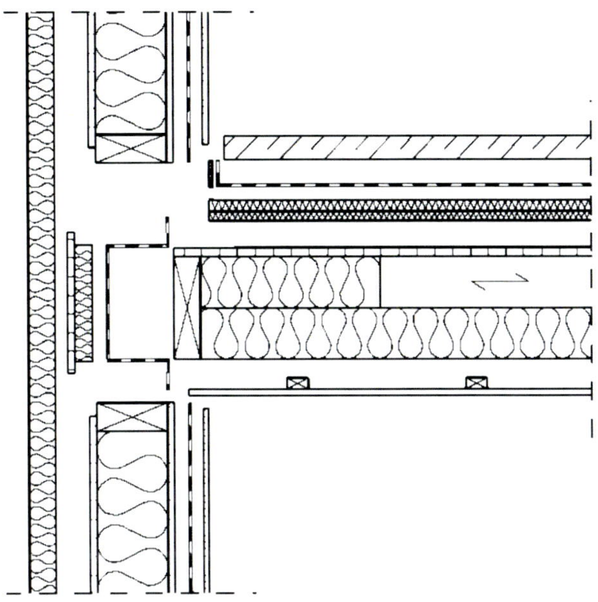

Bild 4: Prinzipdetail Anschluss Decke-Außenwand, Darstellung Bauelement-Trennung (Quellen: IBHolz)

Dachtafeln

Kommen Dachtafeln zur Anwendung und werden zur Aussteifung des Gebäudes herangezogen, so sind die Tafeln wie bei den Wand- und Deckentafeln grundsätzlich mit umlaufenden Randrippen auszubilden. Hierfür sind zwischen den Sparren Füllhölzer einzubauen, die mit der Dachtafelbeplankung und der Fußpfette schubfest zu verbinden sind. Die Längsstöße von Dachtafeln können entweder mit beidseitigen oder nur mit einem Randsparren ausgeführt werden. Bei zwei Randsparren kann für den zweiten Sparren eine geringere Querschnittsbreite gewählt werden. Die Entscheidung über ein oder zwei Randsparren hängt davon ab, ob die Sparrenköpfe sichtbar bleiben und ob eine Konstruktionslösung für die Dachlattenstöße auf einem Sparren gefunden wird.

Räumliches Tragverhalten von Gebäuden in Holztafelbauart[2]

Bei Gebäuden in Holztafelbauart bestehen das Dach, die Decken und die Wände zum überwiegenden Teil aus Holzbauteilen (Sparren, Deckenbalken und Wandstielen), die ein- oder beidseitig mit dünnen Platten aus Holz- oder Gipswerkstoffen mit stiftförmigen Verbindungsmitteln beplankt sind.

Die in vertikaler Richtung wirkenden Belastungen aus Eigengewicht, Verkehr, Schnee und Wind werden i. d. R. durch die Holzbauteile in die Fundamente eingeleitet. Zur Weiterleitung von Abtriebskräften infolge Imperfektionen und zur Abtragung der horizontal wirkenden Windkräfte bis in die Fundamente ist zusätzlich zu den Holzbauteilen die auf ihnen befestigte Beplankung erforderlich. Durch sie können Wände, Decken und die Sparrenlagen des Dachs im statischen Sinn als Scheiben wirken, die auch ohne den Einbau von Streben, Windrispen oder Stahlrahmen in der Lage sind, alle Horizontalkräfte abzutragen. Die bisherigen Modelle zur Abbildung des Tragverhaltens behandeln überwiegend Wand-, Decken- und Dachtafeln getrennt voneinander. Sie werden als aus dem Gebäude herausgetrennte ebene Teilsysteme betrachtet, ohne ihr Zusammenwirken in der räumlichen Gesamtstruktur zu berücksichtigen. Durch die Berücksichtigung der tatsächlich räumlichen Lastabtragung wird das Tragverhalten jedoch wesentlich wirklichkeitsnäher erfasst, was u. a. dazu führt,

- dass die Steifigkeiten aller tragenden Bauteile ausgenutzt werden, wie z. B. die Plattensteifigkeit der Deckentafeln und die Biegesteifigkeit der Wandrähme,
- dass sich die rückstellende Wirkung der ständigen Lasten (Eigengewicht der Konstruktion) übersichtlicher und damit sicherer verfolgen lässt und diese Lasten dort angesetzt werden können, wo sie tatsächlich wirken,
- dass sich Konstruktionen und Verbindungen so vereinfachen lassen, dass sich der Einbau aufwendiger Stahlbauteile oder Verankerungen erübrigt.

Bild 5 veranschaulicht das räumliche Zusammenwirken von Decken- und Wandtafeln anhand einer einfachen Anordnung notwendiger Holztafeln im Sinne der Gebäudeaussteifung.

[2] Kessel, M.H.; Janßen, P.; Sieder, M.: Vorlesungsskript „Holztafelbau". Technische Universität Braunschweig – Institut für Baukonstruktion und Holzbau IBHolz

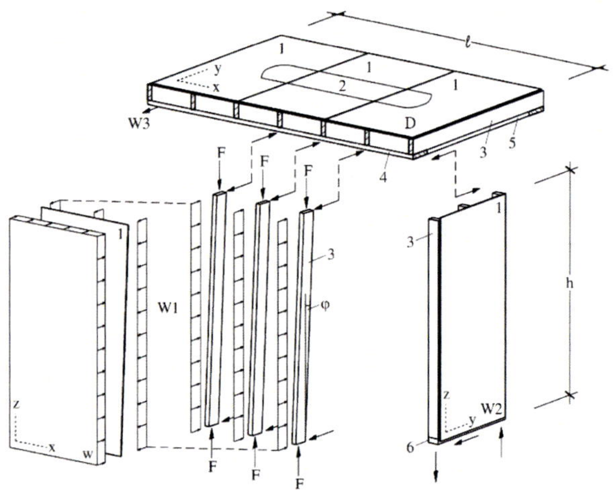

Bild 5: *Räumliche Anordnung und Lage von Wänden und Decke in einer Explosionsdarstellung (Quelle: IBHolz)*

Legende Bild 5	
W1, W2, W3	Wandtafeln
D	Deckentafel
1	Platte
2	Beplankung von D
3	Rippen
4	Kopfrippe von W1 und Gurt von D
5	Kopfrippe von W2
6	Fußrippe von W2
W	Windlast
F	Vertikallast
ϕ	Schiefstellung
W3 ist zur Wahrung der Übersichtlichkeit nicht als Bauteil dargestellt.	

Vorfertigung

Im Kern der Vorfertigung im Holztafelbau steht die Idee, Wand-, Decken- und Dachelemente nicht traditionell auf der Baustelle zu fertigen, sondern sie in einer kontrollierten Umgebung vorgefertigt herzustellen. Dies bietet eine Reihe von Vorteilen gegenüber der herkömmlichen Bauweise. Die Produktion der Bauteile erfolgt in spezialisierten Fabriken, wo exakte technische Bedingungen eingehalten werden können. Die Elemente bestehen zumeist aus einem Holzrahmenwerk, das mit verschiedenen Dämmmaterialien ausgefüllt und je nach Bedarf mit weiteren Funktionsmaterialien wie beispielsweise einer Dampfsperre, Beplankung oder Installationszonen versehen wird.

Technische Umsetzung

Technologisch wird die Vorfertigung durch fortschrittliche CAD/CAM-Systeme unterstützt, die eine exakte Planung und Bearbeitung der Bauelemente ermöglichen. Der digitale Entwurf der Bauteile wird direkt an computergesteuerte Maschinen übermittelt, die die Holzelemente millimetergenau zuschneiden und vorbereiten. Die fertigen Elemente werden dann markiert und zur weiteren Verarbeitung und letztendlich zur Baustelle transportiert. Dort werden sie oft innerhalb weniger Tage zu einem kompletten Haus zusammengefügt.

Bauphysik

Brandschutz

Holz ist brennbar – der konstruktive Schutz zielt grundlegend darauf ab, Tragfähigkeit, Raumabschluss und Rauchausbreitung für definierte Zeiträume im Fall eines Brandereignisses zu gewährleisten. Bei Holztafelwänden wird dies meist durch Bekleidungen (z. B. nicht brennbare Gipsplatten, mehrlagige Systeme) erreicht. Im Zuge der Novellierung der Muster-Holzbaurichtlinie (MHolzBauRL) 2024[3], bei der es sich um eine Fortschreibung der MHolzBauRL (Fassung Oktober 2020) handelt, haben sich für den Holztafelbau praxisrelevante und zugleich sicherheitsorientierte Spielräume eröffnet. Die Richtlinie gilt für tragende, aussteifende und/oder raumabschließende Bauteile in Holzbauweise. Die neue Fassung schafft Klarheit zu Schutzzeiten, Bekleidungsanforderungen und zulässigen Gebäudeklassen – sie ist damit zentrale Grundlage für Planung und Ausführung brandschutztechnischer Maßnahmen im Holzbau. Die notifizierte Muster-Richtlinie darf überall dort angewendet werden, wo bauordnungsrechtliche Landesregelungen dies gestatten.

Schutzzeiten und brandschutztechnische Bekleidungen

Die MHolzBauRL ermöglicht erweiterte Anwendungen der Holztafelbauweise, unter bestimmten Bedingungen ist Regelbau bis Gebäudeklasse 5 vorgesehen. Statt früherer Kapselkriterien werden jetzt klar

[3] Fachkommission Bauaufsicht der Bauminister-konferenz: Muster-Richtlinie über brandschutztechnische Anforderungen an Bauteile und Außenwandbekleidungen in Holzbauweise (MHolzBauRL), Fassung 24. September 2024

definierte Schutzzeiten (Feuerwiderstandsdauern) eingeführt; für tragende/raumabschließende Bauteile sind übliche Nachweiszeiträume 60 bzw. 90 Minuten, abhängig von Gebäudeklasse und Funktion. Des Weiteren erfolgt eine Konkretisierung der Anforderungen an brandschutztechnische Bekleidungen, Abschottungen, Fugen und Einbauten (Installationen, Durchdringungen), was die Planungsunsicherheit reduziert und einheitliche Ausführungen fördert.

Für Holztafelbau-Bauteile ist eine brandschutztechnisch wirksame Bekleidung aus nichtbrennbaren Baustoffen erforderlich, die das Entzünden des tragenden Holzbauteils über eine Mindestzeit verhindert. Brandschutzbekleidungen werden in der neuen Richtlinie differenziert betrachtet: Es gibt abgestufte Anforderungen je nach Gebäudeklasse, Bauteilfunktion und Brandwiderstandserfordernis. Dadurch sind kompaktere, geprüfte Bekleidungssysteme möglich, die das Brandverhalten verbessern, ohne die Vorteile des Holzbaus aufzugeben. Dämmstoffe in den Hohlräumen müssen definierte Anforderungen erfüllen (z. B. nichtbrennbar oder sehr hohe Temperaturbeständigkeit), je nach Bauweise und Schutzklasse.

Bei Gebäuden der Gebäudeklasse 4 und 5 sind Außenwandbekleidungen aus Holz bzw. Holzwerkstoffen möglich, sofern geeignete Maßnahmen zur Begrenzung der Brandausbreitung getroffen werden (z. B. nichtbrennbare Trägerplatten, Brandsperren vertikal/horizontal, Lüftungsspalt). Die Richtlinie legt dabei z. B. maximale Abstände vertikaler Brandsperren bei hinterlüfteten Außenwänden fest.

Führung von Installationen

Die Richtlinie enthält Regelungen zur Führung von Installationen in Holztafelelementen (z. B. Elektroinstallationen) sowie Anforderungen an Fugen und Anschlüsse der Elemente.

Öffnungen für elektrische Einbauteile

In Bezug auf Öffnungen für elektrische Einbauteile in Holztafelbauwänden werden maximale Öffnungsflächen je Gefach sowie Mindestabstände etc. angegeben

Die MHolzBauRL 2024 schafft praxisnahe, prüfbare Regeln, die das Bauen mit Holz in höheren Gebäudeklassen ermöglichen, ohne das Schutzniveau zu verringern. Für den Holztafelbau bedeutet das: gezielte Bekleidungen, sorgfältige Abschottungen, klare Nachweise über Schutzzeiten und enge Abstimmung mit Behörden und Brandschutzfachplanern.

Mit geprüften Systemlösungen und einem integralen Brandschutzkonzept (passiv, aktiv und organisatorisch) lässt sich die Sicherheitsanforderung wirtschaftlich und normkonform erfüllen.

Schallschutz

Der Schallschutz im Holztafelbau hat sich in den letzten Jahren deutlich verbessert und ist heute mit gezielter konstruktiver Ausrichtung grundsätzlich auf dem Niveau konventioneller Massivbauweisen erreichbar. Durch optimierte Schichtaufbauten, entkoppelte Konstruktionen und geprüfte Systemlösungen lassen sich sowohl die Mindestanforderungen nach DIN 4109-1[4] als auch die erhöhten Komfortstandards gemäß VDI 4100[5] erfüllen. Holzbaukonstruktionen unterscheiden sich im akustischen Verhalten wesentlich von massiven Bauarten:

- Holz besitzt eine geringere flächenbezogene Masse, wodurch Luftschall leichter angeregt wird,
- gleichzeitig hat Holz einen vergleichsweise geringen Elastizitätsmodul und ist damit schwingungsfreudig, was zu besonderen Anforderungen an die Körperschalldämmung führt.

Der Luftschallschutz ergibt sich im Wesentlichen aus der Masse-Feder-Masse-Wirkung der Wand- oder Deckenkonstruktion. Wichtige Einflussgrößen sind hierbei:

- flächenbezogene Masse der Beplankung: je schwerer und dichter, desto besser
- Dämmstoff im Hohlraum: faserige, poröse Materialien (z. B. Mineralwolle, Holzfaserdämmstoff) wirken als akustische Dämpfung
- Entkopplung der Beplankungen: Vermeidung von Schallbrücken zwischen den beiden Schalen verbessert das Schalldämmmaß
- Fugen und Anschlüsse: luftdicht auszuführen, selbst kleine Undichtigkeiten reduzieren den Schallschutz deutlich

Erprobte Holztafelwand-Aufbauten erreichen bewertete Schalldämmmaße R'_w von 55–65 dB, ausreichend für Wohnungstrennwände der Gebäudeklassen 4 und 5.

Bei Decken in Holztafelbauweise ist der Trittschall oft die kritischste Komponente. Wesentliche Maßnahmen zur Verbesserung können sein:

- schwimmender Estrich auf trittschalldämmender Schicht (z. B. Holzfaser, Mineralwolle, Elastomer)

[4] DIN 4109-1: Schallschutz im Hochbau - Teil 1: Mindestanforderungen
[5] VDI 4100: Schallschutz im Hochbau - Wohnungen - Beurteilung und Vorschläge für erhöhten Schallschutz

- abgehängte Deckenunterkonstruktion mit federnd gelagerten Profilen zur Entkopplung
- Masseerhöhung durch Schüttungen, Betonestriche usw.

Mit geeigneten Maßnahmen lassen sich Trittschallpegel $L'_{n,w} \leq 50$ dB erreichen, was den erhöhten Anforderungen (VDI 4100 SSt II) entspricht.

Der bewertete Normtrittschallpegel wird durch Maßnahmen der Beschwerung der Holzbalkendecken in Verbindung mit einer Unterdecke erheblich verbessert. Wird bei der bauakustischen Betrachtung das erweiterte Frequenzspektrum ab 50 Hz beginnend durch den $C_{I,50\text{-}2500}$ ergänzend betrachtet, so ist durch eine Zusatzbeschwerung keine wesentliche Verbesserung zu erwarten. Für die Verbesserungen war es bisher üblich, die Masse auf der Decke zu erhöhen, was zu einer statischen Zusatzlast für die Tragkonstruktion und damit auch zu erhöhtem Herstellungsaufwand und Mehrkosten führt. Anhand von Labor- und Praxis-Messungen konnte gezeigt werden, dass die Beschwerung für die Minderung der tieffrequenten Trittschallübertragung keine wesentliche Verbesserung bringt. Wird dagegen die Masse und die Federungseigenschaft der Unterdecke verändert, tritt eine Verbesserung im Frequenzbereich unter 100 Hz ein. Durch die längst überfällige Berücksichtigung der tiefen Frequenzen beim Trittschallpegel wird nun auch die subjektive Wahrnehmung der Nutzer in ausreichender Weise gewürdigt. Dies führt zu einer erheblichen Steigerung des akustischen Komforts in Wohngebäuden und einer massiven Aufwertung der Holzbauweise. Als wichtige Erkenntnis für die Praxis kann festgehalten werden, dass die Erhöhung der Masse der Decke allein jedoch nicht ausreichend ist[6]. Es kommt vielmehr darauf an, wo im Deckenpaket diese Massenerhöhung angeordnet wird. Dazu werden im „Holzbau Handbuch Reihe 3 – Bauphysik“ des Informationsdienst Holz[7] in einem Bauteilkatalog die Eigenfrequenzen der jeweiligen Unterdeckensysteme, als zusätzliches bauakustisch quantifizierendes Kriterium, angegeben.

Ein weiteres wichtiges Augenmerk bei Planung und Ausführung ist auf Schallbrücken und -nebenwege zu legen. Schallbrücken treten dort auf, wo Luft oder nicht entkoppelte, Bauteile mit schallharten Komponenten Schwingungen übertragen. Die Bauteile selbst sowie deren Anschlussbereiche an angrenzende Konstruktionen müssen eine dauerhaft luftdichte Ausführung aufweisen, um unerwünschte Schallübertragungen über Leckagen zu verhindern. Besonders kritisch sind Installationsdurchdringungen wie Leitungs- und Rohrführungen, Steckdosen oder Einbaugehäuse, die aufgrund lokaler Undichtheiten eine signifikante Schwächung der Schalldämmung bewirken können. In diesen Bereichen sind daher gezielte Abdichtungsmaßnahmen durch geeignete Dichtbänder oder Manschetten zwingend erforderlich. Schallbrücken zwischen schallharten Schichten entstehen typischerweise durch direkte, kraftschlüssige Verbindungen zwischen schwimmenden Estrichkonstruktionen und angrenzenden Wänden oder Decken. Ursachen können Leitungskreuzungen im Bereich zwischen Rohdecke und Estrich oder fehlende Randdämmstreifen sein. Untersuchungen zeigen, dass Schallbrücken zwischen Rohdecke und Estrich eine deutlich stärkere Beeinträchtigung der Trittschalldämmung verursachen als Verbindungen zwischen Estrich und Wand. Dies ist auf die größere flächenbezogene Kopplung und die damit verbundene effizientere Körperschallübertragung zurückzuführen.

Darüber hinaus können steife konstruktive Anschlüsse als sekundäre Schallübertragungswege fungieren. Zwischen statisch erforderlichen Kopplungen und schalltechnisch ungünstigen Verbindungspunkten besteht dabei häufig ein planerischer Zielkonflikt.

Durch eine konsequente akustische Entkopplung der Bauteilschalen, beispielsweise über elastische Zwischenschichten oder gleitende Anschlussdetails, lassen sich Nebenwegübertragungen in der Regel so weit reduzieren, dass sie für die Gesamtbewertung der Schalldämmung vernachlässigbar sind.

Wärmeschutz

Der Holztafelbau bietet aufgrund seiner mehrschichtigen, hochgedämmten Bauweise hervorragende Voraussetzungen für den Wärme- und Feuchteschutz. Die Kombination aus tragendem Holzrahmen, wärmedämmender Gefachdämmung und außenliegenden Schutzschichten ermöglicht sehr geringe Wärmedurchgangskoeffizienten (U-Werte) bei schlanken Wandstärken. Entscheidend für die bauphysikalische Dauerhaftigkeit ist jedoch nicht nur die Wärmedämmung, sondern auch die sichere Führung des Feuchtehaushalts – sowohl durch Diffusion als auch durch Konvektion. Ein ausgewogenes Verhältnis von Luftdichtheit, Diffusionsoffenheit und konstruktivem Holzschutz gewährleistet die Dauerhaftigkeit, Energieeffizienz und Schadensfreiheit der Bauteile.

[6] Blödt, A.: Praxishandbuch Schallschutz im Holzbau mit wichtigen Erkenntnissen für bewährte Bauweisen. 12. Europäischer Kongress EBH 2019

[7] Informationsdienst Holz: Holzbau Handbuch Reihe 3 | Teil 3 | Folge 1 „Schallschutz im Holzbau: Grundlagen und Vorbemessung“. 2019

Holz besitzt eine geringe Wärmeleitfähigkeit – normativ als Rechenwert $\lambda \approx 0{,}13$ W/m·K, wobei Labor- und Praxis-Messungen Werte von $\lambda \leq 0{,}10$ W/m·K bestätigen. Für den Energie- und Feuchtehaushalt relevante Wärmebrücken im Tragwerk fallen dadurch vergleichsweise gering aus. Die Gefache der Holztafelelemente werden mit Dämmstoffen niedriger Wärmeleitfähigkeit ($\lambda \leq 0{,}035$ W/m·K) ausgefüllt, z. B. Mineralfasern, Holzfasern, Zelluloseflocken, Hanf- oder Flachsfasern.

Entscheidend für den energetischen Gesamtwirkungsgrad mit Fokus auf den winterlichen Wärmeschutz sind die kontinuierliche Dämmschicht, die Vermeidung von Wärmebrücken sowie eine dauerhaft luftdichte Gebäudehülle gemäß den Anforderungen des Gebäudeenergiegesetzes. Durch sorgfältige Planung der Anschlüsse, den Einsatz geeigneter Luftdichtungs- und Dampfbremsbahnen sowie den Verzicht auf durchgehende wärmeleitende Verbindungselemente kann ein sehr hoher thermischer Standard erreicht werden. Somit erfüllt der Holztafelbau nicht nur die Anforderungen an den winterlichen Wärmeschutz, sondern ermöglicht auch den wirtschaftlichen Bau von energieeffizienten Gebäuden bis hin zum Effizienzhaus- oder Passivhausniveau.

Der sommerliche Wärmeschutz im Holztafelbau zielt darauf ab, eine übermäßige Aufheizung der Innenräume infolge solarer und interner Wärmegewinne zu vermeiden und damit den thermischen Komfort während der warmen Jahreszeit sicherzustellen. Aufgrund der vergleichsweise geringen Speichermasse von Holztafelkonstruktionen, sind die Begrenzung der Wärmeeinträge und die zeitliche Verschiebung der Temperaturspitzen von zentraler Bedeutung. Der Wärmeschutz wird dabei insbesondere durch die Wärmespeicherfähigkeit der inneren Schichten, die Reflexion solarer Strahlung, sowie den Gesamtwärmedurchlasswiderstand der Bauteile bestimmt. Eine wirksame Maßnahme stellt die Kombination aus außenliegendem Sonnenschutz, hellen Fassadenoberflächen und diffusionsoffenen, aber luftdichten Schichten dar. Ergänzend tragen ausreichende Speichermassen in Form von innenliegenden Bekleidungen (z. B. Gipsfaserplatten, Lehmputzen oder Holzwerkstoffplatten) zur Stabilisierung des Raumklimas bei. Gemäß den Anforderungen der DIN 4108-2[8] ist im Rahmen der energetischen Gesamtbewertung die Einhaltung der zulässigen Grenzwerte für die Übertemperaturhäufigkeit nachzuweisen. Durch eine ganzheitliche Planung, die Materialwahl, Fensterflächenanteile, Verschattungssysteme und Lüftungskonzepte berücksichtigt, kann der Holztafelbau auch unter sommerlichen Bedingungen ein hohes Maß an thermischem Komfort gewährleisten.

Feuchteschutz

Ein wirksamer Feuchteschutz ist im Holztafelbau von zentraler Bedeutung, da Feuchtigkeit die Dauerhaftigkeit und Funktionsfähigkeit der Konstruktion maßgeblich beeinflusst. Ziel ist es, einen unzulässigen Feuchtegehalt – Tauwasserbildung – in den Holzbauteilen dauerhaft zu vermeiden und zugleich die Rücktrocknungsfähigkeit zu gewährleisten, um Schäden wie Schimmelbildung, Holzfäule oder die Minderung der Wärmedämmwirkung auszuschließen.

Ein funktionierender Feuchteschutz fußt auf dem Diffusions-Prinzip „innen dichter als außen“. Im Holztafelbau beruht er grundsätzlich auf einem mehrschichtigen, bauphysikalisch abgestimmten Wandaufbau, der das Eindringen und die Anreicherung von Feuchtigkeit verhindert und gleichzeitig eine ausreichende Austrocknungsfähigkeit gewährleistet. Innenseitig erfolgt dies durch eine luftdichte und diffusionshemmende Schicht (z. B. Dampfbremsbahn, dampfbremsende Platte, feuchtevariable Dampfbremse mit einem Wert der wasserdampf-diffusionsäquivalente Luftschichtdicke sd von 2–10 m), während außenseitig diffusionsoffene, winddichte Schichten (Unterspannbahnen, Unterdeckplatten mit einem sd-Wert ≤ 0,3 m) den Feuchteabtransport nach außen ermöglichen. Besondere Aufmerksamkeit erfordern Anschlussdetails, Durchdringungen und Fensteranschlüsse, da hier Feuchte- und Luftleckagen gehäuft auftreten können. Die Planung des Feuchteschutzes orientiert sich an den Vorgaben der DIN 4108-3[9] und der DIN 68800-2[10], wonach Bauteile so auszuführen sind, dass Tauwasserbildung und Holzfeuchten über den kritischen Grenzwerten vermieden werden. Durch sorgfältige Planung, kontrollierte Ausführung und bauklimatisch abgestimmte Materialwahl kann der Holztafelbau eine dauerhaft sichere hygrothermische Performance erreichen.

Nach DIN 68800-2 ist der konstruktive Holzschutz integraler Bestandteil des Feuchteschutzes. Diesbezüglich sind folgende, wesentliche konstruktive Maßnahmen vorzusehen:

- ausreichende Dachüberstände, Spritzwasserschutz am Sockel

[8] DIN 4108-2: Wärmeschutz und Energie-Einsparung in Gebäuden - Teil 2: Mindestanforderungen an den Wärmeschutz

[9] DIN 4108-3: Wärmeschutz und Energie-Einsparung in Gebäuden - Teil 3: Klimabedingter Feuchteschutz - Anforderungen, Berechnungsverfahren und Hinweise für Planung und Ausführung

[10] DIN 68800-2: Holzschutz - Teil 2: Vorbeugende bauliche Maßnahmen im Hochbau

- keine Staunässe in Fugen, Anschlüssen oder hinter Belägen
- hinterlüftete Außenbekleidungen zur Abführung eingedrungener Feuchtigkeit

Die hygrische/hygrothermische Nachweisführung kann gemäß DIN 4108-3 rechnerisch oder mit anerkannten Simulationsverfahren (z. B. WUFI®) erfolgen. Nachweise können i. d. R. entfallen, wenn geprüfte und bauaufsichtlich eingeführte Standardaufbauten verwendet werden, welche die Anforderungen erfahrungsgemäß erfüllen

Wirtschaftlichkeit

Der Holztafelbau zählt zu den ökonomisch wie ökologisch attraktiven Bauweisen im modernen Hochbau. Seine Wirtschaftlichkeit ergibt sich aus mehreren Faktoren: kurze Bauzeit, hoher Vorfertigungsgrad, geringeres Eigengewicht, niedrige Betriebskosten und gute Werthaltigkeit.

Durch optimierte Produktionsprozesse, digitale Fertigung (BIM/CNC) und serielle Bauweise hat sich der Holztafelbau zu einem industriell beherrschten, kostensicheren Bausystem entwickelt.

Reduzierte Bauzeit und Vorfertigung

Dank industrieller Vorfertigung von Elementen können Bauprojekte in Holztafelweise wesentlich schneller errichtet werden. Holztafelelemente werden in geschützten Werkhallen hochpräzise vorproduziert, je nach Vorfertigungsgrad inkl. Dämmung, Fenstern, Installationen usw. Die Holztafelelemente werden i. d. R. montagefertig geliefert, wodurch die Bauzeit gegenüber herkömmlichem Massivbau deutlich verkürzt werden kann. Die Bauzeit auf der Baustelle reduziert sich typischerweise um 30 bis 50 % gegenüber Massivbauweisen. Eine verkürzte Bauzeit senkt Baustellengemeinkosten, Zinsbelastung für das Bauvorhaben und reduziert finanzielles Risiko durch verspäteten Einzug. Die Montage auf der Baustelle kann weitgehend witterungsunabhängig erfolgen. Aufgrund der seit Jahren zunehmenden Attraktivität des Holzbaus werden zunehmend großflächige/großvolumige Gebäude in Holz- und Holz-Hybridbauweise errichtet, wobei sich hier der Baufortschritt zeitlich ausdehnt und eine Planung des bauzeitlichen Witterungsschutzes erfolgen muss.

Geringeres Eigengewicht und Fundamenteinsparung

Holzelemente haben gegenüber massiven Baustoffen ein deutlich geringeres Eigengewicht. Dadurch können auch die Fundamentierung und ggf. Untergeschosse wirtschaftlicher ausgeführt werden – was Investitionskosten reduziert. Beispiele zeigen, dass Holztafelbauweise durch schlankere Bauteildicken bei gleichwertiger Dämmung Platz und Material sparen kann.

Energie- und Betriebskosten

Holztafelbauten erreichen aufgrund hoher Dämmstandards und optimierter Konstruktionen niedrige U-Werte und reduzieren damit die Heiz- und Betriebskosten. Über die Lebensdauer betrachtet wirken sich niedrige Betriebskosten positiv auf die Gesamtwirtschaftlichkeit aus.

Werthaltigkeit und Lebensdauer

Moderne Holzbauten können bei materialgerechter Planung, Ausführung und Instandhaltung eine gleiche Lebensdauer wie Gebäude in massiver Bauweise erreichen und sind damit hinsichtlich des Werterhalts durchaus ebenbürtig. Zudem erkennen Banken und Versicherungen zunehmend die Qualitätsüberwachung im Holzbau als Vorteil an, was sich auch auf Finanzierungskonditionen auswirken kann.

Kostenstruktur und Wettbewerbsfähigkeit

Allerdings zeigt eine Marktanalyse[11] im deutschen Neubau, dass Holzbauprojekte bei vergleichbaren Nutzungen im Durchschnitt rund 14 % teurer sein können als Massivbauvarianten – insbesondere durch höhere Materialkosten, Holzpreise und Zulassungskosten. Dem gegenüber stehen Einsparpotenziale durch schnellere Fertigstellung, geringere Baustellenzeiten und geringere Logistik- und Montagekosten. Die Gesamtkalkulation kann daher je nach Projektkonstellation zugunsten der Holztafelbauweise ausfallen.

Im seriellen Holztafelbau lassen sich anhand spezifischer Marktdaten[12] folgende Kennwerte als Richtgrößen heranziehen, die projekt- und regionalspezifisch variierend sind:

[11] Bulwiengesa AG/Koalition für Holzbau: Marktstudie „Holz als Baustoff im Neubau". Berlin, 22. August 2023

[12] 1.) Kroskey, M: WoodWorks: Optimizing the Cost of Mass Timber Buildings, 2019, 2.) Chalmers University, Arkitema K/S, COWI A/S: Construction cost of timber buildings, 2022, 3.) Cromwell Property Group: Report „Timber Buildings: Cost-competitive Sustainable Real Estate", 2023, 4.) Liang, S. et al.: Life-Cycle Cost Analysis of a Mass Timber Building: Methodology and Hypothetical Case Study, USDA Forest Service, 2019, 5.) Tažiková, A. et al.: Time–Cost Analysis of Construction of Administrative Buildings Using Wood-Based Construction Systems, 2024

- Montagezeit gegenüber konventionellem Massivbau: Reduzierung um ca. 30 % bis 50 % möglich durch vorgefertigte Elemente und witterungsunabhängige Fertigung
- Baustellenaufenthalt für Rohbauphase: Bei Holztafelbau oft 2–4 Wochen kürzer als vergleichbarer Massivbau mit gleicher Gebäudeklasse und Nutzung
- Baukosten: Während Material- und Fertigungskosten im Holztafelbau etwas höher liegen können (z. B. für Werkstattfertigung, Logistik, Holzwerkstoffe), werden diese durch kürzere Bauzeiten und geringere Baustellengemeinkosten ausgeglichen. Gängige Schätzungen nennen ein Mehrkosten-Potenzial von 5 % bis 15 % im Rohbau gegenüber Massivbau – abhängig vom Projektumfang, Gebäudehöhe, Seriengrad etc.
- Lebenszykluskosten: Aufgrund hoher Vorfertigung, Energieeffizienz und geringer Baustellenzeit sinken Folgekosten (z. B. Baustelleneinrichtung, Bauzinsen, Nacharbeiten) spürbar.
- Wirtschaftliche Schwelle: Ab einer Serienzahl von Elementen (z. B. mehrere gleiche Wohnungen oder Geschosse) wirkt sich das Typisierungs- und Vorfertigungspotenzial deutlich kostenmindernd aus.

Recycling/Re-Use[13]

Holztafeln sind hybride Systeme, bei denen nahezu jede einzelne Systemkomponente wiederum ein Hybridmaterial ist. Verbundmaterialien lassen sich äußerst schwer recyceln, weil ihre fest verklebten oder coextrudierten Schichten aus Kunststoff, Metall, Fasern etc. nach Gebrauch nicht sortenrein getrennt werden können. Unterschiedliche Schmelzpunkte und Chemie verhindern ein gemeinsames Aufbereitungsverfahren; Sensorik erkennt Verbunde schlecht. Trennmethoden wie Pyrolyse oder Solvolyse sind zwar möglich, jedoch energie- und kostenintensiv, weshalb viele der Hybridmaterialien meist verbrannt oder nur minderwertig downgecycelt werden.

In typischen Holztafeln sind in unterschiedlichen Mengenanteilen folgende Systemkomponenten enthalten:

- Gipswerkstoffe als raumseitige Beplankung
- Holzwerkstoffe, überwiegend OSB
- Nadelholz, in der Regel als KVH, Brettschichtholz oder ähnliche Werkstoffe
- Mineralfaserdämmstoffe als Gefachdämmung
- Holzfaserdämmstoffe als äußere Dämmung (WDVS oder hinterlüftete Fassaden)
- Hartschaumdämmung bei Situationen mit hoher Feuchtebeanspruchung
- Stahl in Form von Klammern, Schrauben und Nägeln in unterschiedlichsten Dimensionen
- kunststoffbasierte Dichtstoffe und Dichtbänder

Die Art der Verarbeitung von Gipsplatten im Holzbau stellt für die Weiterverwendung in Anlagen für Gipsrecycling keine großen Herausforderungen dar. Grundsätzlich gilt, dass die weitere Handhabung umso einfacher und somit effizienter ist, je weniger weitere Schichten aufgebracht werden. Die Trennung bei Gipskartonplatten gestaltet sich einfacher als bei Gipsfaserplatten, weil letztere eine höhere Festigkeit aufweisen und weil bei ersteren mit dem Ablösen des Kartons auch gleichzeitig sämtliche weiteren Schichten entfernt werden. Dünne Schichten wie beispielsweise Tapeten sind unproblematisch. Mineralische Schichten wie Fliesenkleber, Fliesen und Ähnliches sind technisch trennbar, erhöhen den Aufwand jedoch. Grundierungen gelten als unproblematisch.

Die Trennung der Holzfasern aus dem Plattengefüge von Holzfaserdämmplatten ist anlagentechnisch möglich und nach fachlicher Einschätzung auch mit vertretbar geringem Energieaufwand. Somit lassen sich vermutlich aus sämtlichen Holzfaserdämmplatten die Fasern wieder zurückgewinnen, um diese als Sekundärrohstoff für weitere, neue Produkte zu nutzen. Während sich beim Gipsrecycling bereits eine Infrastruktur für das Recycling entwickelt hat, existiert diese bei Holzfaserdämmplatten ausschließlich im Nahbereich der Dämmplattenhersteller. Aus allen bisherigen Untersuchungen lässt sich ableiten, dass eine Wiederverwendung von (alten, zurückgebauten) Holzfaserdämmplatten für neue Platten mit deutlich größeren Herausforderungen verbunden ist, als die Rückgewinnung der Fasern. Zudem lässt Letzteres vielfach größere Möglichkeiten der weiteren Nutzung zu. Analyseverfahren zur Untersuchung der mechanischen Fasereigenschaften sind jedoch noch unzureichend und müssen weiter erforscht werden.

[13] Technische Universität Braunschweig – Institut für Baukonstruktion und Holzbau IBHolz: Forschungsvorhaben „Design for Recycling – Holztafel 2.0"

Die Rückgewinnung der Strand (lange, schlanke Holzspäne) aus OSB-Platten ist hingegen wegen der vielfach höheren inneren Festigkeiten gegenüber Dämmplatten nach aktuellem Kenntnisstand nicht sinnvoll und nicht wirtschaftlich zielführend. Aus diesem Grund ist zu überlegen, ob sich alte OSB-Platten als Rohstoff zur Herstellung von Fasern eignen. Theoretische Überlegungen führen dazu, dass üblicherweise verwendete Klebebänder zur Realisierung der Luftdichtheit ein wesentlicher Störstoff bei der Zerfaserung sein könnten. Herausfordernder wird die Situation dadurch, dass es unterschiedlichste Klebebänder gibt. Es ist zu erwarten, dass die Klebstoffe und die Bänder selbst zu erheblichen Störungen im Refiner zur Aufbereitung von Fasern führen werden, weil die Konsistenz von Klebstoff und Bändern eine „Zerfaserung" der Bänder sehr unwahrscheinlich erscheinen lässt. Weil Klebebänder zur Realisierung der Winddichtheit auch bei der Herstellung von Gebäuden in Holztafelbauart zu Kosten führen, ist die Möglichkeit der Realisierung luftdichter Stöße ohne die Verwendung von Klebebändern anzudenken.

Die Trennung von Putzsystemen von WDVS-Dämmplatten ist ein weiterer Aspekt des Recyclings. Grundlagenuntersuchungen zeigen, dass die Trennung des Gewebes aus der Putzmatrix prinzipiell gut möglich ist. Der Aufwand steigt mit zunehmender Elastizität des Putzsystems. Ein spröder, rein mineralischer Putz lässt sich einfacher vom Gewebe lösen, als ein hochvergüteter, organischer Putz.

Bezüglich der weiteren Handhabung von rückgebauter Mineralfaserdämmung werden diverse Ansatzpunkte diskutiert. Ein Ansatz könnte das Einschmelzen sein, um das Volumen um ein Vielfaches zu verringern und um das potenzielle Krebsrisiko zu eliminieren. Ob eine Nutzung der erkalteten Schmelze als Rohstoff für neue Dämmstoffe oder Glasschaumschotter möglich ist, ist Gegenstand aktueller Forschung und Entwicklung.

Der vorliegende Text wurde vom Autor eigenständig verfasst. Alle verwendeten Quellen wurden eigenhändig recherchiert und referenzierend benannt.

Vorgefertigte Raummodule und Nasszellen

***Bild 1:** Montage eines Wohngebäudes mit „fast" fertigen Raummodulen innerhalb weniger Tage (Quelle: Oikos)*

Das serielle und modulare Bauen ist für Neubauten und Erweiterungsbauten (Anbauten, Aufbauten etc.) ein erfolgreicher Ansatz zur Senkung der Baukosten, Kostensicherheit (garantierte Festpreise), Erhöhung der Baukapazitäten und der Verbesserung und Sicherstellung der Bauqualität. Grundlegend kann zwischen 2D-Modulen (Einsatz von Wand-, Decken-, Boden- und Dachelementen) und 3D-Modulen unterschieden werden, die als geschlossene und komplett fertige Elemente auf die Baustelle geliefert werden. Es muss dann nur noch ein Teil des Ausbaus vor Ort ausgeführt werden.

Im Idealfall ist bauseitig so nur noch ein Anschluss der Versorgungsleitungen (Elektrik, Wasser, Kommunikation etc.) notwendig. Die Kenndaten des Gebäudes für Planung und Ausführung aus einer Hand erleichtern auch die Nach-/Umnutzung, Wartung, Instandhaltung und den Rückbau, Recycling bzw. Re-Use des Gebäudes oder der Materialien, welche von einigen Herstellern schon als zusätzlicher Service angeboten werden. 3D-Module werden in Serie schon zu einem „Gebäudewürfel" zusammengefügt und enthalten noch mehr Ausbauleistungen (technische Ausstattung wie Bäder oder Installationen). Auf der Baustelle werden die vorgefertigten Raumeinheiten dann nur noch montiert und angeschlossen, sodass nur sehr wenige „Restarbeiten" auf der Baustelle zu erstellen sind. Gerade bei 3D-Modulen vergehen vom ersten Modul bis zum bezugsfertigen Gebäude oft nur wenige Tage bis Wochen. Das senkt die Baukosten, steigert die Planungssicherheit und reduziert Belastungen für Anwohner durch kürzere Baustellenzeiten. In Ländern mit anderen Baukulturen (Schweden, Estland, Niederlande) ist diese Bauweise daher schon lange im Wohnungsbau führend.

Aber auch in konventioneller Bauweise werden Raummodule zunehmend für Technikmodule eingesetzt, die den technischen Ausbau vereinfachen (Nasszellen, Heizungs-, Lüftungs- oder Elektrikzentralen etc.). Bei der energetischen Modernisierung des Bestands wird der Einsatz serieller Elemente jedoch durch die großen maßlichen Abweichungen (dreidimensional) im Baubestand erschwert, die den Aufwand für Planung und bauseitige Anpassungen spürbar erhöhen und die Effizienzgewinne reduzieren.

In Deutschland sind die formalen, baurechtlichen, technischen und „mentalen" Strukturen jedoch noch stark „verkrustet" und die Modulbauweise wird noch häufig als „Lego"- oder „Baukasten"-Architektur verstanden, die an Containersiedlungen in minderwertiger Bauqualität erinnert. Genau das Gegenteil ist der Fall, denn die Mehrzahl der Hersteller bietet Systeme mit hoher Flexibilität und Gestaltungsqualität. Voraussetzung ist jedoch, dass Bauherren und Planer den Hersteller von Raummodulen bereits früh in der Entwurfsphase einbinden. Dies bedingt auch eine funktionale Ausschreibung für das gesamte Gebäude (Generalübernahme GU), um die Vorteile voll zu nutzen. Ausgenommen können teilweise sehr spezielle Funktionen sein (TGA, Innenausbau). Beispiele für hochfunktionale Gebäude (Krankenhäuser, Universitäten, Schulen etc.) in Modulbauweise zeigen, dass technisch und gestalterisch sehr viel möglich ist.

Tabelle 1: *Wichtige Aspekte zur Bewertung der Modulbauweise (Quelle: ift Rosenheim)*

Kriterien	Vorteile	Herausforderungen	Technische Anforderungen
Planung & Entwurf	Standardisierte Raster, flexible Grundrisse, frühe Integrationsmöglichkeit,größere geometrische Freiheit bei 2D-Modulen im Vergleich zu 3D-Modulen	Feste Rasterabmessungen bei 3D-Modulen für Abmessung und Transport	Berücksichtigung von Geometrie, Brandschutz und Haustechnik in der Entwurfsphase
Produktion	Witterungsunabhängige Fertigung, hohe Qualitätssicherung durch Güteüberwachung sowie reproduzierbare und schnelle Abläufe	Geringere Individualität beim Entwurf sowie hohe Investitionskosten in Fertigungsanlagen	Entwicklung technisch richtiger und ausführbarer Bauteile und Details
Logistik	Just-in-time-Produktion und Lieferung mit planbaren Bauzeiten und Transport	Begrenzte Modulabmessungen, komplexe Transportwege mit Sondergenehmigungen und fixierten Zeitintervallen	Witterungsschutz beim Transport, vorbereitete Hebepunkte und belastbare Montageanschlüsse
Montage	Kurze Bauzeit vor Ort, planbarer und schneller Übergabezeitpunkt, wenig Lärm und Schmutz	Platz für Baulogistik auf der Baustelle planen, exakte Fundamentarbeiten notwendig, hohe Präzision bei Anschlussdetails	Fügepunkte und Ablauf der Montage, vorbereitetes Fundament/Bodenplatte, standardisierte Verbindungssysteme
Technische Integration	Energieeffizienz mit hochwärmedämmender Holzbauweise, hoher Vorfertigungsgrad von Installationen, Lüftung mit Wärmerückgewinnung	Risiko von Wärmebrücken, Elemente an Koppelpunkten dauerhaft und richtig verbinden	Dichtungen, Dämmkonzepte, brandschutzgerechte Übergänge, Anschluss Wasser/Strom/Daten
Flexibilität	Erweiterbar, austauschbar, umnutzbar, rückbaubar im Rahmen des Bausystems (2D oder 3D)	Planung muss Modularität dauerhaft ermöglichen, Umnutzung im Raster ermöglichen	Modulare Stecksysteme, Recyclingfähigkeit, Anpassungsoptionen für spätere Erweiterungen

Besonders erfolgreich nutzen die Mitglieder des Bundesverbands deutscher Wohnungs- und Immobilienunternehmen e. V. (GdW) die Vorteile der Modulbauweise und haben mit 25 Anbietern eine Rahmenvereinbarung geschlossen, inkl. einer Muster-Leistungsbeschreibung. Diese beschreibt die Vorgaben für eine schlüsselfertige Errichtung des jeweiligen Einzelbauvorhabens inkl. aller Planungen sowie Bauleistungen und Lieferungen, die erforderlich sind, um das Bauvorhabenfunktions-, betriebs- und bezugsfertig herzustellen.[1]

Eine Begrenzung der Modulbauweise bleibt jedoch – dies ist die transportbedingte Limitation der Abmessungen (Straßenverkehrsordnung), die bei „normalen" Transporten bei 3,0 x 4,0 x ca. 15 m (B/H/L) liegt. Die Länge ist abhängig von der Konstruktion des Sattelzugs und der Ausnutzung des Überhangs der Ladung (zulässig 2 m) liegen. Sondertransporte sind möglich, aber erhöhen die Kosten deutlich. Bei 3D-Modulen tragen die Transporte einen höheren Anteil der Kosten bei als bei den 2D-Modulen.

Durch eine geschickte Kombination der Raummodule ist diese Begrenzung in der Praxis aber selten relevant. Die geplanten Modulgebäude basieren meistens auf einer orthogonalen Rasterung, die eine wirtschaftliche Kombination möglichst vieler gleichartiger Einheiten ermöglicht.

Wichtig ist, dass im Vorfeld die Leistungsfähigkeit der Anbieter nicht nur an Referenzgebäuden geprüft wurde, sondern die Systeme über vollständige Nachweise, Prüfzeugnisse und Zertifikate für Statik, Brand-, Rauch-, Schall- und Wärmeschutz und weitere wichtige Eigenschaften der einzelnen Bauteile verfügen. Um die Ausführungsqualität zu gewährleisten, ist es notwendig, die Qualität parallel auch während der Ausführung zu überprüfen (z. B. Schall).

Um die Vorteile der industriellen und seriellen Modulbauweise wirklich zu nutzen, sind ein konsequentes Umdenken und eine ganzheitliche Transformation der Bauprozesse notwendig – insbesondere beim Bauherren, Architekten und Planer.

[1] GdW Rahmenvereinbarung „Serielles und modulares Bauen 2.0", GdW Bundesverband deutscher Wohnungs- und Immobilienunternehmen e. V., Berlin, 02/2024 (https://www.gdw.de/seriellesbauen2-0/) (Stand: 03.11.2025)

Bild 2: *Bauen in Modulbauweise ist vielfältig und für bezahlbaren Wohnraum eine ideale Lösung (Quelle: Timber Home)*

Ausführung und Konstruktion

Raummodule lassen sich mit unterschiedlichen Materialien und Konstruktionsprinzipien erstellen. Die Unterschiede betreffen Materialwahl, Tragwerksprinzip und Art der Vorfertigung. Raumzellen können aus beplankten Stahlrahmen, Stahlbeton oder auch aus Holzständerwänden, Brettsperrholz oder in Hybridbauweise erstellt werden, die je nach Einsatzzweck aus einer Kombination verschiedener Materialien besteht, z. B. Holzständerwände mit Betonfertigteildecken oder Stahlrahmen mit Holz- und Betonbauteilen. Hierbei werden die jeweiligen Materialvorteile (Holz für Nachhaltigkeit und Dämmung, Beton für Brandschutz und Lastabtragung) genutzt. In der Praxis gibt es auch Mischformen mit konventionellem Gebäudebau (Hybridgebäude).

Die konstruktiven Grundprinzipien sind jedoch bei allen Materialien ähnlich und sind gekennzeichnet durch:

- **Elementbau (2D):** Zweidimensionale Elemente (Wände, Decken) werden vorgefertigt und erst auf der Baustelle zu Modulen zusammengesetzt. Vorteil: einfacher Transport, flexiblere Formate. (siehe auch Abschnitt „Fassadensysteme“, „Holztafelbau“)
- **Raumzellenbau (3D):** vollständige, dreidimensionale Module (inkl. Ausbau) werden vorgefertigt und vor Ort verbunden.

Beide Arten (2D und 3D) zeichnen sich durch folgende Grundprinzipien aus:

- **Serielle Fertigung:** Module basieren auf einem Achsraster, das Wiederholung und industrielle Serienproduktion ermöglicht. Die Ausführungsqualität steigt dabei mit dem Vorfertigungsgrad.
- **Tragwerke:** meist Rahmenkonstruktionen (Stahl, Holz oder aus Stahlbeton) mit aussteifenden Wänden und Decken. Schallschutz wird durch Entkopplung der Module (z. B. Neoprenlager) erreicht. Alle Konstruktionsarten können auch kombiniert werden und werden bei Beton- und Holzkonstruktionen auch als „Hybrides Bauen“ bezeichnet.

Die Frage der Geschossfugen, an denen eine Modulbauweise erkennbar scheint, ist nur eine Frage der Gestaltung des Fassadenmaterials und der damit verbundenen Kosten. Die Modulstöße können bei modernen Modulgebäuden horizontal und vertikal in die Fassade integriert werden und sind durch entsprechende Schalungen oder Plattenfassaden unauffällig. Putzfassaden werden meist nachträglich geschlossen und haben daher keinerlei erkennbaren Fugen.

Qualitätssicherung und Zertifizierung

Für die Qualität im Modulbau ist die Definition des Konstruktionsaufbaus sowie die Übereinstimmung mit den Nachweisen zu Statik, Wärmeschutz, Brandschutz, Schallschutz und EPD's wichtig.

Denn bei beidseitig geschlossenen Wand- und Bauelementen kann die Ausführungsqualität nachträglich nicht mehr kontrolliert werden. Deshalb ist eine Überwachung der Herstellung in den Produktionswerken notwendig. Die RAL-Gütegemeinschaft „Deutscher Fertigbau e. V" hat zusätzliche Qualitätskriterien definiert, die über die Mindestanforderungen (CE-Zeichen) hinaus gehen. Die Qualitätsgemeinschaft Deutscher Fertigbau (QDF) hat darüber hinaus noch prozessuale Anforderungen definiert (z. B. Raumklima bei Fertigung). Für die Kontrolle auf der Baustelle gibt es externe Überwachungen.

Tabelle 2: *Vor- und Nachteile unterschiedlicher Modulbauweisen (Quelle: ift Rosenheim)*

Modulbauart	Vorteile	Nachteile	Einsatzbeispiele
Stahl	Hohe Tragfähigkeit, schlanke Konstruktionen, große Spannweiten, Gebäude mit nicht brennbaren Baustoffen (Baustoffklasse A), hohe Maßgenauigkeit und Komplexität	Transportbegrenzungen und Transportauflagen, Zusatzkosten bei Übergröße, höherer Energieaufwand in der Herstellung, nur für spezielles Segment im Bauen geeignet	Bäder/Sanitär, Gebäudetechnikmodul, Hotelbauten, komplette OP-Räume
Holz	Nachwachsender Rohstoff mit sehr guter Wärmedämmung, kurze Bauzeit, ökologisch vorteilhaft, schnell reproduzierbare Bauprozesse	Feuerwiderstandsklasse bis F 90-B möglich, eingeschränkte Spannweiten	Bäder/Sanitär, Tiny-House, temporäre Gebäude, Modulhäuser, Schulen, Wohnheime
Stahlbeton	Hohe Dauerhaftigkeit, sehr guter Schall- und Brandschutz, robuste Konstruktion	Hohes Eigengewicht, aufwändiger Transport durch hohes Gewicht und geringe Abmessung, statisch sehr limitiert in Spannweite und Lastabtragung, Herstellungszeit im Werk	Badmodule, WC-Module, Gebäude technikmodule, Hotels, Wohnheime
Hybrid	Kombination von Materialvorteilen – etwa zu Brand- und Schallschutz mit Beton. Wärmedämmung und schlüsselfertige Fassade in Holz	Komplexere Planung, Maßtoleranzen zwischen Beton und Holzbau, Schnittstellenprobleme zwischen Materialien, erhöhter Abstimmungsaufwand	z. B.: Treppenhaus als tragende Schottkonstruktion aus Beton Fertigteilen und Gebäudehülle aus Übergabefertiger Holztafelbauwand

Baurechtliche und normative Anforderungen

Raummodule müssen genau wie bauseits erstellte Gebäude alle bauordnungsrechtlichen Anforderungen (Brandschutz, Schallschutz, Wärmeschutz, Standsicherheit etc.) gemäß der gültigen Landesbauordnung (LBO) erfüllen. Für temporäre Containergebäude gelten teilweise Erleichterungen. Besonders streng sind die Anforderungen bei Sonderbauten (Schulen, u. a.). Die Nachweise für ein Modulsystem unterscheiden sich nach Bauprodukt (Modul) und Bauart (aus Modulen zusammengesetzte Gebäude). Sie sind im Bauordnungsrecht verbindlich geregelt und müssen im Genehmigungsverfahren vorgelegt werden. In Deutschland wurden modulare Gebäude lange als „nicht geregelte Bauart" mit einer aufwändigen Einzelfallgenehmigung „ausgebremst". Dies hat sich erst durch die Einführung der „Typengenehmigung" in der Musterbauordnung verbessert, sodass ein genehmigter Gebäudetyp an verschiedenen Standorten ohne erneute Vollprüfung gebaut werden kann.

Baurechtliche Einordnung von Raummodulen

Ein Modul wird baurechtlich als Bauprodukt eingestuft, da es industriell vorgefertigt und dauerhaft in eine bauliche Anlage eingebaut wird (MBO § 2 Abs. 10) und darf nur verwendet werden, wenn seine Verwendbarkeit nachgewiesen ist. Dafür gibt es mehrere Wege.

- Die „Allgemeine bauaufsichtliche Zulassung (abZ)" ist erforderlich, wenn es keine Technische Baubestimmung und keine allgemein anerkannte Regel der Technik gibt oder wenn das Bauprodukt wesentlich abweicht. Die abZ wird vom Deutschen Institut für Bautechnik (DIBt) erteilt.
- Ein allgemeines bauaufsichtliches Prüfzeugnis (abP) wird erteilt, wenn ein Bauprodukt nach allgemein anerkannten Prüfverfahren beurteilt werden kann. Es dient als Nachweis für Bauprodukte, die in der VV TB (Verwaltungsvorschrift Technische Baubestimmungen) gelistet sind.
- Europäische Technische Bewertung (ETA): Kann beantragt werden, wenn es für ein Bauprodukt keine harmonisierte europäische Norm gibt. Sie erlaubt die CE-Kennzeichnung. Grundlage ist die Bauproduktenverordnung (EU) Nr. 305/2011.
- Zustimmung im Einzelfall (ZiE): Wird benötigt, wenn für das Modul kein allgemeiner Nachweis (z. B. abZ, abP, ETA) vorliegt. Sie wird für ein konkretes Bauvorhaben durch die oberste Bauaufsichtsbehörde erteilt.

Das aus Modulen zusammengesetzte Gebäude gilt als Bauart (MBO § 2 Abs. 11) für die eine Anwendbarkeit nachgewiesen werden muss (MBO § 16a). Auch hier gibt es verschiedene Wege:

- Allgemeine Bauartgenehmigung (aBg): Wird erteilt, wenn es keine allgemein anerkannten Regeln der Technik gibt oder wenn eine Bauart wesentlich von den eingeführten Technischen Baubestimmungen abweicht. Zuständig ist das DIBt.
- Vorhabenbezogene Bauartgenehmigung (vBg): Gilt für ein bestimmtes Bauvorhaben und wird von der obersten Bauaufsichtsbehörde erteilt. Sie entspricht der Zustimmung im Einzelfall, aber für Bauarten.
- Allgemeines bauaufsichtliches Prüfzeugnis (abP): Auch Bauarten können über ein Prüfzeugnis nachgewiesen werden, wenn ein anerkanntes Prüfverfahren vorliegt und die Bauart in der VV TB genannt ist.

In der Praxis sind oft beide Ebenen relevant, weil die Abgrenzung fließend ist. Liegt für ein Modul keine allgemeine bauaufsichtliche Zulassung oder Typengenehmigung vor, muss für das Modul eine ZiE beantragt werden. Für das gesamte Gebäude ist dann zusätzlich eine vBg nötig.

Baugenehmigung

Im Rahmen der Baufelderschließung und Baugenehmigung sollten die Rasterabmessungen, die Erschließung und Hausanschlüsse bereits vorab definiert werden. Die Nachweise müssen in den Bauvorlagen dokumentiert werden, z. B. durch Angabe der Feuerwiderstandsdauer, des Brandverhaltens oder der CE-Kennzeichnung. Sie werden durch Prüfzeugnisse, Gutachten oder Genehmigungsbescheide ergänzt und sind verpflichtender Bestandteil der Bauakte. Raummodule gelten baurechtlich nicht als fliegende Bauten, sondern als vollwertige bauliche Anlagen im Sinne der jeweiligen LBO und unterliegen denselben Genehmigungs- und Nachweispflichten wie konventionelle Bauweisen. Während bei temporären Containergebäuden mit begrenzter Standzeit von bis zu fünf Jahren gewisse Erleichterungen, etwa bei Nachweisen zur Standsicherheit oder beim Wärme- und Schallschutz, zulässig sind, müssen dauerhaft genutzte Modulgebäude sämtliche bauphysikalischen und bauordnungsrechtlichen Anforderungen ohne Einschränkung erfüllen. Besondere Bedeutung kommt dem Brandschutz zu.

Auch der Wärmeschutz ist geregelt und Modulgebäude müssen die Vorgaben des Gebäudeenergiegesetzes (GEG) und der DIN 4108 vollständig einhalten. Beim Schallschutz sind die DIN 4109 „Schallschutz im Hochbau" sowie im Wohnungsbau zusätzlich die VDI-Richtlinie 4100 anzuwenden. Wesentlich ist die akustische Entkopplung der einzelnen Module untereinander, um Schallübertragungen zu vermeiden.

Statische Aspekte

In Bezug auf Standsicherheit und Statik unterscheiden sich Containergebäude und Modulgebäude. Für Containerbauten liegen oft Typenstatiken vor, die die zulässigen Aufstellkombinationen abdecken. Modulgebäude hingegen erfordern in der Regel eine objektspezifische Statik, die sich an den konkreten Standortbedingungen, den Lastannahmen und der geplanten Gebäudekombination orientiert, aber durch eine Typengenehmigung erheblich vereinfacht wird. Dazu gehören Nachweise über die Gründung – beispielsweise durch Bodenplatten oder Fundamente –, die Lagesicherheit gegen Gleiten und Kippen sowie die Lastabtragung nach den einschlägigen Normen.

Die Gesamtstabilität mit der Aufnahme horizontaler Kräfte aus Wind, Erdbeben, Gebrauchslasten sowie die Formstabilität müssen nachgewiesen werden. Die vertikalen Lasten werden über Stützen und Rahmen der Module und die horizontalen Lasten über Deckenscheiben und Verbände in die Aussteifungskerne oder das Fundament abgetragen und sind prinzipiell wie folgt möglich:

- Durch starre Eckverbindungen oder Stahlrahmenprofile in den Modulen (Rahmenwirkung).
- Wände, Decken und Dachflächen wirken als Scheiben gegen horizontale Lasten. Häufig durch Beplankung mit Holzwerkstoffplatten, Gipsfaserplatten oder Stahlblech (Scheibenwirkung)
- Stabile Treppenhäuser, Aufzugsschächte oder Sanitärkerne aus Stahlbeton übernehmen die Aussteifungsfunktion (Kerne).
- Diagonalverbände aus Stahl oder Holz in Wand- und Dachflächen, insbesondere bei hohen Gebäuden (Verbandssysteme)
- Kraftübertragung mittels Kopplung der Module durch kraftschlüssige Verbindung an den Knotenpunkten (Eckverbinder, Schweißnähte, Schraub- oder Bolzenverbindungen) und Übertragung von Schub- und Zugkräften durch Stahlteile oder Montageplatten (Kopplung)

Die Aussteifung von Gebäuden in Modulbauweise (insbesondere in Holzbauweise) erfolgt in der Praxis häufig durch die „Anlehnung" an Stahlbetonkernen für den Aufzug bzw. Treppen. Eine Aussteifung ist aber auch in reiner Modulbauweise möglich und nachzuweisen. Die Lösungen sind je nach Gebäudehöhe unterschiedlich. Bei niedrigen Gebäuden (1 bis 3 Geschosse) erfolgt dies meistens durch eine kraftschlüssige Kopplung der Module, bei mittelhohen (4 bis 6 Geschosse) aus einer Kombination aus Kopplung und zusätzlichen Scheiben und bei höheren Gebäuden (> 6 Geschosse) durch massive Kerne oder hybride Mischsysteme.

Es gilt aber auch, den Lastfall für den Transport und die Montage zu beachten. Durch die Ausführung von komplett tragfähigen biegesteifen Stahlrahmen ist der Transport und die Montage grundsätzlich einfach und sicher zu bewerkstelligen, aber dennoch nachzuweisen. Kritisch sind vor allem die Tragfähigkeit der Aufnahmen (Haken, Ösen etc.), bei der nicht nur die Eigenlast berücksichtigen muss, sondern auch dynamische Lasten durch Wind und die Beschleunigung während des Kraneinsatzes.

Typengenehmigung

Die Typengenehmigung ist ein vereinfachtes Baugenehmigungsverfahren, das in die Musterbauordnung (MBO) aufgenommen wurde. Sie ermöglicht, dass ein einmal genehmigter Gebäudetyp mehrfach an unterschiedlichen Standorten errichtet werden darf, ohne jedes Mal das vollständige Genehmigungsverfahren erneut durchlaufen zu müssen. Ein einmal geprüfter Systementwurf erlaubt eine serielle Fertigung der Module, z. B. mit bereits integrierten Bädern, Haustechnik oder Möblierung.

Die Typengenehmigung gilt länderübergreifend, wenn sie in einer Landesbauordnung verankert ist. Mehrere Länder – darunter Rheinland-Pfalz, Hessen, Nordrhein-Westfalen, Baden-Württemberg, Hamburg und Schleswig-Holstein – haben sie bereits eingeführt. Damit können Bauherren und Anbieter bundesweit mit einer einheitlichen Genehmigung arbeiten. Eine Typengenehmigung bietet somit erhebliche Vorteile. Damit verkürzt sich die Planungs- und Genehmigungszeit erheblich und auch die Rechtssicherheit erhöht sich.

Schallschutz

Gerade Wohn- und Schlafräume brauchen einen guten Luft- und Trittschallschutz, der in Deutschland durch die DIN 4109 und die Landesbauordnungen (LBO) rechtlich geregelt ist. Eine Ausführung, die über die Mindestanforderungen hinausgeht, kann sogar den Wohnkomfort und den Immobilienwert steigern. Raummodule bestehen meistens aus leistungsfähigen und hochwärmedämmenden Verbundsystemen, bei denen ein guter Schallschutz aufgrund kritischer Resonanzfrequenzen und Flankenübertragungen schwieriger zu erreichen ist als bei schweren monolithischen Systemen (Module in Betonbauweise). Deshalb werden Raummodule im Rahmen einer Typengenehmigung ausführlich vorab geprüft und optimiert. Die kritischen konstruktiven Stellen (Fugen, Stöße, Wanddurchgänge, Haustechnik, Entkopplungen etc.) müssen bei der Qualitätssicherung im Werk und auf der Baustelle besonders sorgfältig geprüft werden.

Es ergeben sich folgende grundlegende Aspekte für die Planung und Ausführung:

- Schallübertragung erfolgt im Holzmodulbau primär über direkte Trennbauteile (Wände/Decken), Flankenübertragung zwischen Modulen, Stoßstellen (vertikal/horizontal).
- Trennfugen zwischen den Modulen reduzieren den Körperschall signifikant. Empirisch wird eine Verbesserung um ≈ 20 dB gegenüber durchlaufenden Bauteilen festgestellt.
- Die Flankenübertragung von ungekoppelten Fugen kann analog zur Haustrennwand vernachlässigt werden.

Schalltechnische Anforderungen nach DIN 4109

Für Gebäude in Holzmodulbauweise wurde die Einhaltung der Mindestanforderungen oder darüber hinausgehender Zielwerte bisher nur durch eine Baumessung nachgewiesen, weil validierte Planungsdaten fehlen. Die Werte gelten damit nur für die jeweiligen Bauvorhaben und sind nicht übertragbar. Auch ein rechnerischer Nachweis der Luft- und Trittschalldämmung nach DIN 4109[2] ist noch nicht möglich.

Um diese „Lücke" zu schließen und die Verbreitung der Modulbauweise zu verbessern, wurde das Forschungsprojekt „Schallschutz von Gebäuden in Holzmodulbauweise" initiiert. Es werden Bauteilwerte und Stoßstellendämm-Maße ermittelt und auch „robuste Konstruktionen" empfohlen. Diese Daten sollen in die nächste Überarbeitung der DIN 4109-33[3] einfließen. Der rechnerische Nachweis der Luft- und Trittschalldämmung für Gebäude in Holzmodulbauweise soll dann auch mit dem aktualisierten Berechnungsmodell nach DIN 4109-2[4] erfolgen, das bereits im konventionellen Holzbau und im Massivbau zur Anwendung kommt.

Forschungsprojekt „Schallschutz von Gebäuden in Holzmodulbauweise"

Verglichen mit traditionellen Bauweisen ist die schalltechnische Planung von Gebäuden in Modulbauweise aufwändiger, da es an Planungsdaten für den schalltechnischen Nachweis fehlt. Durch die horizontale und vertikale Reihung der Module ergeben sich für die Trennwände und -decken Schichtaufbauten, die mit den Bauteilkatalog-Konstruktionen der konventionellen Holzbauweise nur ungenügend beurteilbar sind. Auch die Flankenübertragung ist durch die abgeschlossenen Raummodule und die Entkopplungsmöglichkeiten in den Auflagerflächen gesondert zu betrachten. Dies führt dazu, dass die schalltechnische Beurteilung der Gebäude bisher ausschließlich auf Erfahrungen durch Baumessungen im ausgeführten Bauvorhaben oder in Mock-ups auf dem Betriebsgelände aufbaut. Deshalb wurde vom Bundesbauministerium das Forschungsprojekt „Schallschutz von Gebäuden in Holzmodulbauweise" initiiert und vom ift Rosenheim und der TH Rosenheim bearbeitet[5]. Die Zielsetzung war die Entwicklung von Planungsgrundlagen für Raummodule und Badmodule, die als normativ geregelte Konstruktionen in den Bauteilkatalog der DIN 4109-33 aufgenommen werden können. Hierfür wurden umfangreiche Messungen von Luft-, Tritt- und Flankenschall an L-förmigen Mockups von drei Herstellern (mit variierenden Wand-, Decken- und Stoßaufbauten) durchgeführt.

---

2 DIN 4109-1 „Schallschutz im Hochbau – Teil 1: Mindestanforderungen"

3 DIN 4109-33 „Schallschutz im Hochbau – Teil 33: Daten für die rechnerischen Nachweise des Schallschutzes (Bauteilkatalog) – Holz-, Leicht- und Trockenbau"

4 DIN 4109-2 „Schallschutz im Hochbau – Teil 2: Rechnerische Nachweise der Erfüllung der Anforderungen"

5 Forschungsprojekt „Schallschutz von Gebäuden in Holzmodulbauweise – Ermittlung von Planungsdaten für einen Bauteilkatalog zur Integration in DIN 4109"; TH Rosenheim/ift Rosenheim; Rosenheim 12/2024. (Gefördert vom Bundesinstitutes für Bau-, Stadt- und Raumforschung im Auftrag des Bundesministeriums für Wohnen, Stadtentwicklung und Bauwesen aus Mitteln der Zukunft Bau Forschungsförderung, Aktenzeichen: SWD-10.08.18.7-22.29)

Bild 3: *Prüfung von Luft-, Tritt- und Flankenschall von Raummodulen mit/ohne Haustechnik im ift Rosenheim Schallschutzzentrum und auf der Baustelle (rechts) (Quelle: ift Rosenheim)*

Tabelle 3: *Bauakustische Anforderungen (Auswahl) nach DIN 4109 Teil 1 (Mindestanforderungen) und Teil 5 (erhöhter Schallschutz) (Quelle: TH Rosenheim/ift Rosenheim)*

Bauteil	**Mindestanforderung**	**Erhöhter Schallschutz**
Wohnungstrenndecken	Bewertetes Bau-Schalldämm-Maß R'w ≥ 54 dB Bewerteter Norm-Trittschallpegel inklusive Flankenübertragung (Bau) L'n,w ≤ 50 dB	R'w ≥ 57 dB L'n,w ≤ 45 dB
Wohnungstrennwände	R'w ≥ 53 dB	R'w ≥ 56 dB
Decken zwischen Unterrichtsräumen in Schulen u. Ä.	R'w ≥ 54 dB und L'n,w ≤ 53 dB	
Decken zwischen „lauten" Räumen und Unterrichtsräumen	R'w ≥ 55 dB und L'n,w ≤ 46 dB	
Klassenraumtrennwände	R'w ≥ 47 dB	
Decken in Hotels und Beherbergungsstätten		R'w ≥ 57 dB L'n,w ≤ 45 dB
Trennwände in Hotels und Beherbergungsstätten		R'w ≥ 52 dB

Tabelle 4: *Untersuchte Konstruktionsvarianten der Holzmodulbauweise / Mockup (Quelle: TH Rosenheim/ift Rosenheim)*

	Trenndecke				
(Trenn-)Wand		120 CLT 60 CLT	100 CLT 80 CLT	200 HBD 80 CLT	160 HBD 120 HBD
	100 CLT		Typ 1	Typ 1	
	80 MH	Typ 2			Typ 2
	100 Ständer				Typ 3
Legende					
CLT	Brettsperrholzelemente (Cross Laminated Timber, CLT)				
HBD	Holzbalkendecke				
MH	Massivholzelement aus Vierkanthölzern, die über die Beplankung verbunden werden				
Ständer	Holztafelbauwand mit Vollholzständern				

Das Forschungsprojekt belegt, dass Holzmodulbauten bei geeigneter Fugen- und Lagergestaltung die bauaufsichtlichen Schallschutzanforderungen der DIN 4109 erfüllen oder übertreffen können. Entscheidend sind die vollständige Trennung der Module, der Einsatz elastischer Lager und eine massiv beschwerte Decken- bzw. Bodenplatte. Die gewonnenen Planungsdaten sind die Grundlage für eine Normenintegration und standardisierte Nachweisführung im Holzmodulbau. Im Detail ergaben sich folgende Erkenntnisse für die konstruktive Ausführung:

1. Die Elastische Entkopplung der Modulstöße ist eine zentrale Voraussetzung für hohen Schallschutz.
   Für die Stoßstellendämm-Maße (K_{ij}) sind folgende Werte möglich (s. Tabelle Stoßstellendämm-Maße K_{ij} für Bauteilstöße von Massivholzelementen):
   - Wand/Wand horizontal: ≥ 28–37 dB
   - Decke/Wand horizontal: ≥ 23 dB

   Bei vollständiger Trennung der Module ist eine Erhöhung des K_{ij}-Wertes um 20 dB möglich.
2. Für die punktförmigen und linienförmigen Verbindungsmittel von Vorsatzschalen müssen geeignete Federsteifigkeiten gewählt werden.
3. Baulager müssen mit definierten dynamischen Kennwerten geplant werden, da zu weiche Lager strukturelle Schwingungen erhöhen können.
4. Die Verwendung von PUR-Elastomeren als Baulager führt zu messbarer Entkopplung und einer Verbesserung der Stoßstellendämmung um bis zu +6 dB gegenüber starren Auflagern. (Dynamische Steifigkeit s' typischer Lager: ≥ 10^{-7} N/m³, abhängig von Lagerdicke (12,5–25 mm).
5. Metalldorne erzeugen Körperschallbrücken; Gewindestangen mit Elastomerlager liefern bessere Ergebnisse.
6. Die Flankenübertragung ist nur bei gekoppelten Fugen relevant; vollständig getrennte Module sind akustisch günstiger.
7. Badmodule mit elastischen Zwischenlagen können, abhängig von der Rohdeckenkonstruktion, die Grenzwerte erfüllen; ggf. sind Zusatzbeschwerungen (z. B. Rohdeckenauflast aus Splitt, ≥ 90 kg/m²) vorzusehen.

Einen großen Einfluss auf die Trittschall- und Flankenschalldämmung hat die vertikale Auflagerausführung der Raummodule, sodass die Verbesserungen der Stoßstellendämm-Maße durch den Einsatz verschiedener Baulager ermittelt wurden. Die Verbesserung durch elastische Baulager setzt sich aus der Entkopplung durch das elastische Material und einem geometrischen Einfluss zusammen, der aus der Reduzierung der Kontaktfläche (Kopplungslänge und -breite) beim Einbau des Baulagers auf Teilflächen der Stoßstelle, resultiert. Bild 4 zeigt die Messergebnisse des Stoßstellendämm-Maßes für den gemischten Übertragungsweg Df und den flankierenden Übertragungsweg Ff.

Der Vergleich umfasst die Baulager Nr. 1 bis 4 sowie den OSB-Streifen als Referenz. Die PUR-basierten Elastomere zeigen eine sehr ähnliche Wirkungsweise und deutliche Verbesserungen im mittleren und hohen Frequenzbereich gegenüber dem OSB-Streifen als Referenzauflager. Das Baulager auf Gummigranulatbasis zeigt hingegen kaum Verbesserungen. Auch in den Einzahlwerten für beide Übertragungswege ist zu erkennen, dass die Werte mit OSB-Streifen und den Gummigranulatstreifen dicht beieinanderliegen. Davon abgehoben liegen die Werte der PUR-basierten Baulager.

Zeile	Stoßstellen-Typ	Übertragungsrichtung	K_{ij}
1	Decke/Wand 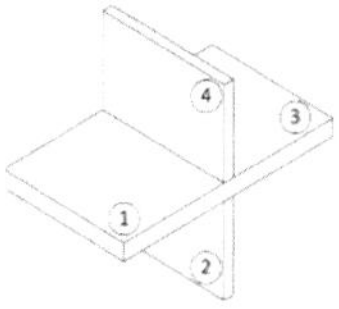	Horizontal, Weg Ff 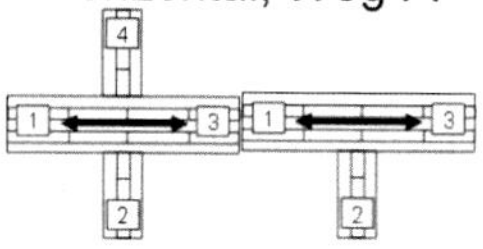	K_{Ff} = 3 dB
2	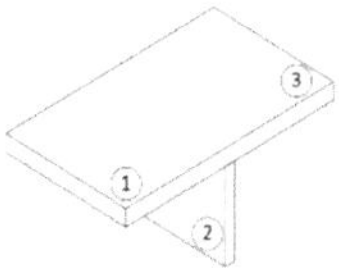	Horizontal, Weg Ff 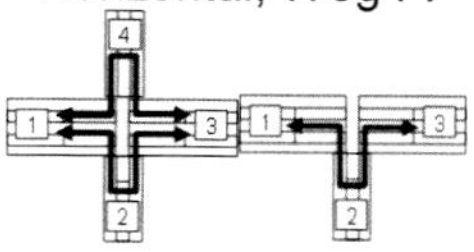	K_{Ff} = 12 +10lg(m'$_2$/m'$_1$) und K_{Ff} ≥ 10 dB
3	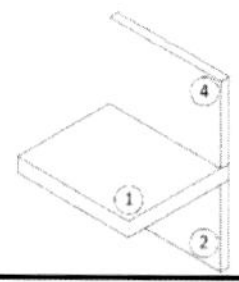	Vertikal, Weg Ff 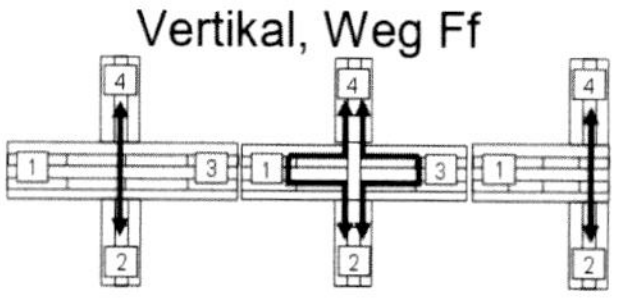	K_{Ff} = 21 dB
4	Wand/Wand 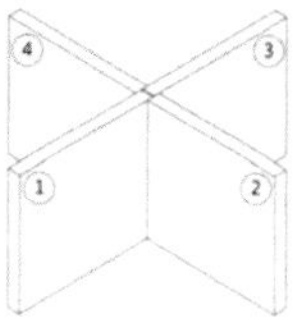	Horizontal, Weg Ff 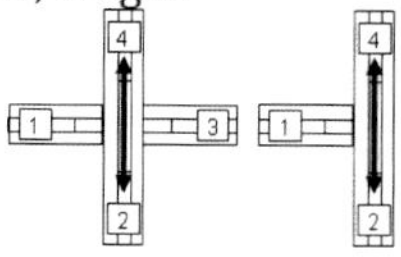	K_{Ff} = K$_{24}$ = 8 dB
5		Horizontal, Weg Ff 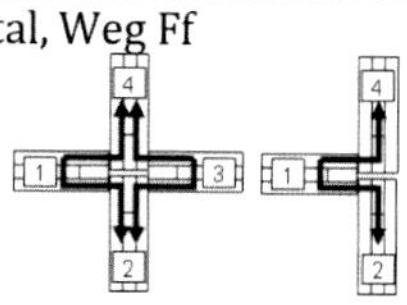	K_{Ff} = K$_{24}$ = 15 dB
6	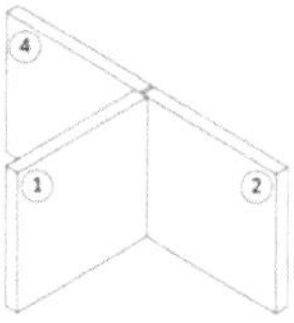	Horizontal, Weg Ff 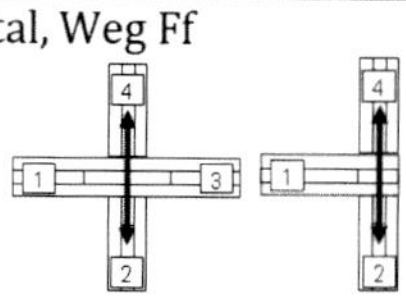	K_{Ff} = K$_{24}$ = 17 dB
7	alle	Wege Fd und Df 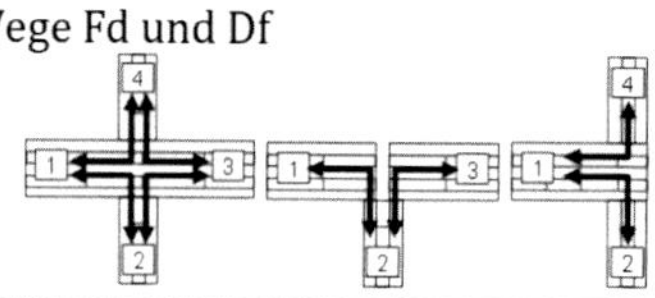	K_{Fd} = K_{ij} = 12 dB K_{Df} = K_{ij} =12 dB ij = 12, 23, 34 oder 41
8		Wege Fd und Df 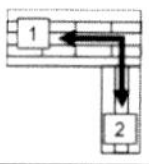	K_{Fd} = K_{ij} = 10 dB K_{Df} = K_{ij} = 10 dB ij = 12

Bild 4: *Stoßstellendämm-Maße K_{ij} für Bauteilstöße von Massivholzelementen (Quelle: TH Rosenheim/ift Rosenheim)*

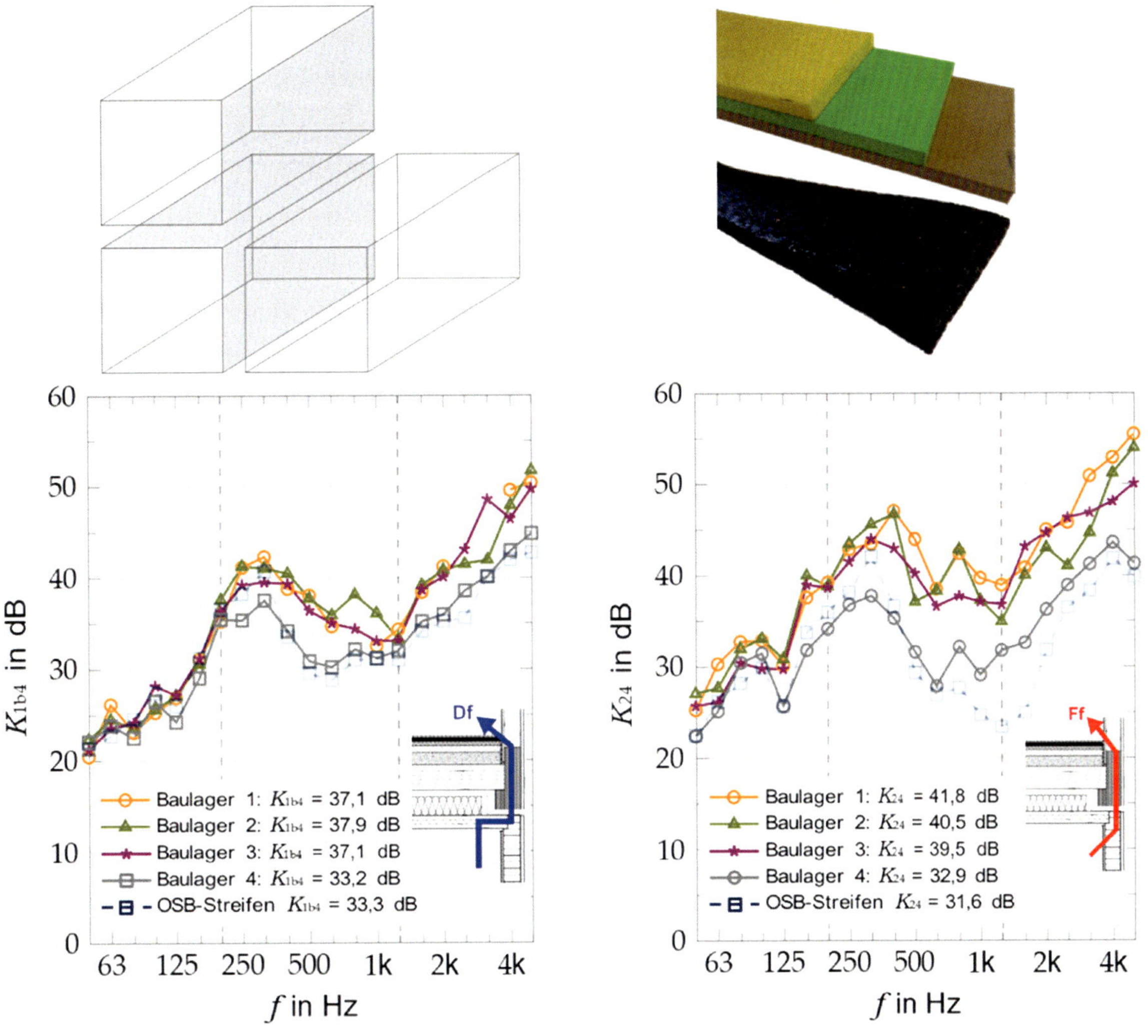

Bild 5: *Stoßstellendämm-Maße für den Doppel-L-Stoß (vertikal) mit verschiedenen Elastomeren jeweils mit entkoppelten Verbindungsmitteln und starrer Kopplung mit OSB-Streifen; links: Weg Df bzw. 1b-4, rechts: Weg Ff bzw. 2-4 (Quelle: TH Rosenheim/ift Rosenheim)*

Es ist zu erkennen, dass die drei vergleichbaren Produkte sehr ähnliche Messkurven liefern und dementsprechend alle eine Verbesserung des Stoßstellendämm-Maßes von ca. 4 dB auf dem gemischten und ca. 8 dB auf dem flankierenden Übertragungsweg ergeben. Die unterschiedlichen Verbesserungen in den Wegen Df und Ff sind zunächst überraschend, allerdings kann das Baulager auf dem Weg Df auch umgangen werden. Die als Vorsatzkonstruktion wirkende untere Deckenschale und der obere L-Stoß begrenzen damit das maximal erreichbare Stoßstellendämm-Maß.

Dies erklärt die reduzierte Verbesserung durch das Elastomer auf diesem Übertragungsweg. Neben den elastischen Baulagern wurde auch ein Entkopplungsstreifen aus sandgefüllter Wellpappe getestet. Die Messergebnisse in Bild 6 zeigen, dass die Entkopplungsstreifen im Vergleich zu OSB-Streifen keine Verbesserungen des Stoßstellendämm-Maßes bewirken.

Tabelle 5: *Geprüfte Baulager im Modulstoß (Quelle: TH Rosenheim/ift Rosenheim)*

Baulager	Hersteller/Bezeichnung	Material	Dicke (mm)
1	Getzner/SYLODYN	PUR-Elastomer	12,5
2	HBT/ISOLDYN-150	PUR-Elastomer	25
3	Regupol/REGUFOAM 510+	PUR-Elastomer	12,5
4	Regupol/VIBRATION 480	Gummigranulat	12,5
5	Wolf Bavaria/PHONESTRIP	Sandgefüllte Wellpappe	15
6	Referenz-Lager/OSB-Streifen	Holzwerkstoffplatte	12

Deckenaufbau

3 mm	Linoleum (nur Baumessung)
42 mm	Dreischichtplatte
320 mm	Balkenlage + MW + 85 mm Splitt)
15 mm	Holzwerkstoffplatte (OSB)
	Punktlager + Baulager
140 mm	Balkenlage + MW
15 mm	Gipsfaserplatte
45 mm	Lattung + MW
25 mm	Akustikplatte

Flankierende Wände

110 mm Holztafelbauwand

Messergebnisse

a) ohne Baulager $L'_{n,w}$ = 51 dB

b) mit Baulager $L'_{n,w}$ = 51 dB

c) Baumessung, mit Baulager, Raum 1, V = 100 m³, $L'_{n,w}$ = 48 dB

d) Baumessung, mit Baulager, Raum 2, V = 197 m³, $L'_{n,w}$ = 52 dB

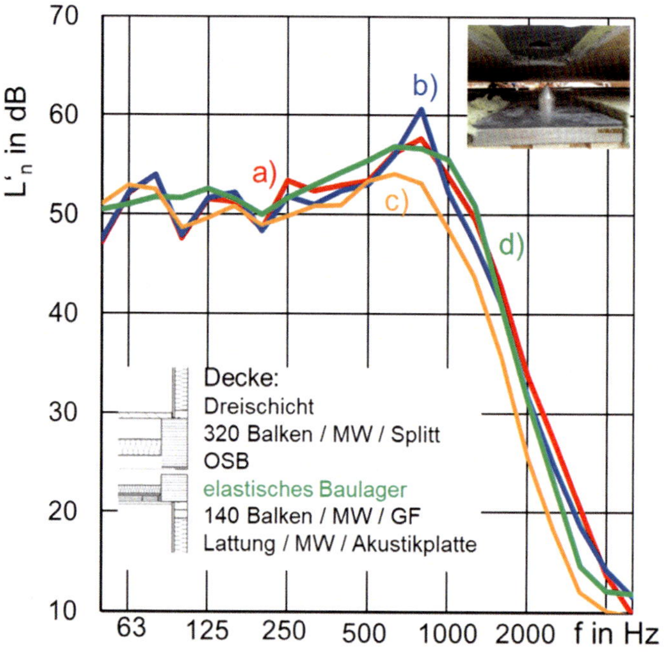

Bild 6: *Norm-Trittschallpegel der Modul-Trenndecke Typ 3 mit unterschiedlichen Auflagern; links oben: Punktlager mit Dorn als Verbindungsmittel; links unten: elastisches Baulager im Punktlager; rechts: Mockup aus drei Modulen. Anordnung in L-Form. (Quelle: TH Rosenheim/ift Rosenheim)*

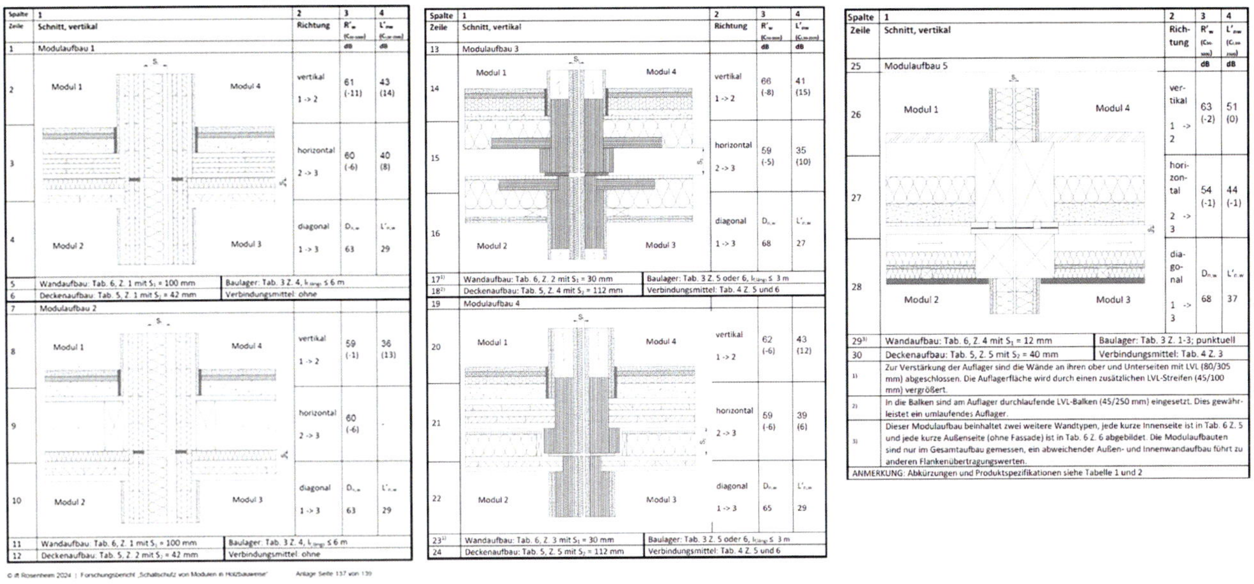

***Bild 7:** Vorschau auf den Bauteilkatalog mit Modulvarianten und Planungsdaten für die Luft- und Trittschalldämmung (Quelle: TH Rosenheim/ift Rosenheim)*

Durch die serielle Ausführung der Wand-, Boden- und Deckenaufbauten inkl. der ausgeführten und geprüften Details wird eine gleichbleibende schalltechnische Qualität des Modulgebäudes gesichert. Die kritischen Stoßstellen der Elemente sollten in der Ausführung kontrolliert und im Rahmen der Qualitätssicherung auch geprüft werden (Baustellenmessung nach DIN 4109). Bestehende Sicherheitsvorbehalte bezüglich der Ausführungstoleranzen seitens der Planer und Auftraggeber können so minimiert und die Kosten für die Schichtaufbauten weiter gesenkt werden.

Bauteilkatalog

Anhand der gewonnenen Planungsdaten wurde ein Bauteilkatalog erstellt, der als Sammlung bewährter Konstruktionen verstanden werden soll, der die Luft- und Trittschalldämmung im ausgeführten Modul (inkl. Flankenübertragung) beschreibt. Er setzt sich aus drei aufeinander aufbauenden Tabellen zusammen:

- Tabelle 1: Materialdaten der Baustoffe, Verbindungsmittel und Baulager
- Tabelle 2: Bauteilaufbauten für die Trennbauteile
- Tabelle 3: Modulvarianten, Planungsdaten für die Luft- und Trittschalldämmung

In der Materialtabelle werden alle verwendeten Baustoffe, Verbindungsmittel und Baulager gelistet und spezifiziert. Die Bauteilschichten der Trennbauteile werden in Tabelle 2, mit Verweis auf die Materialien in Tabelle 1, beschrieben. Tabelle 3 enthält die Planungswerte für die Luft- und Trittschalldämmung in Abhängigkeit von der Modulstoß-Ausführung sowie der Bauteilauswahl nach Tabelle 2.

Brandschutz

Für Gebäude in Modulbauweise gelten grundsätzlich die gleichen brandschutzrechtlichen Anforderungen wie für andere Bauarten (Massivbau, Holzbau). Grundlage sind die Musterbauordnung (MBO) bzw. die betreffenden Landesbauordnungen (LBO) sowie die aktuell gültige Verwaltungsvorschrift Technische Baubestimmungen (VV TB NRW). Raumzellengebäude sind so anzuordnen und zu errichten, dass Brände möglichst verhindert werden, eine Brandausbreitung begrenzt bleibt, Menschen und Tiere im Brandfall gerettet werden können und Löschmaßnahmen möglich sind. Diese Schutzziele werden beispielsweise in der VV TB NRW konkretisiert. Dort finden sich Vorgaben u. a. zum Brandverhalten der Baustoffe, zur Feuerwiderstandsfähigkeit, zum Raumabschluss im Brandfall, zu tragenden und aussteifenden Bauteilen, Außen- und Trennwänden, Brandwänden, Decken, Dächern, notwendigen Fluren, Treppenräumen und Aufzügen. Im Gegensatz zum Massivbau wird der Feuerwiderstand i. d. R. nicht durch nicht brennbare Materialien erreicht (Beton, Mauerwerk). Raumzellengebäude bestehen überwiegend aus vorgefertigten dreidimensionalen Modulen aus Holz oder aus Stahlrahmen mit einer Beplankung aus Holzwerkstoffen. Diese Kombination aus Bauprodukt (Raumzelle) und Bauart (Gebäude aus Raumzellen) erfordert spezielle Nachweise, denn „standardisierte Normprüfungen“

oder Tabellenwerte nach DIN 4102-4[6] oder Eurocode 3 sind nicht anwendbar. Stahltragkonstruktionen verlieren im Brandfall schnell ihre Tragfähigkeit. Deshalb ist ein brandschutztechnischer Schutz (z. B. Bekleidung mit Plattenwerkstoffen oder Schutzanstrichen) notwendig. In der Praxis erfolgt dies i.d.R. durch eine beidseitige Beplankung der Stahlrahmen durch nicht brennbare Plattenbaustoffe. Der brandschutztechnische Nachweis erfolgt über eine Zustimmung im Einzelfall (ZiE) für Bauprodukte oder eine vorhabenbezogene Bauartgenehmigung (vBg) für Bauarten. Die Prüfnachweise müssen auch die Fugen zwischen den Modulen abdecken, die ein besonderes Risiko für Brandausbreitung und Rauchdurchtritt darstellen und in der Praxis durch spezielle Abdichtungen (z. B. Mineralfaserfüllungen, Dichtungen etc.) brandschutztechnisch geschützt werden.

Muster-Holzbaurichtlinie (MHolzBauRL)

Im Holzbau (Beispiel: Brettsperrholz oder Holztafelbau) ergibt sich die Feuerwiderstandsfähigkeit aus der Abbrandrate des Holzes oder durch die Bekleidung mit nicht brennbaren Werkstoffen (i. d. R aus Gipsplatten). Genaue Festlegungen und Nachweisverfahren sind 2024 neu in der „Muster-Richtlinie über brandschutztechnische Anforderungen an Bauteile und Außenwandbekleidungen in Holzbauweise" (MHolzBauRL) geregelt worden (siehe auch Kapitel „Holztafelbau"). Bei Einhaltung der konstruktiven Brandschutzanforderungen der MHolzBauRL verzichten die meisten Landes-Baubehörden für die Planung, Bemessung und Ausführung auf eine gesonderte Bauartgenehmigung (z. B. NRW mit Erlass vom 23.10.2024). Der Nachweis für den Brandschutz ist damit durch einen Klassifizierungsbericht auf Basis von Prüfungen nach DIN EN 1365-1 von einer gemäß VV TB (lfd. Nr. C 4.1) anerkannten Prüfstelle zulässig.

Die zentrale Forderung der MHolzBauRL für feuerwiderstandsfähige Konstruktionen (60/90 Minuten) ist die Bekleidung von Holzbauteilen mit nichtbrennbaren Bekleidungen, eine brandschutzgerechte Ausführung der Fugen und Installationen sowie zusätzliche Maßnahmen bei Außenwandbekleidungen in höheren Gebäudeklassen. Die Verwendung erfordert eine Bauleitung inkl. einer Übereinstimmungsbestätigung und Überwachung, um die regelgerechte Ausführung sicherzustellen. Für Sonderbauten ist eine Nutzung nur möglich, wenn die Räume kleiner als 400 m² sind und von selbstrettungsfähigen Personen genutzt werden.

Brandschutzkonzept Gebäude

Für Nichtwohngebäude und größere Wohngebäude ist ein Brandschutzkonzept gefordert, bei dem die Brandschutz-Sachverständigen auf dem baulichen Entwurf des Architekten aufbauen. Um die Vorteile der Modulbauweise voll zu nutzen, sollte der Brandschutz frühzeitig abgestimmt werden. So können die Planer und Sachverständigen bei der Erstellung des Brandschutzkonzepts optimal auf die Nachweise des Modulherstellers oder Systemherstellers der Brandschutzbekleidung zurückgreifen. Der Schichtaufbau der relevanten Bauteile und besonders auch die Trennfugen müssen nachgewiesen werden. Beispielsweise sollten Einbauten von Feuerschutzabschlüssen in F30-Wänden nachgewiesen sein. Installationsdurchführungen durch relevante Bauteile sollten geplant und das Durchführungsdetail nachgewiesen werden.

Nach den Schichtaufbauten der Bauteile müssen die Brandschutzdetails standardisiert und detailliert werden und die Schnittstellen zwischen Vorfertigung und Baustelle definiert und gekennzeichnet sein. Dies betrifft alle Gewerke von Trockenbau, Heizung und Lüftungsbau, Sanitär bis hin zur Elektroplanung. Die Verantwortlichkeiten zu externen Partnerfirmen müssen in Details technisch klar beschrieben und auch im kaufmännischen Leistungsverzeichnis korrekt übertragen werden. Regeldetails aus dem konventionellen Bau sind nur selten auf den Modulbau übertragbar. Grundlagen finden sich in der Muster-Leitungsanlagen-Richtlinie (MLAR) oder der Muster-Lüftungsanlagen-Richtlinie (M-LüAR). Die dort gezeigten Regeldetails benötigen bei der Entwicklung der Systemdetails im Modulbau eine Begutachtung durch den Brandschutz-Sachverständigen.

Ausführung und Kontrolle der Brandschutzdetails

Durch die Standardisierung der Details und die werksseitige Vorbereitung bzw. Vorfertigung werden die Arbeiten auf der Baustelle auf die Stossstellen der Module reduziert. Hierdurch können die Anzahl der Verbindungen und die Dauer der Ausführung der Baustellenmontage im Vergleich zu konventionellen Bauten deutlich verringert werden. Da das „Schließen" der Öffnungen bei Raummodulen unmittelbar nach dem Verbinden der Module erfolgt, muss die Überwachung sofort erfolgen. Mit dem Fachplaner „Brandschutz" sollte im Vorfeld abgestimmt werden, welche Leistungen werksseitig und bauseitig zu kontrollieren sind und welche Dokumentation erforderlich ist. Bei einer professionellen Qualitätssicherung kann sich die Abnahme der Brandschutzausführung daher

[6] DIN 4102-4 „Brandverhalten von Baustoffen und Bauteilen - Teil 4: Zusammenstellung und Anwendung klassifizierter Baustoffe, Bauteile und Sonderbauteile"

auf die Kontrolle von Nachweisen, Protokollen und Dokumentationen beschränken.

Beim modularen Holzbau ist die typisierte Vorplanung und Herstellung im Werk auch bei den Brandschutzdetails in puncto Qualität und Prozessvereinfachungen ein deutlicher Vorteil gegenüber der konventionellen Bauweise auf der Baustelle. Basis hierfür ist jedoch eine detaillierte Vorplanung bis hin zu den Brandschutzdetails. Hierfür sind Know-how und langjährige Erfahrungen auf Basis von Projekten und Systementwicklungen inkl. der notwendigen Prüfungen und Nachweise erforderlich. Vermeintlich günstige Anbieter mit wenig Erfahrung sind daher sowohl für den Brand- als auch Schallschutz sehr kritisch zu bewerten.

Besonderheiten von Nasszellen/Badmodulen

Nasszellen bzw. Badmodule werden häufiger auch in der konventionellen Bauweise eingesetzt, weil hier die Einsparpotenziale durch die Vorfertigung besonders groß sind. Beim Ausbau von Hotels kommt dies sehr häufig vor. Alle Leitungen und TGA-Installationen werden so weit vorbereitet, dass nur noch ein Anschluss an die Zuleitungen (Frischwasser, Abwasser, Heizung und Strom) im bestehenden Bau notwendig wird. Besonderes Augenmerk muss hierbei auf dem Schallschutz liegen, da gerade bei wasserführenden Leitungen die Schallübertragung besonders hoch ist.

Fertige Nasszellen bieten deshalb auch in der Modulbauweise erhebliche Zeit- und Qualitätsvorteile, erfordern jedoch eine frühzeitige integrale Planung, standardisierte Schnittstellen und sorgfältige schall- und brandschutztechnische Ausführung. Der Einsatz von industriell vorgefertigten TGA-Baugruppen, elastischen Lagerungen sowie abgestimmten Planungs- und Prüfprozessen gilt als Schlüssel zur sicheren und wirtschaftlichen Umsetzung.

Kriterien für Schall-, Feuchte- und Brandschutz, Montage und Wartung

Bei der Planung und Ausführung sind daher folgende Aspekte zu beachten:

- Schallschutzanforderungen:

Zur Reduzierung der Schallübertragungen über Modulstöße oder Leitungsdurchführungen sollten elastische Lagerungen und entkoppelte Leitungsdurchführungen genutzt werden (Nachweis über Stoßstellendämm-Maße (Kij ≥ 28 dB bei Wandstößen). Dabei ist die Qualitätssicherung im Werk und bei der Endmontage von großer Bedeutung.

- Feuchtigkeits- und Brandschutz:

Der werkseitige Innenausbau erfordert dichte Anschlüsse und abgestimmte Materialien, um Feuchte- und Brandübertragung zwischen Modulen zu verhindern. Hierzu sollten geprüfte Dichtsysteme und brandschutztechnisch wirksame Bekleidungen nach Muster-Holzbau-Richtlinie 2024 genutzt und auf eine klare Trennung feuchtebeanspruchter Bereiche und Installationsschächte geachtet werden.

- Transport und Montage:

Gerade Fertignasszellen (Einsatz von Keramik, Fliesen, Sanitäreinrichtungen) sind empfindlich gegenüber Erschütterungen und Verformungen beim Transport. Deshalb sollten hierbei besonders verformungsarme Stahl- oder Holzrahmenmodule mit fixierten Sanitärobjekten eingesetzt werden. Bei der statischen Berechnung ist der Lastfall „Kranmontage“ besonders zu beachten. Auch der Transport in geschlossenen Containern oder mit temporärem Versteifungsrahmen ist sinnvoll.

- Wartung und Austauschbarkeit:

Bei geschlossenen Modulen ist der einfache Zugang zu Verteilungs- und Wartungspunkten sicherzustellen. Deshalb sind ausreichend große Revisionsöffnungen, modulare Leitungssysteme und leicht demontierbare Wandverkleidungen vorzusehen.

- Anschluss der TGA-Systeme (Technische Gebäudeausrüstung)

Vorgefertigte Nasszellen müssen präzise mit den Versorgungs- und Entsorgungsleitungen des Gebäudes verbunden werden. Ungenauigkeiten in der Planung oder Montage führen zu Undichtigkeiten oder Funktionsstörungen. Hierbei kommen die Vorteile der Modulbauweise voll zur Geltung, wenn standardisierte Schnittstellen und modulare Installationswände (z. B. TECE-Systeme) mit definierten Anschlusspunkten und Plug-and-play-Verbindungen entwickelt werden, um Montagefehler zu reduzieren.

- Gewerke Koordination

Die Aspekte der Gewerke Sanitär, Elektro, Lüftung und Trockenbau müssen bereits in der Auftrags- oder frühen Planungsphase abgestimmt werden. Späte Einbindung der TGA-Planung ist einer der Hauptgründe für Probleme bei der Integration vorgefertigter Nasszellen.

Tabelle 6: *Gängige Ausführungsvarianten von Nasszellen im Modulbau (Quelle: TH Rosenheim/ift Rosenheim)*

Badmodul 1	Badmodul 2	Badmodul 3

• Ständer mit beschichteten Platten • Boden mit integrierter Erschwerung	• Wände in Holztafelbauweise • Decke/Boden aus CLT	Wände, Decken und Boden aus Brettsperrholz (Cross Laminated Timber CLT)
Entkopplung: PU Elastomer Pads		

Hinweise zur Planung und zum Bauablauf

Auch der Einsatz von Nasszellen ist besonders kosteneffizient, wenn Bauherren und Planer sehr frühzeitig mit einem Hersteller den Einsatz gestalterisch, organisatorisch und technisch abstimmen. Dann kann die Typisierung der Badvarianten optimal mit der Grundrissplanung abgeglichen werden. Nachfolgend können die „Strang-Schemata“ und die Modultypen festgelegt und mit der Fertigungs- und Ausführungsplanung begonnen werden – mittlerweile meistens in 3D. Natürlich müssen dabei auch die Grundlagen der hydraulischen Planung beachtet und mit der TGA-Planung abgestimmt werden, bei der die Installationsleitungen in Anhängigkeit der „Stranghöhe“ bemessen werden (Lüftungsstrang wird nach oben dicker und die Wasserleitungen nach unten dicker). Hierbei sind die Montagetoleranzen zum Massivbau entsprechend einzuplanen.

Bei der Bauplanung müssen speziell die Kapazitäten der Hersteller und Zulieferer beachtet werden, insbesondere die Sanitärausrüstung nach Bemusterung, da diese bis zu 4–8 Monate dauern kann. Denn davon ist auch die korrekte „Eintaktung“ im Bauzeitenplan des Grundgebäudes abhängig, die wesentlich die Anlieferung und Montage der Nasszellen beeinflusst. Gerade bei Nasszellen muss der hochwertige und funktionsfähige Ausbau beim Transport, Montage und der Baustellenlogistik (Diebstahl, Beschädigungen) beachtet werden. In der Regel sind bis zur Inbetriebnahme und Abnahme robuste Schutzmaßnahmen erforderlich (Verschluss der Nasszellen während der Ausbauphase).

Wirtschaftlichkeit und Ausschreibung von Modulbauten

Die Senkung der Baukosten zur Schaffung von bezahlbarem Wohnraum ist eine zentrale Aufgabe von Politik, Gesellschaft, Investoren, Wohnungswirtschaft, Landbesitzern, Finanzwirtschaft, Planern, Bauindustrie und weiteren Beteiligten. Folgende Aspekte sind hierfür im Detail zu berücksichtigen:

- Reduzierte Bauzeiten

Durch werkseitige Vorfertigung und parallele Baustellenvorbereitung werden Bauzeiten im Vergleich zur konventionellen Bauweise um bis zu 50 % verkürzt – das reduziert nicht nur die Baukosten, sondern auch die Finanzierbarkeit.

- Fixe Kosten und Planbarkeit

Serienfertigung und standardisierte Abläufe gewährleisten hohe Kalkulationssicherheit und vermeiden Kostensteigerungen während der Bauphase.

- Weniger Baustellenrisiken

Durch wetterunabhängige Fertigung im Werk entstehen weniger Abfall, Lärm, Staub und Unterbrechungen des laufenden Betriebs (besonders relevant bei Neu- und Anbauten im laufenden Betrieb (Verwaltungs-, Klinik- und Schulbauten etc.)).

- Skaleneffekte (Skalierungseffekte)

Wiederholbare Bauteile führen zu sinkenden Stückkosten bei wachsender Produktionsmenge.

- Hohe Ausführungsqualität

Industrielle Fertigungsbedingungen erlauben eine sehr präzise Bauausführung und hohe Qualität durch gleichbleibende Arbeitsbedingungen (Wetter), standardisierte Abläufe, eine laufende Qualitätskontrolle, die mit anderen Industrien vergleichbar ist (Automobilfertigung).

- Flexible Nutzung und Wiederverwendbarkeit

Module können demontiert, transportiert und an anderen Standorten wiederverwendet werden und ergeben so eine hohe wirtschaftliche und ökologische Nachhaltigkeit.

Die Steigerung der niedrigen Produktivität in der Bauindustrie und eine kostensensible Planung sind zwei wichtige Aspekte, die von Herstellern von Modulbauten genutzt werden. Dies wird durch erhebliche Kosten- und Zeiteinsparungen durch industriell vorgefertigte Bauelemente und standardisierte Prozesse ermöglicht. Wesentliche Faktoren sind der hohe Vorfertigungsgrad, die verkürzte Bauzeit, geringere Planungs- und Baustellenkosten sowie die hohe Prozesssicherheit. Hierfür ist aber eine frühzeitige Einbindung von Anbietern bzw. Auftragnehmern eine sehr wichtige Voraussetzung, damit die Gestaltungsaufgabe und Funktionalität optimal mit dem Modulbausystem abgestimmt werden können. Die Ausschreibung modularer Bauvorhaben unterscheidet sich daher grundlegend von konventionellen Verfahren.

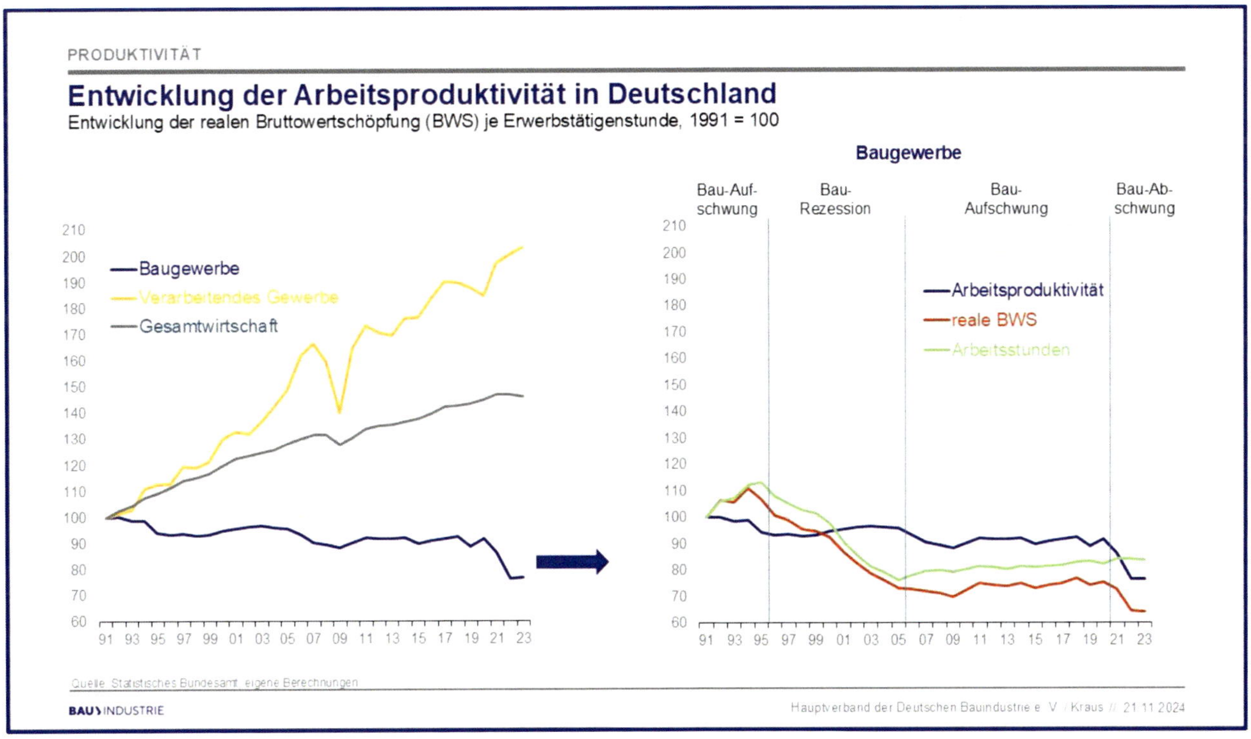

***Bild 8:** Entwicklung der Arbeitsproduktivität in der Bauwirtschaft[7] (Quelle: Hauptverband der Deutschen Bauindustrie e. V.)*

[7] BIB Brancheninfo Bau – Produktivität im Baugewerbe, Hauptverband der Deutschen Bauindustrie e.V., Berlin, 11/24

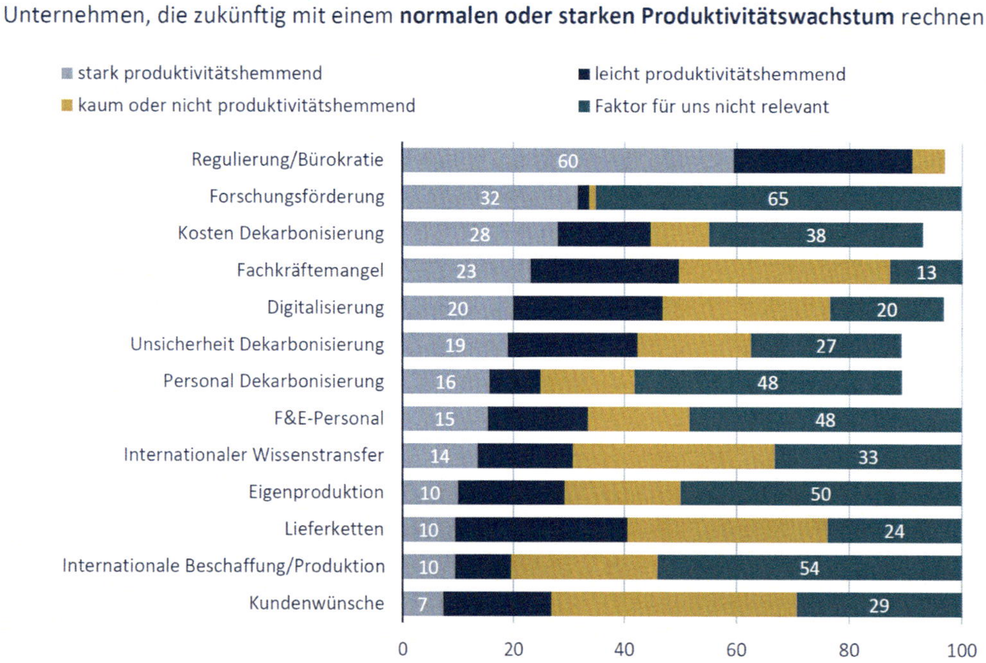

***Bild 9:** Befragung ausgewählter Bauexperten zu Hemmnissen bei der Verbesserung der Produktivität in der Baubranche*[8] *(Quelle: Hauptverband der Deutschen Bauindustrie e. V.)*

Zentrale Merkmale für Ausschreibung modularer Bauvorhaben sind:

1. **Funktionale Leistungsbeschreibung (FLB):** Anstelle einer detaillierten Bau- und Materialbeschreibung werden ausschließlich Funktionen und Qualitäten der Bauteile definiert (z. B. Schallschutz, Brandschutz, Oberflächenqualität). Die Ausführungsweise bleibt dem Generalunternehmer (GU) überlassen.
2. **Generalunternehmervergabe:** Modulbauten werden grundsätzlich als schlüsselfertige Gesamtleistung vergeben. Teilausschreibungen sind aufgrund der Systemhaftung und Gewährleistung nicht zulässig.
3. **Anforderungen statt Ausführungen:** Ausschreibungen sollen keine Konstruktionsdetails, sondern die zu erreichenden Leistungsparameter festlegen. Dadurch können mehrere Anbieter ihre individuellen Systeme anbieten und Wettbewerb entsteht.
4. **Frühe Abstimmung und Entscheidungsbefugnis:** Bereits in der Entwurfsphase müssen wesentliche Fragen geklärt und Entscheidungen getroffen werden, da spätere Änderungen systembedingt teuer bzw. sogar unmöglich sind. Der Bauherrenvertreter benötigt daher umfassende Entscheidungsbefugnisse.
5. **Planungsverschiebung:** Der Generalunternehmer übernimmt Werk- und Detailplanung auf Basis der Entwurfs- und Genehmigungsplanung des Architekten. Der Bauherr und dessen Planer begleiten die Phase beratend.
6. **Ausschreibungskriterium Wirtschaftlichkeit:** Zuschlagsentscheidungen in modularen Verfahren erfolgen häufig über funktionale und qualitative Zuschlagskriterien (z. B. Baukosten, Nachhaltigkeit, Energieeffizienz)

Fazit

Seriell gefertigte Gebäude in Modulbauweise bieten viele Vorteile, insbesondere in Bezug auf die Baukosten und -zeit und die Ausführungsqualität. Diese können jedoch nur dann optimal genutzt werden, wenn Planer und Bauherren frühzeitig den Kontakt mit einem Anbieter suchen, um das Modulbausystem auf die jeweilige Bauaufgabe anzupassen (bzw. umgekehrt). Dies verlangt vom Planer auch Kompromisse bei der Gestaltung, die aber bei nahezu allen Bauprojekten möglich sind. Für die meisten Bauaufgaben lassen sich geeignete Lösungen in Modulbauweise finden, ob nun für eine Kita, Büro, Krankenhaus, Schule oder ein Wohngebäude.

[8] Grömling, Michael/Voigtländer, Michael/Wetzstein, Steffen, 2025: Internationale Produktivitätsunterschiede in der Bauwirtschaft. Was kann Deutschland von seinen Nachbarn lernen? Gutachten im Auftrag des Hauptverbands der Deutschen Bauindustrie e.V., Köln, Berlin 5/2025

Für eine erfolgreiche Ausführung ohne offensichtliche oder verdeckte Baumängel sind Know-how und langjährige Erfahrungen auf Basis von Projekten und Systementwicklungen inkl. der notwendigen Prüfungen und Nachweise erforderlich. Vermeintlich günstige Anbieter (aus dem In- und Ausland) mit wenig Erfahrung sind daher sehr kritisch zu bewerten – ganz nach der Devise „Preiswert bauen mit intelligenten Lösungen anstatt billig bauen mit schlechter Qualität".

Angesichts der ausufernden Baukosten, dem Fachkräftemangel und weiteren hemmenden Aspekten, bietet das Bauen in Modulbauweise alle Lösungen für modernes Bauen der Zukunft und ist für die meisten Aufgabe der richtige Ersatz für das klassische Stapeln von Stein auf Stein oder das Ausgießen mit Beton und den damit verbundenen hohen CO_2-Emissionen.

Eine wegweisende Vorreiterrolle hat hier der Bundesverband deutscher Wohnungs- und Immobilienunternehmen e. V. übernommen und in einer Rahmenvereinbarung mit 25 Anbietern die Grundlage für eine erfolgreiche Ausführung von Wohngebäuden in Modulbauweise gelegt[9]. Von diesen Erfahrungen können alle Bauherren profitieren.

Bild 10: *GdW Rahmenvereinbarung „Serielles und modulares Bauen 2.0" mit 25 Anbietern (Quelle: GdW Bundesverband deutscher Wohnungs- und Immobilienunternehmen e. V.)*

Bild 11: *Bauen in Modulbauweise ist vielfältig und für unterschiedliche Bauaufgaben geeignet – ob als Kita, Büro, Krankenhaus, Schule oder Wohngebäude (l.o. Kita aus 33 Modulen, r.o. Bürogebäude aus 447 Modulen, l.u. Schulgebäude aus 204 Modulen, Wohngebäude aus 52 Modulen) (Quelle: ALHO, www.alho.com/de/referenzen)*

9 GdW Rahmenvereinbarung „Serielles und modulares Bauen 2.0", GdW Bundesverband deutscher Wohnungs- und Immobilienunternehmen e. V., Berlin 2/2024 (https://www.gdw.de/seriellesbauen2-0/) (Stand: 03.11.2025

Vorgefertigte Betonelemente[1]

Das Bauen mit Betonfertigteilen kann als Vollmontagebau oder als Mischbauweise erfolgen.

Im Vollmontagebau werden die fertigen Elemente auf die Baustelle gebracht und dort miteinander verbunden. Weitere ergänzende Tätigkeiten sind nicht erforderlich.

Bei der Mischbauweise werden Fertigteile auf die Baustelle geliefert, montiert und dann mit Ortbeton ergänzt. Diese Bauweise findet insbesondere bei der Herstellung von Wänden und Decken Anwendung. Im Gegensatz zur Ortbetonbauweise sind keine Schalungen auf der Baustelle erforderlich.

Mit komplett im Werk vorgefertigten Raummodulen aus Beton können auch die Vorteile der Modulbauweise mit den Vorteilen des Betonbaus kombiniert werden.

Bild 1: *Wohnhaus mit Fassade aus Sandwichelementen (Quelle: Laumer Bautechnik GmbH)*

Vorteile des seriellen Bauens mit Betonelementen

Neben den im Abschnitt „Bauphysik" näher erläuterten bauphysikalischen Vorteilen weist das serielle Bauen mit Betonelementen vor allem folgende Vorteile auf:

- Ressourcenschonende Produktion:

Der Einsatz von Recyclingbeton und Bewehrung aus einem hohen Anteil Recyclingmaterial sowie die Aufbereitung und Wiederverwendung von Restmaterialien aus der Produktion tragen zur ressourcenschonenden Produktion bei (siehe auch Kapitel „Kreislauffähigkeit des seriellen und modularen Bauens").

- Regionalität:

Die Rohstoffe für Betonelemente, insbesondere Gesteinskörnung (Kies, Splitt und Sand) und Zement (Mergel, Kalkstein) werden größtenteils regional gewonnen und verarbeitet. Dank der Verteilung von Betonfertigteilwerken in ganz Deutschland können auch Betonelemente meist objektnah hergestellt werden. Dies sorgt für kurze Transportwege und schont die Umwelt.

- Langlebigkeit:

Betonfertigteile sind widerstandsfähig und langlebig. Sie halten auch extremen Witterungsbedingungen und Umweltwirkungen stand. Die hohe Dauerhaftigkeit von Beton sorgt für sehr langlebige Gebäude über mehrere Jahrzehnte.

- Kreislauffähigkeit:

Am Ende der Lebensdauer eines Gebäudes lassen sich Betonbauteile nahezu vollständig recyceln und als Gesteinskörnung wiederverwenden. Betonfertigteile können bei richtiger Planung sogar im Ganzen demontiert werden. Dies ermöglicht nicht nur eine stoffliche Verwertung, sondern auch eine Wiederverwendung von kompletten Bauteilen.

- Hohe Flexibilität:

Decken mit großen Spannweiten und unterstützungsfreie Grundrisse bieten ein Höchstmaß an Flexibilität. Insbesondere in der Spannbetonbauweise können Decken mit sehr großen Stützweiten hergestellt werden. So müssen Innenwände nicht tragend sein und können entfernt oder neu angeordnet werden. Anbauten, Umbauten und Aufstockungen sind bei Gebäuden aus Betonelementen einfach umzusetzen.

[1] Informationszentrum Beton GmbH: Wohnungsbau mit Betonfertigteilen – Entscheidungshilfe für den Planer, 2021

- Vorweggenommene Ausbauarbeiten:

Oft werden bereits im Fertigteilwerk Einbauteile, wie Dosen und Leerrohre für Elektroinstallationen, andere TGA-Elemente, Fenster, Rollladenkästen etc. in die Betonelemente eingebaut oder maßgerechte Aussparungen dafür berücksichtigt. Dadurch werden die späteren Ausbauarbeiten erheblich vereinfacht.

- Architektonische Vielfalt:

Betonfertigteile lassen sich in unterschiedlichen Abmessungen, Farben, Formen und Oberflächentexturen herstellen. Dem architektonischen Gestaltungsspielraum sind kaum Grenzen gesetzt. Ohne Mehraufwand weisen schalungsglatte Oberflächen von Betonelementen bereits einfache Sichtbetoneigenschaften auf bzw. sind tapezierfähig.

- Eingespielte Logistik:

Die Lieferung der Betonelemente wird an den Bauablauf angepasst. So können sie auf der Baustelle oftmals direkt vom Lkw an den Einbauort gehoben werden.

Deckensysteme

Allgemeines

Neben ihrer lastabtragenden Funktion sind Decken für die Funktionalität und Gesamtstabilität des Bauwerks unverzichtbar. Außerdem müssen sie die verschiedenen Geschosse bauphysikalisch sicher voneinander trennen. Dafür sind ausreichende Schallschutzwerte und Feuerwiderstandsdauern erforderlich.

Beim Einsatz von Betonfertigteilen entfällt die Notwendigkeit aufwändiger Deckenschalungen, wie sie im Ortbetonbau erforderlich sind. Lediglich Montageunterstützungen können notwendig sein. Außerdem kann die Decke sehr schnell nach der Montage belastet werden, was einen zügigen Baufortschritt ermöglicht. Die Unterseiten von Decken aus vorgefertigten Betonelementen weisen oft gute Oberflächeneigenschaften auf.

Elementdecken

Elementdecken sind Betonfertigteile, die auf der Baustelle mit Ortbeton ergänzt werden. Sie bieten eine hohe Anpassungsfähigkeit an die vom Architekten geplanten Grundrisse.

Im Werk werden etwa 5 cm dicke Betonelemente mit der statisch erforderlichen Bewehrung betoniert. Elementlängen von bis zu 14 m sind so realisierbar. Die in die Platte einbetonierten Gitterträger verleihen den Elementen die für Transport und Montage erforderliche Steifigkeit. Die Untergurte der Gitterträger stellen einen wesentlichen Teil der Biegebewehrung der fertigen Decke dar. Bereits bestehende Ortbeton-Ausführungspläne für die Decke können meist im technischen Büro des Fertigteilherstellers elementdeckengerecht umgesetzt werden.

Die dünnen und daher relativ leichten Deckenelemente sind auch mit kleinen Baukränen zu heben, da sie erst nach der Montage vor Ort mit Aufbeton ergänzt werden.

Bild 2: *Elementdecken fertig für den Transport zur Baustelle (Quelle: RBW Rohrdorfer Betonwerk)*

Hohlplatten und Spannbeton-Fertigdecken

Hohlplatten sind Deckenplatten mit kreisförmigen Aussparungen in den Längsachsen. Durch diese Hohlräume werden der Betonverbrauch und das Eigengewicht um bis zu 50 % gegenüber einer Volldecke reduziert. Die Platten können schlaff bewehrt oder vorgespannt – als Spannbeton-Fertigdecken – geliefert werden.

Beim Verlegen auf der Baustelle sind keinerlei Montageabstützungen erforderlich. Die Deckenplatten sind unmittelbar belastbar. Dies ermöglicht einen sehr schnellen Bauablauf.

Im Wohnungsbau wird mit der üblichen Deckenstärke von 20 cm eine Spannweite von mehr als 7,50 m erreicht. Bei Deckenstärken bis zu 40 cm beträgt die maximale Spannweite bis zu 18 m. Die großen Spannweiten ermöglichen eine flexible Grundrissgestaltung ohne tragende Innenbauteile.

Bild 3: *Verlegung von Spannbeton-Fertigdecken (Quelle: DW Systembau GmbH)*

Deckenplatten mit Stegen

Deckenplatten mit Stegen (sog. TT-Platten) können hohe Verkehrslasten aufnehmen. Mit vorgespannten Deckenelementen können Stützweiten von bis zu 20 m erreicht werden. Daher sind TT-Platten besonders günstig bei höher belasteten Decken mit großen Spannweiten. Damit wird eine große Nutzungsflexibilität erreicht. TT-Platten werden mit und ohne Ortbetonergänzung hergestellt.

Vollplatten

Eine Vollplatte aus Beton wird entsprechend der erforderlichen Größe bis 12 m Spannweite komplett vorgefertigt.

In manchen Fällen ist es aus Gründen der zulässigen Traglasten des Krans erforderlich, das Gewicht der Deckenplatten gering zu halten. Dafür kann entweder deren Größe verringert oder auf Vollplatten aus Leichtbeton zurückgegriffen werden.

Wände

Allgemeines

Vorgefertigte Wandelemente werden im Wohnungsbau hauptsächlich für tragende und aussteifende Außen- und Innenwände sowie im Fassadenbereich eingesetzt. Auch nicht tragende Innenwände werden oft aus Betonfertigteilen errichtet.

Fertigteilwände haben weitestgehend fertige, tapezierfähige Oberflächen. Innenputz, mit dem zusätzliche Feuchtigkeit in den Bau eingetragen wird, kann meist entfallen.

Das Bauen mit Wänden aus Betonbauteilen kann sich auf folgende Planungsansätze stützen:

- Großtafelbauweise (raumgroße Wände)

Die Wände werden i. d. R. geschosshoch und in Raumgröße als ein Fertigteil ausgeführt. Fugen in den Wänden eines Raums werden so minimiert und auf die Ecken beschränkt.

- Kleintafelbauweise (elementierte Wände)

Ausgehend von einem definierten Rastermaß werden die Wände aus mehreren Bauteilen zusammengesetzt. Randelemente mit Längen außerhalb des Rastermaßes ermöglichen eine individuelle Planung. Durch die begrenzte Größe und Masse der einzelnen Bauteile ergeben sich Vorteile bei der Logistik und der Montage.

Massive Wandelemente

Bei der Verwendung von massiven Wandelementen wird üblicherweise auf die Großtafelbauweise zurückgegriffen.

Aufgrund der oft liegenden Herstellung weisen die Elemente i. d. R. eine geschalte und eine geglättete Oberfläche auf. Beide unterscheiden sich optisch deutlich. Geglättete Flächen weisen oftmals eine etwas geringere Ebenheit und einen ungleichmäßigen Farbton auf.

Die Abmessungen der Wandelemente richten sich weitgehend nach den statischen Erfordernissen und den Abmaßen des Bauwerks und der Räume. Die durch den Vollquerschnitt zum Teil sehr hohen Bauteilgewichte müssen sowohl beim Transport zur Baustelle als auch bei den erforderlichen Krankapazitäten auf der Baustelle berücksichtigt werden.

Elementwand/Doppelwand

Die Elementwand vereint die Vorteile von Ortbeton- und Fertigteilbauweise miteinander. Sie ist ein Wandbauteil, bei dem im Werk zwei dünne Betonfertigteilplatten meist durch Gitterträger mit verbleibendem Zwischenraum verbunden werden. Nach dem Aufstellen der Elemente wird der Raum zwischen den Fertigteilplatten mit Ortbeton zu einer monolithischen Wand verfüllt.

Die Dicke der Innen- bzw. Außenschale beträgt mindestens 4 cm und ist abhängig von den Umgebungsbedingungen und der vorgesehenen Betoniergeschwindigkeit auf der Baustelle.

Je nach Herstellungs- oder Transportbedingungen können Elemente mit einer Höhe oder Breite von ca. 12 m hergestellt werden. Die Standarddicken der gesamten Elementwand sind 20, 24, 30, 36,5 oder 40 cm. Andere Wanddicken können nach Absprache hergestellt werden.

Aufgrund des Produktionsprozesses von Elementwänden sind beide Wandoberflächen jeweils schalungsglatt.

Mit Elementwänden, deren Innenflächen eine ausreichende Rauigkeit aufweisen, können auch wasserundurchlässige Keller als „Weiße Wanne“ erstellt werden.

Elementwände sind auch mit innenliegender, auf der Innenseite der Außenschale angeordneter Wärmedämmung erhältlich.

Bild 4: *Erstellung einer Kelleraußenwand mit Elementwänden (Quelle: Fachvereinigung Betonbauteile mit Gitterträgern e. V.)*

Betonsandwichelemente

Betonsandwichelemente vereinen tragende, dämmende und Fassadenfunktion in einem Bauelement. Sie bestehen i. d. R. aus drei Schichten:

- Stahlbetontragschicht (14 cm bis 25 cm),
- Wärmedämmschicht (6 cm bis 24 cm, Hartschaumkunststoff oder Mineralwolle) und
- bewehrte Betonvorsatzschicht (empfohlene Mindestdicke 8 cm).

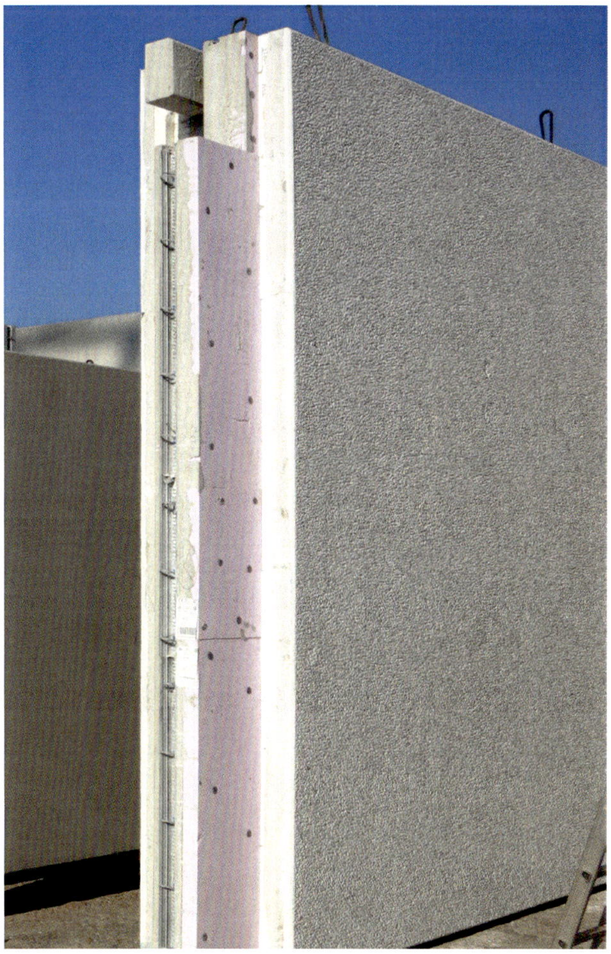

Bild 5: *Detailansicht einer Sandwichwand (Quelle: Fachvereinigung Deutscher Betonfertigteilbau e. V.)*

Fertigteiltreppen

Treppen in Wohngebäuden haben sowohl geschossverbindende Funktion als auch repräsentativen Charakter. Betonfertigteiltreppen sind im Innen- oder Außenbereich variabel einsetzbar und ermöglichen individuelle und wirtschaftliche Lösungen.

Sie sind sicher, belastbar, widerstandsfähig und erfüllen die hohen Vorgaben aus Brandschutz und Trittschallschutz.

Fertigteiltreppen werden geschossweise dem Baufortschritt folgend montiert und sind dann direkt begehbar und voll belastbar. Sie können über die gesamte Bauphase hinweg bereits als Bautreppe genutzt werden.

Fertigteiltreppen sind in verschiedenen Varianten erhältlich:

- gerader Lauf mit oder ohne angeformtem Podest
- ein- oder zweimal viertelgewendelter Lauf
- halbgewendelter Lauf
- Einzel- oder Blockstufen

Als Zubehör stehen geeignete Podestplatten zur Verfügung.

Bild 6: *Betonfertigteiltreppe in Sichtbetonqualität (Quelle: Knecht Kellerbau)*

Aufzugsschächte

Die Ausrüstung von Wohngebäuden mit Aufzügen ist bei Neubauprojekten und oft auch bei Renovierungen im Zusammenhang mit barrierefreiem Bauen seit vielen Jahren üblich.

Um hohe Anforderungen an den Schallschutz zu gewähren und die Weiterleitung von Luft- und Körperschall zu vermeiden, haben sich in der Praxis zweiteilige Aufzugsschächte bewährt.

Dabei werden Innenschacht und Gebäude voneinander getrennt und schalltechnisch entkoppelt, um Schallbrücken zwischen Innen- und Außenschacht zu vermeiden. Hier bieten sich Aufzugsschächte aus Betonfertigteilen an. Sie erlauben einen schnellen Baufortschritt und können Stockwerk für Stockwerk eingesetzt werden.

Bild 7: *Aufzugsschacht aus vorgefertigten Betonelementen (Quelle: Hieber Betonfertigteilwerk GmbH)*

Balkon- und Loggiaplatten

Ein Balkon erhöht die Lebensqualität sowie das Wohlgefühl und steigert den Wert der Immobilie. Massive Fertigteilbalkone aus Beton sind modern, stabil und bieten maximale Flexibilität. Vielfältige Formen und auch Sonderwünsche, wie z. B. barrierefreie Übergänge, sind technisch und wirtschaftlich umsetzbar.

Betonfertigteilbalkone lassen sich thermisch einfach von der Hauptkonstruktion trennen, um Wärmebrücken zu vermeiden. Die hohe Maßgenauigkeit und Qualität der Betonoberfläche hat bei der Regenwasserführung große Vorteile, da jede Stelle der Plattenoberseite exakt das geplante Gefälle aufweist und sich keine Pfützen bilden.

Lichtschächte

Betonlichtschächte werden für die Belichtung und Belüftung von Kellern oder Tiefgaragen sowie als Lüftungs-, Notausstiegs- oder Revisionsschacht verwendet. Sie sind statisch hochbelastbar, begeh- und befahrbar und werden in verschiedenen Größen und nach individuellen Maßen gefertigt. Mit zusätzlichen einbruchhemmenden Gittern bieten Betonlichtschächte besondere Sicherheit. Eine wärmebrückenfreie Verbindung zur Vermeidung von Wärmeverlusten bei beheizten Kellern ist genauso möglich, wie eine wasserundurchlässige Ausführung.

Bild 8: *Montage von Lichtflutern auf der Baustelle (Quelle: Knecht Kellerbau)*

Bauphysik

Allgemeines

Wohngebäude sollen Menschen und Sachen gegen Einwirkungen von außen schützen. Hierzu gehören natürliche Einwirkungen, wie Wärme, Regen oder Wind, und durch den Menschen hervorgerufene, wie Lärm oder Luftverschmutzung. Bauwerke und Bauteile benötigen daher entsprechende bauphysikalische Eigenschaften in Form eines ausreichenden Wärme-, Schall-, Feuchte- und Brandschutzes.

Bauteilaktivierung

Die hohe Wärmespeicherfähigkeit von Betonbauteilen trägt maßgeblich zu einem behaglichen Raumklima bei. Wir kennen dieses Phänomen von Kachelöfen. Die Wärme wird in den Bauteilen gespeichert und noch über lange Zeit an die Raumluft abgegeben. Dieser Effekt wird auch im Sommer bei Betonbauteilen genutzt: Bei intensiver Sonneneinstrahlung wird die Wärmeenergie, die bei leichten Bauweisen schnell zur Überhitzung der Räume führen kann und ungenutzt abgeführt werden muss, in den Bauteilen gespeichert und damit die Raumlufttemperatur auf angenehme Werte begrenzt. In den kühlen Nachtstunden wird diese Wärmeenergie von den Bauteilen wieder an die kühle Raumluft abgegeben. Somit wird über den gesamten Tagesverlauf ein gleichmäßig angenehmes Wohnklima erreicht. Dies geschieht selbstregulierend ohne aufwändige zusätzliche Regeltechnik.

Diese Bauteileigenschaften können noch weiter zur Gebäudetemperierung genutzt werden. Dafür werden in die massiven Betonbauteile zusätzliche Heiz- und Kühlsysteme integriert, vergleichbar mit einer Fußbodenheizung. Im Gegensatz zur klassischen Fußbodenheizung liegen die Leitungssysteme jedoch direkt in der Betondecke. Der Abstand der Leitungen untereinander beträgt etwa 10 cm bis 15 cm. Über die Leitungssysteme wird die tagsüber nicht benötigte Wärmemenge abgeführt und einem Zwischenspeicher zugeführt. Der Raum wird gekühlt. Im Heizfall wird die gespeicherte Wärmemenge über dieselben Leitungen in die Betonbauteile eingetragen und über diese an die abgekühlte Raumluft weitergegeben. Bei thermisch aktivierten Außenbauteilen ist eine gute Wärmedämmung erforderlich. Nur dann verbleibt die gespeicherte Energie im Bauteil und wird nicht ungenutzt an die Außenluft abgegeben.

Die auf der Deckenunterseite eingebauten Rohre sorgen für eine gleichmäßige und angenehme Wärmeabstrahlung von der Decke in den Raum. Da die Betondecke die Wärme über ihre gesamte Fläche aufnimmt oder abgibt, können die Systemtemperaturdifferenzen niedrig bleiben. Das System ist daher besonders für Heizungsanlagen mit niedriger Vorlauftemperatur, z. B. mit Wärmepumpen, geeignet. Die Reaktionszeit der Anlage ist geringer als bei Fußbodenheizungen.

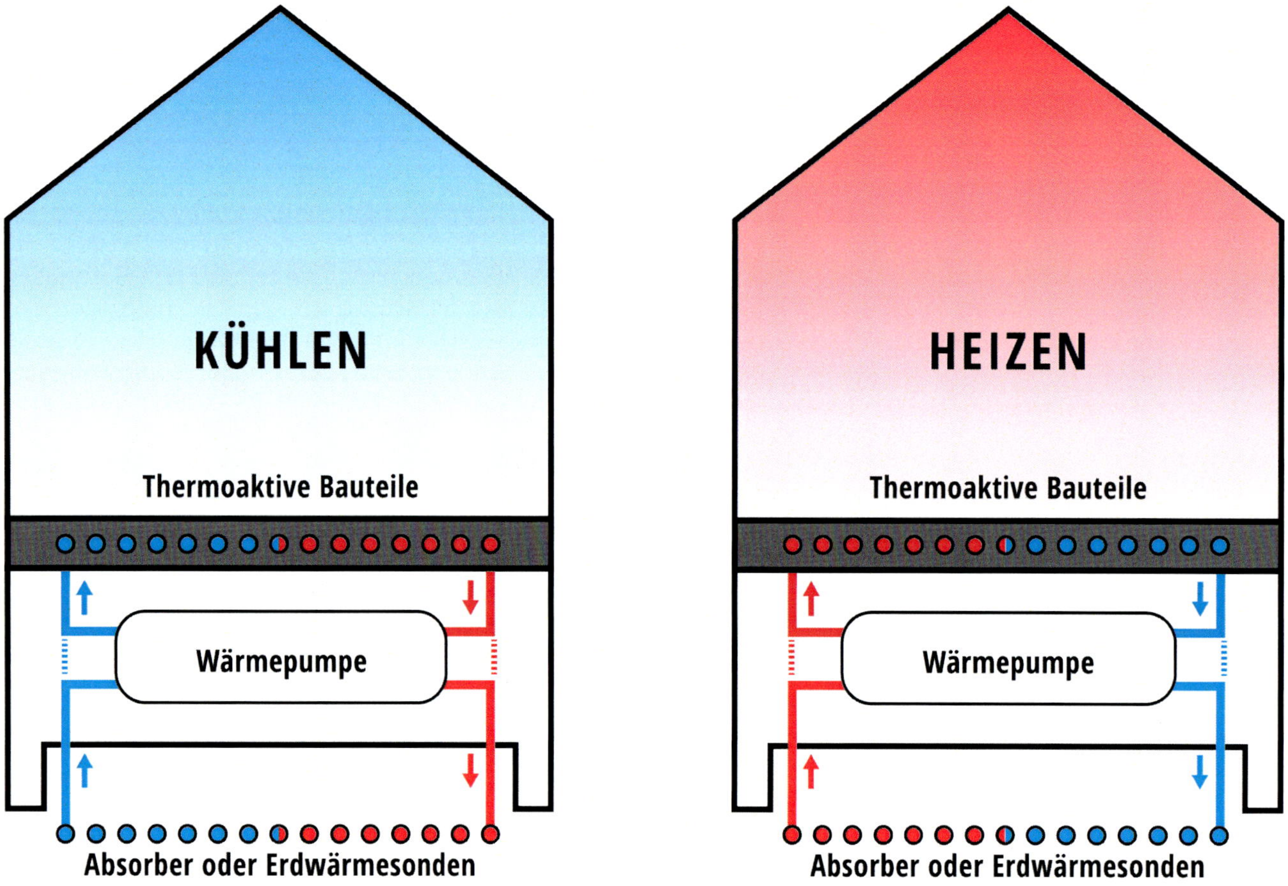

Bild 9: *Nutzung von thermoaktiven Bauteilsystemen*
(Quelle: Fachverband Beton- und Fertigteilwerke Baden-Württemberg e. V.)

Wenn die thermisch aktivierten Bauteile zur Abdeckung der Grundlast herangezogen werden, kann in Räumen mit geringen internen Wärmelasten auf eine Klimaanlage verzichtet werden. Werden die aktivierten Bauteile auch planmäßig zur Kühlung der Räume eingesetzt, ist eine mögliche Kondensatbildung auf der kühlen Bauteiloberfläche zu berücksichtigen und planerisch auszuschließen. Hierbei wird in aller Regel eine kontrollierte Raumlüftung erforderlich.

Tabelle 1: *Anhaltswerte für die Auslegung der Betonkernaktivierung*

	Kühlen	Heizen
Raumtemperatur	ca. 26 °C	ca. 20 °C
Wassereintrittstemperatur	ca. 18 °C	ca. 26 °C
Wasseraustrittstemperatur	ca. 22 °C	ca. 23 °C
Leistung	ca. 40 W/m^2	ca. 20 W/m^2

Die Vorzüge thermisch aktivierter Deckenkonstruktionen auf einen Blick:

- Gebäudemasse wird als thermischer Speicher genutzt
- erneuerbare Energien sind nutzbar
- kein Verlust bei der Geschosshöhe
- geringe Investitionskosten
- ein System zum Heizen und Kühlen
- geringe Temperaturdifferenz zwischen Betonoberfläche und Innenluft
- geringer Temperaturgradient im Raum und in der Konstruktion
- Heizen und Kühlen erfolgt über Strahlung (Kachelofeneffekt)
- geringere Luftbewegung gegenüber klimatisierten Räumen

Bei Fertigteildecken können die Rohrleitungen bereits im Werk eingebaut und ihre Funktionsfähigkeit überprüft werden. Der Heizungsbauer muss vor Ort nur noch die Rohre an den Verteiler anschließen. Die einzelnen Deckenelemente bilden in sich geschlossene Kreisläufe, die über separate Ansteuerung die individuelle Temperierung von Einzelräumen ermöglichen.

Wärmebrücken minimieren

Wärmebrücken sind hinsichtlich der Wärmedämmwirkung Schwachstellen in der Konstruktion, über die es zu erhöhten Wärmeverlusten kommt. Mögliche Wärmebrücken müssen im energetischen Nachweisverfahren berücksichtigt werden. Dies kann auf verschiedene Arten erfolgen:

- mit einem pauschalen Wärmebrückenzuschlag
- mit einer Berechnung nach DIN 4108 Beiblatt 2 „Wärmeschutz und Energieeinsparung in Gebäuden – Wärmebrücken – Planungs- und Ausführungsbeispiele"
- mit einem genauen Nachweis der Wärmebrücken

Als pauschaler Zuschlag wird der Wärmebrückenkoeffizient ΔU_{WB} = 0,10 W/(m² x K) auf die gesamte wärmeübertragende Umfassungsfläche angesetzt. D. h., wenn eine Wand einen U-Wert von 0,25 W/(m² x K) aufweist, ist für den Wärmeschutz-Nachweis der U-Wert von 0,25 um 0,10 auf 0,35 W/(m² x K) zu erhöhen.

Bei dem genauen Nachweis der Wärmebrücken wird ein längenbezogener Wärmedurchgangskoeffizient als y-Wert ermittelt. Im Planungsatlas Hochbau (www.planungsatlas-hochbau.de) wurden die Wärmebrückeneffekte für ca. 1.100 Konstruktionsdetails des Wohnungsbaus mit ca. 25 Mio. Varianten berechnet – darunter auch für Betonsandwichfassaden, vorgehängte Betonfassaden und Leichtbetonmauerwerk.

Dem Fachplaner werden bauphysikalisch optimierte Konstruktionsdetails, Ausschreibungstexte und thermische Kennwerte (Ψ-Wert, U-Wert) zur Verfügung gestellt. So kann der Wärmebrückenzuschlag einer Konstruktion individuell berechnet und minimiert werden. Mit diesen Werten können die Dämmschichtdicken erheblich reduziert werden.

Schallschutz

Nicht nur der Schutz vor Außenlärm, sondern auch der Schutz vor Geräuschbelästigungen innerhalb eines Gebäudes oder sogar einzelner Wohnbereiche, stellt eine fundamentale Forderung an zeitgemäße Wohngebäude dar. Dauerhafte Lärmbelästigungen in Gebäuden können zu gesundheitlichen Beeinträchtigungen der Nutzer und Bewohner führen. Hier sorgen schwere Betonbauteile aufgrund ihres hohen Flächengewichts für die Sicherstellung des erforderlichen erhöhten Schallschutzes.

Brandschutz

Bei der Verwendung von Betonbauteilen kann insbesondere der Bereich des baulichen Brandschutzes positiv beeinflusst werden, denn:

- Beton ist nicht brennbar und erzeugt im Brandfall keine giftigen Gase.
- Betonbauteile haben eine hohe Feuerwiderstandsdauer und können dadurch die Standsicherheit des Tragwerks während eines Brandes aufrechterhalten.
- Mit Betonbauteilen ist eine Trennung von Brandabschnitten in einem Gebäude oder zwischen benachbarten Gebäuden gut möglich. Heiße Gase oder Flammen können nicht auf die dem Feuer abgekehrte Seite vordringen, sodass diese geschützt bleibt.
- Flächige Betonbauteile dienen als „Hitzeschild". Sie begrenzen den Temperaturanstieg auf der den Flammen abgekehrten Seite.

In der Musterbauordnung (MBO) bzw. den 16 Landesbauordnungen sind bauordnungsrechtliche Anforderungen an den Brandschutz von Wohngebäuden (normale Art und Nutzung) festgelegt.

Bereits mit der üblichen statischen Bemessung von Betonbauteilen für Normaltemperatur werden häufig Feuerwiderstandsklassen ≥ R90 / F90 erreicht, sodass sich i. d. R. aus der Brandschutzbemessung keine zusätzlichen Maßnahmen bezüglich des Brandschutzes im Wohnungsbau ergeben.

Schutzziele im Brandfall, die mit Betonbauteilen direkt erfüllt werden:

- Personenschutz: Sicherung von Leben und Gesundheit der Bewohner sowie der Einsatzkräfte der Feuerwehr
- Sachschutz: Erhalt des Bauwerks bzw. Schutz von Sach- und Wertgegenständen in Wohngebäuden
- Umweltschutz: Minimierung von Umweltschaden durch Rauch, toxische Gase oder kontaminiertes Löschwasser

Ziegelfertigteile

Im Bereich der Ziegelfertigteile zählen Wandelemente, Deckenplatten, Sturzelemente sowie Verblend- und Fassadenelemente zu den häufigsten Einsatzfeldern. Diese zeigen, wie sich die Vorteile industrieller Vorfertigung mit den bewährten Qualitäten des Ziegels verbinden lassen. Unter werkseitig kontrollierten Bedingungen entstehen großformatige Wandtafeln, die bereits mit Mörtel, Kleber, Dämmung, Installationsschächten oder Aussparungen für Fenster und Türen ausgestattet sein können. Ergänzend dazu werden Deckenmodule, Treppenläufe und Installationswände vorgefertigt, die sich präzise in den Bauprozess integrieren lassen.

Die Fertigung im Werk ermöglicht es, Bauabläufe durch die digitale Planung klarer zu strukturieren und Arbeitsschritte von der Baustelle zu verlagern. Auf diese Weise werden Montagezeiten reduziert, Fehlerquellen minimiert und die Baustellenlogistik erheblich vereinfacht. Digitale Planungstools unterstützen den Prozess und sorgen für eine reibungslose Abstimmung aller Gewerke. Das Ergebnis sind Bauteile in konstanter Qualität, die auf der Baustelle in kurzer Zeit zu tragfähigen, energieeffizienten und langlebigen Gebäuden gefügt werden.

Technische und ökologische Vorteile

Das industrielle Vorfertigen massiver Ziegelmodule sichert eine gleichbleibend hohe Ausführungsqualität mit geringen Maßtoleranzen und dauerhafter Präzision. Dadurch lassen sich energetische und technische Schnittstellen zuverlässig lösen. Dies ist ein wesentlicher Vorteil gegenüber konventionellen Bauprozessen. Gleichzeitig entfaltet der Ziegel seine traditionellen Stärken: Er besteht aus natürlichen Rohstoffen wie Ton, Lehm, Wasser und Holzspänen, ist frei von Schadstoffen, vollständig recyclingfähig und im Cradle-to-Cradle-Prinzip wiederverwendbar. Seine hervorragenden wärmedämmenden und speichernden Eigenschaften senken den Energiebedarf im Winter wie im Sommer. Massive Ziegelwände bieten zugleich exzellenten Schall- und Brandschutz, sie regulieren die Luftfeuchtigkeit und sorgen für ein gesundes Raumklima.

Hinzu kommt eine hohe Wertbeständigkeit: Ziegelkonstruktionen haben eine Lebensdauer über Generationen, der Instandhaltungsaufwand ist minimal und die Folgekosten sind im Vergleich zu anderen Bauweisen äußerst gering.

Bedeutung für den Wohnungsbau

Vorgefertigte Ziegelwände und weitergehende massive Module tragen entscheidend dazu bei, den Wohnungsbau zu beschleunigen, sorgen für sehr hohe Qualität und gleichzeitig erfüllen sie ökologische wie ökonomische Anforderungen. Die Kombination aus industrieller Effizienz, digitaler Planbarkeit und den einzigartigen bauphysikalischen Eigenschaften des Ziegels macht sie zu einem zukunftsfähigen Baustein für bezahlbaren, nachhaltigen und dauerhaft wertbeständigen Wohnraum.[1]

Bild 1: *Fertigteilwand (Quelle: Redbloc Elemente GmbH)*

[1] 1.) https://schlagmann.de/produkte/was-ist-redbloc (Stand: 19.09.2025), 2.) https://leipfinger-bader.de/modulbausysteme/ziegelfertigteile (Stand: 19.09.2025), 3.) https://ziegelwerk-englert.de (Stand: 19.09.2025)

Besonderheiten der Baustellenlogistik

Bei der seriellen Bauweise werden die Bauteile im Werk industriell vorgefertigt und im Anschluss auf die Baustelle transportiert, um dort montiert zu werden. Der Herstellungsprozess unterscheidet sich vielfach grundlegend von der Fertigung auf der Baustelle. So sichern technische Ausrüstung, die weitgehend gleichbleibenden, günstigen Herstellungsbedingungen und die qualifizierten Mitarbeitenden eines Fertigteilwerkes eine ständig hohe Qualität. Der Bearbeitungsaufwand für jedes industriell hergestellte Bauteil und damit auch mögliche Fehlerquellen werden auf ein Minimum reduziert.

Moderne Anlagentechniken ermöglichen eine zuverlässige Produktqualität bei optimiertem Ressourceneinsatz. Es entstehen nur geringste Mengen an Resten, wie z. B. Restbeton, die dem Produktionsprozess wieder zugeführt werden.

Bild 1: *Industrielle Herstellung von Betonfertigteilen mit modernen Anlagen in wettergeschützten Hallen (Quelle: Bayerischer Industrieverband Baustoffe, Steine und Erden e. V.)*

Im Laufe der Jahrzehnte haben sich bestimme Bauteilquerschnitte als besonders vorteilhaft und vielseitig erweisen. Sie werden in Abwandlungen immer wieder verwendet. Dabei führen selbst kleinste Veränderungen (Querschnittsabmessungen, Bauteillängen, Einbauteile oder Öffnungen) z. B. bei Betonbauteilen zu unterschiedlichen Schalungsformen und Bewehrungsführungen. Daher sind auch typisierte Fertigteile keine Massenware, sondern „maßgeschneiderte" Bauteile, da kein Fertigteil exakt dem anderen entspricht.

Flächengestaltung und Fertigteilgrößen

Gängige Fertigteilgrößen resultieren aus den Bauwerksabmessungen und aus den üblichen Transportabmessungen.

Bild 2: *Die Betonbauteile werden im Werk verladen und mit dem Lkw just-in-time auf die Baustelle geliefert (Quelle: Albert Regenold GmbH)*

Für den Straßentransport sind in der Straßenverkehrsordnung Einschränkungen in Bezug auf die Länge, Breite, Höhe sowie das Gesamtgewicht von Fahrzeugen bzw. Fahrzeugkombinationen festgelegt. Sobald diese Grenzen überschritten werden, muss eine Ausnahmegenehmigung beantragt werden. Solche Ausnahmegenehmigungen sind behördliche Einzelfallentscheidungen, die von den Streckengegebenheiten abhängig sind. Insofern können die nachfolgend aufgeführten Angaben über Längen-, Breiten-, Höhen- und Gewichtsbeschränkungen keinen Anspruch auf Allgemeingültigkeit haben. Um die genannten Werte praktikabler zu machen, werden Fertigteilabmessungen genannt, wobei übliche Maße und Gewichte von Fahrzeugen berücksichtigt sind. Auch diese können im Einzelfall abweichen. Die in den folgenden Abbildungen angegebenen Maße dienen daher ausschließlich der Orientierung.

Im Zuge der Objektplanung sollte der Aspekt der möglichen Transportabmessungen zwischen den Beteiligten und ggf. den genehmigenden Behörden frühzeitig thematisiert werden. Das gilt insbesondere für größere Bauteilabmessungen, die den grünen Bereich nach den nachfolgenden Abbildungen überschreiten, da etwaige erforderliche Transportgenehmigungen neben zusätzlichen Kosten auch zusätzliche Risiken für die Einhaltung von Lieferterminen bedeuten können. Weiterhin ist zu beachten, dass bei zunehmender Bauteilgröße neben dem Transport auch die Montage anspruchsvoller wird. Dies betrifft insbesondere die Zufahrtsmöglichkeiten zur Baustelle und die Baustelleneinrichtung selbst. Hierzu zählen sowohl die verfügbare Krankapazität als auch Hilfsmittel wie Stützen oder Traggerüste, die auf die Bauteilabmessungen und -gewichte abgestimmt werden müssen.

Auf der Baustelle

Der Umfang der Baustelleneinrichtung einer Montagebaustelle ist sehr gering. Wesentliche Einrichtung ist der Karn. Abhängig von Umfang und Dauer der Montagearbeiten werden Hochbaukrane mit Katzausleger oder Autokrane eingesetzt. Die Größe des Krans wird durch die erforderliche Tragfähigkeit (maximales Elementgewicht) und die notwendige Ausladung bestimmt. Unabhängig vom Krantyp muss bei einer Montagbaustelle eine ausreichend große und befestigte Zufahrt für die Transportfahrzeuge sowie Baustelleneinrichtung vorhanden sein.[1]

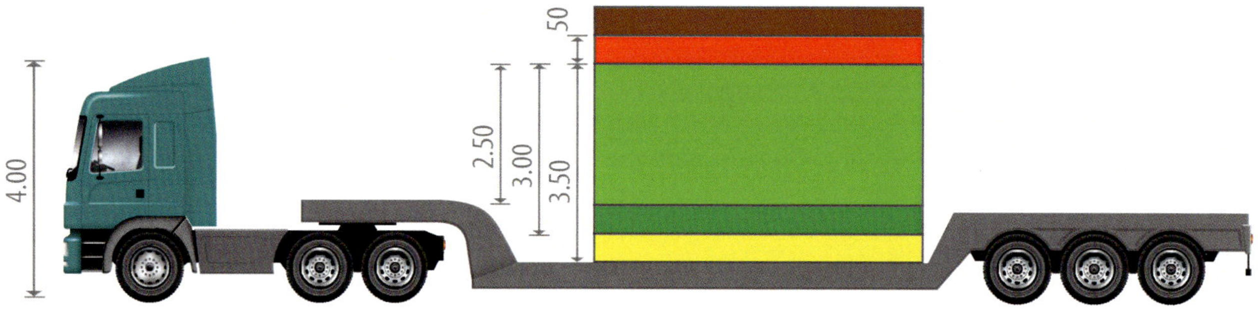

- Transport mit normalem Fahrzeug
- Transport mit speziellem Auflieger
- Transport mit Tiefbettfahrzeug/Innenlader, Länge begrenzt
- Transport mit Einzelgenehmigung nur auf wenigen geeigneten Strecken (ausreichende Brücken-, Ampel-, Oberleitungshöhe)
- Transport nur in Einzelfällen möglich und sinnvoll

***Bild 3:** Schematische Darstellung von möglichen Bauteilhöhen beim Straßentransport (Quelle: Rekers Betonwerk GmbH & Co. KG)*

[1] 1.) Informationszentrum Beton GmbH: Wohnungsbau mit Betonfertigteilen – Entscheidungshilfe für den Planer, 2021, 2.) Bundesverband Deutsche Betonbauteile e. V.: Merkblatt Sichtbetonfertigteile, 2023

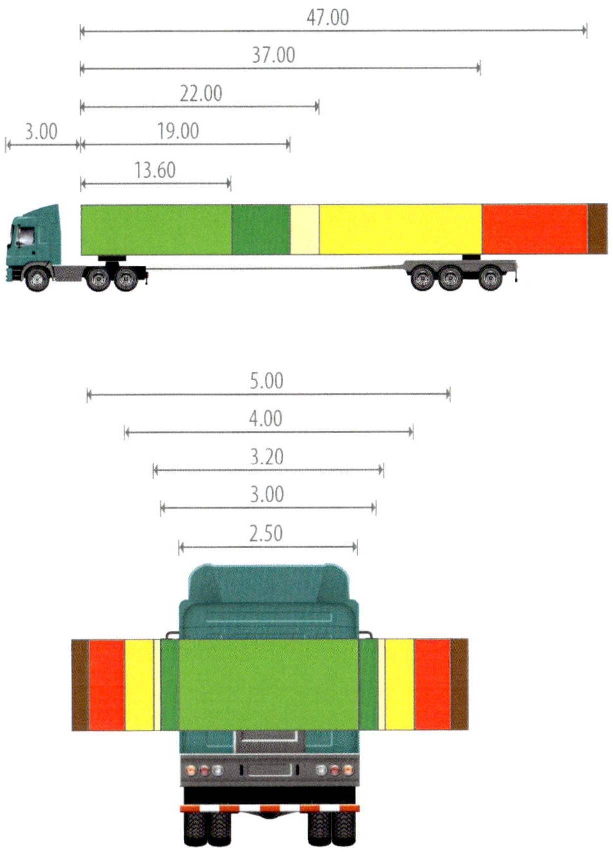

- Transport ohne besondere Vorgaben
- Transport mit geringem zusätzlichen Aufwand, z. B. Dauerausnahmegenehmigung
- Transport mit Einzelgenehmigung, Tag und Nacht möglich
- Transport mit Einzelgenehmigung und Begleitfahrzeug, nur nachts
- Transport mit Einzelgenehmigung und aufwendiger Begleitung mit engerer zeitlicher Einschränkung, nur auf geeigneten Strecken
- Transport nur in Einzelfällen möglich und sinnvoll

Bild 4: *Schematische Darstellung von möglichen Bauteillängen und -breiten beim Straßentransport (Quelle: Rekers Betonwerk GmbH & Co. KG)*

Planungsprozesse und BIM

Serielles Bauen beschreibt die industrielle Vorfertigung von Bauteilen und raumhaltigen Modulen, um Bau- und Montageprozesse zu beschleunigen, Kosten zu senken und Qualität zu sichern. Dabei geht es nicht um die Herstellung identischer Gebäude, sondern um die Anwendung standardisierter Prozesse, die vielfältige architektonische Lösungen ermöglichen. Zentral ist dabei ein spezifisches Planungsverständnis, das die besonderen Anforderungen dieser Bauweise frühzeitig berücksichtigt.

Der zeitgenössische Holzbau ist Vorreiter für die Herstellung vorgefertigter Bauteile für verschiedene Bauaufgaben, die maschinell in der Werkstatt gefertigt werden. Diese industrielle Fertigung vereint Präzision, Effizienz und individuelle Gestaltungsfreiheit. Für diese Art des seriellen Bauens sind eine durchgängige Planung sowie eine enge, auf die Produktionsabläufe abgestimmte Kooperation Voraussetzung für einen störungsfreien Prozess. Der folgende Abschnitt beschreibt einen prozessgerechten Planungsablauf, bei dem die systemimmanenten Anforderungen der Bauweise und die Möglichkeiten digitaler Planungs- und Produktionsmethoden von Anfang an berücksichtigt werden.

Die Holzbauindustrie beschäftigt sich bereits seit den späten 1980er-Jahren mit digitalen Produktionsprozessen, als die ersten automatisierten Abbundmaschinen die Fertigung von Holzbauteilen grundlegend veränderten. In der Arbeitsvorbereitung entstehen CAD/CAM-Modelle meist neu auf Grundlage der Planunterlagen von Architekten und Ingenieuren.

„Ein Blick in die Werkstatt eines modernen Holzbauunternehmens lässt die Unterschiede zum konventionellen Bauen sofort klar werden: Die Produktion ganzer Bauteile, wie Wand und Decke, erfolgt nicht mehr auf der Baustelle, sondern mit Hilfe digitaler Verfahrenstechniken und Anlagen als vollständig vorgefertigte Elemente im Unternehmen des Holzbauers. Dadurch ergeben sich komplett andere Anforderungen an die Prozesse mit Berücksichtigung der Fertigung der Bauelemente, deren Transportlogistik, die Montage und das Fügen der Bauteile vor Ort.“[1]

Vorfertigung planen bedeutet, die Komplexität der Bauaufgabe durch klare Strukturen und nachvollziehbare Abläufe zu beherrschen. Im Entwurf müssen bereits Festlegungen getroffen werden, die bei einer konventionellen Bauweise erst in späteren Phasen erforderlich wären. Die Vorfertigung erfordert daher ein grundsätzliches Umdenken in der gesamten Planungskultur, da viele für den Bauablauf relevanten Weichen zu einem sehr frühen Zeitpunkt gestellt werden. Hier zeigt sich die Nähe zur seriellen Bauweise, die diese prozessorientierte Logik aufgreift und in standardisierte Abläufe überführt.

Die serielle Bauweise stellt zudem besondere Anforderungen an die integrale Zusammenarbeit aller Beteiligten. Architekten, Tragwerksplaner, Fachplaner und Ausführende müssen frühzeitig gemeinsam agieren, damit die Vorfertigung ihre Vorteile entfalten kann. Nur wenn die Schnittstellen sauber definiert und die Abhängigkeiten zwischen den Gewerken verstanden sind, lassen sich die Potenziale von Geschwindigkeit, Qualität und Kostensicherheit realisieren.

Damit ist der Rahmen gesetzt: Serielles Bauen steht für Industrialisierung, Vorfertigung, Wiederholbarkeit und Effizienz. Es bedeutet aber auch, dass baukulturelle Qualität und architektonische Vielfalt gewahrt bleiben, da serielle Systeme im Holzbau flexible Lösungen für unterschiedliche Entwurfsansätze zulassen. Der Holzbau nimmt in diesem Kontext eine besondere Rolle ein, da er aufgrund seines hohen Vorfertigungsgrades, seiner langen Tradition digitaler Produktionstechniken und seiner Nachhaltigkeit bestens geeignet ist, die Prinzipien des seriellen Bauens praktisch umzusetzen.

[1] F. Lattke, S. Schuster, M. Stieglmeier: Planungsmethoden für den Holzbau – Forschungsprojekt leanWOOD, in: Beratende Ingenieure – Das Fachmagazin für Planen und Bauen (Ausgabe 5-6/2018), S. 28-31

Vorfertigung und Planungsprozesse

Planen im Kontext serieller Bauweisen bedeutet, dass Entwurfs- und Ausführungsentscheidungen von Beginn an auf die industrielle Vorfertigung ausgerichtet werden. Standardisierte Abläufe und wiederholbare Prozesse prägen die gesamte Projektabwicklung und erfordern ein Planungsverständnis, das über herkömmliche Vorgehensweisen hinausgeht. Dies wird nachfolgend am Beispiel des Holzbaus thematisiert.

Planungslogik Holzbau

Die Logik der Vorfertigung prägt die Planung im seriellen Bauen von Grund auf. Ihre Berücksichtigung ist entscheidend, um einen produktionsgerechten Planungs- und Bauablauf sicherzustellen. Aus der Baupraxis ist bekannt, dass die meisten Fehler auf fehlende Planungsinformationen und mangelnde Koordination zwischen den Akteuren zurückzuführen sind. Werden Gebäude ohne ausreichendes Verständnis für die Besonderheiten des Holzbaus geplant, führt dies häufig zu Umplanungen, mangelhafter Ausführung und Verzögerungen.[2]

Das konventionelle, schrittweise und baubegleitende Planen von Rohbau, Fassade und Ausbau ist im Holzbau nicht umsetzbar. Die Vorfertigung verlagert wesentliche Entscheidungen in die frühe Entwurfsphase und erfordert klare Festlegungen von Beginn an. Nachträgliche Änderungen in späteren Phasen wirken sich unmittelbar auf Termine, Kosten und Qualität aus und sind daher kaum noch zu kompensieren.

Holzbaukompetenz im Planungsprozess

Die spezifische Holzbaukompetenz im Planungsprozess ist zentrale Voraussetzung für einen erfolgreichen Projektverlauf. Kompetenz ist hier unabhängig vom klassischen Rollenverständnis der Planer oder Firmen zu verstehen und lässt sich in drei Ebenen unterscheiden:

Allgemeine Kompetenz: Grundverständnis für Bauweisen, Abläufe und Randbedingungen des Holzbaus sowie ein Verständnis für Prinzipien der industriellen Vorfertigung und der daraus resultierenden veränderten Planungs- und Entscheidungsprozesse. Besonders die Auftraggebenden müssen diese Voraussetzungen von Beginn an verstehen und mittragen, da sie durch Budget, Termin- und Qualitätsziele maßgeblich die Rahmenbedingungen für das serielle Bauen festlegen.

Fachliche Kompetenz: vertiefte Expertise in den einzelnen Disziplinen. Dazu gehören Materialwissen, Kenntnisse über Bauteilaufbauten, bauphysikalische Anforderungen sowie typische Fertigungs- und Montagebedingungen. Holzbauspezifische Expertise in Bereichen wie Tragwerksentwurf, technischer Gebäudeausrüstung oder Brandschutz ist ebenso erforderlich. Diese Kenntnisse müssen im Holzbau frühzeitig in die Planung eingebracht werden, da sich die Funktionen der einzelnen Bauteilschichten gegenseitig beeinflussen.

Prozessspezifische Kompetenz: Wissen um die besonderen Abfolgen und Schnittstellen im Planungs- und Bauprozess. Dazu gehört die Fähigkeit, Planungsentscheidungen in Bezug auf Vorfertigung, Logistik und Montage richtig einzuordnen und ihre Konsequenzen verlässlich abzuschätzen. Dies betrifft etwa Entscheidungen über Elementgrößen, Anschlussdetails oder Transportbedingungen, die frühzeitig mitgedacht werden müssen.

Bild 1: *Entscheidungen – z. B. über Elementgrößen oder Transportbedingungen – müssen frühzeitig mitgedacht werden. (Quelle: Lattke)*

Eine Möglichkeit, holzbauspezifisches Wissen in den Planungsprozess einzubinden, besteht darin, das ausführende Unternehmen frühzeitig zu beteiligen. Dadurch kann praktisches Wissen über Fertigung

[2] H. Kaufmann, W. Huß, S. Schuster, M. Stieglmeier, S. Geier, and F. Lattke: „leanWOOD – Optimierte Planungsprozesse für Gebäude in vorgefertigter Holzbauweise", 2017, www.leanwood.eu2017

und Montage unmittelbar in den Entwurf einfließen – ein Vorteil, der Präzision, Effizienz und häufig auch Wirtschaftlichkeit des Gesamtprozesses steigern kann. Gleichzeitig ist diese Vorgehensweise nicht immer umsetzbar und keineswegs zwingend. Sie schafft Abhängigkeiten, erfordert klare vertragliche Regelungen und setzt eine kooperative Haltung aller Beteiligten voraus. Ob und in welchem Umfang das ausführende Unternehmen beteiligt wird, hängt von der Auftraggeberschaft, der Projektgröße, dem Vergabemodell und den spezifischen Randbedingungen ab.

Herausfordernd und besonders wichtig bleiben die Schnittstellen zwischen Baukonstruktion, Brandschutz und technischer Gebäudeausrüstung. Ihre frühzeitige Identifikation und Abstimmung erfordert ein hohes Maß an fachlicher Kompetenz und entscheidet maßgeblich darüber, ob die Vorteile der Vorfertigung tatsächlich zur Geltung kommen.

Integrale Zusammenarbeit und Zuständigkeiten

Die erfolgreiche Umsetzung von Projekten im Holzbau mit hohem Vorfertigungsgrad erfordert einen durchgängigen, integralen Planungsprozess. Bereits in der frühen Projektphase ist die enge Zusammenarbeit von Architekten, Tragwerks- und Fachingenieuren entscheidend, um vollständige und abgestimmte Planunterlagen für Produktion und Bau zu erstellen. Nur durch abgestimmtes Handeln aller Beteiligten entstehen wirtschaftlich und technisch überzeugende Ergebnisse. Dies ist zugleich eine Grundvoraussetzung für serielle Bauweisen, da standardisierte Abläufe nur dann funktionieren, wenn sie mit projektspezifischen Anforderungen von Beginn an in Einklang gebracht werden.

Zielvereinbarungen: Anforderungen und Ziele sollten bereits in der Projektentwicklung so präzise wie möglich festgelegt werden. Budget, Terminrahmen, funktionale Anforderungen und architektonische Zielsetzungen bilden die Grundlage für den weiteren Planungsprozess. Klare und gemeinsam getragene Zielvereinbarungen vermeiden spätere Konflikte und schaffen Verbindlichkeit für alle Beteiligten.

Frühe Festlegung des Planungsteams: Die projektspezifische Qualifikation der Fachplanung muss früh bestimmt werden. Das Team ist rechtzeitig zusammenzustellen und zu beauftragen, damit das Spezialwissen der Fachplanenden von Beginn an in die Überlegungen einfließt. Besonders im Holzbau gilt: Je früher die unterschiedlichen Disziplinen integriert werden, desto besser lassen sich Entwurfsentscheidungen, Fertigungslogik und Bauabläufe aufeinander abstimmen.

Planungsvorläufe und Planungszeit: Ressourcenplanung und angemessene Vorlaufzeiten sind unverzichtbar. Zu knappe Ansätze führen regelmäßig zu Qualitätsmängeln, Terminproblemen und Kostenüberschreitungen. Dem Zeitgewinn in der Bauphase steht daher meist ein verlängerter Planungsprozess gegenüber, der im Sinne der Gesamtqualität bewusst eingeplant werden muss. Eine realistische Einschätzung der notwendigen Planungszeit ist ein entscheidender Erfolgsfaktor für Projekte mit hohem Vorfertigungsgrad.

Zuständigkeiten: Für einen integrativen digitalen Planungsprozess sind Verantwortlichkeiten sowie Standards zu Planinhalten, Schnittstellen und zum Detaillierungsgrad (Level of Detail/Development, LOD) verbindlich festzulegen. Architekten übernehmen dabei eine Schlüsselrolle als Koordinatoren und zentrale Ansprechpartner der Auftraggeberschaft. Diese Rolle geht über die reine Planungsarbeit hinaus und umfasst die Moderation zwischen den Disziplinen sowie die Sicherstellung einer kontinuierlichen Kommunikation.

Organisierte Abläufe: Planläufe und Änderungsmanagement müssen eindeutig geregelt sein. Korrekturen sollten innerhalb der jeweiligen Leistungsphasen erfolgen. Regelmäßige Ergebniskontrollen mit der Auftraggeberschaft schaffen Transparenz und stellen sicher, dass die definierten Planungsleistungen aller Beteiligten abgestimmt vorliegen. Dies fördert eine gemeinsame Verantwortungskultur und verhindert, dass Schnittstellen zu Konfliktpunkten werden.

Angemessene Planungszeit: Für vorgefertigte Bauweisen, insbesondere im Holzbau, ist eine Planungszeit erforderlich, die der Komplexität der Aufgabe gerecht wird. Dem längeren Planungszeitraum steht i. d. R. eine verkürzte Bauphase gegenüber. Kompetenz und Erfahrung im Holzbau sollten idealerweise nicht nur in den Disziplinen Architektur, Tragwerksplanung, Brandschutz und Bauphysik vorhanden sein, sondern auch bei der Planung der technischen Gebäudeausrüstung. Eine klare Schnittstellendefinition ist dabei besonders wichtig. Kritische Punkte an den Schnittstellen von Baukonstruktion, Brandschutz und technischer Gebäudeausrüstung müssen frühzeitig lokalisiert werden. Durch eine holzbaugerechte Planung können Konflikte durch fehlende Inhalte an der Schnittstelle zum ausführenden Unternehmen vermieden werden, die sonst zu Störungen im Projektablauf führen (Bild 2).

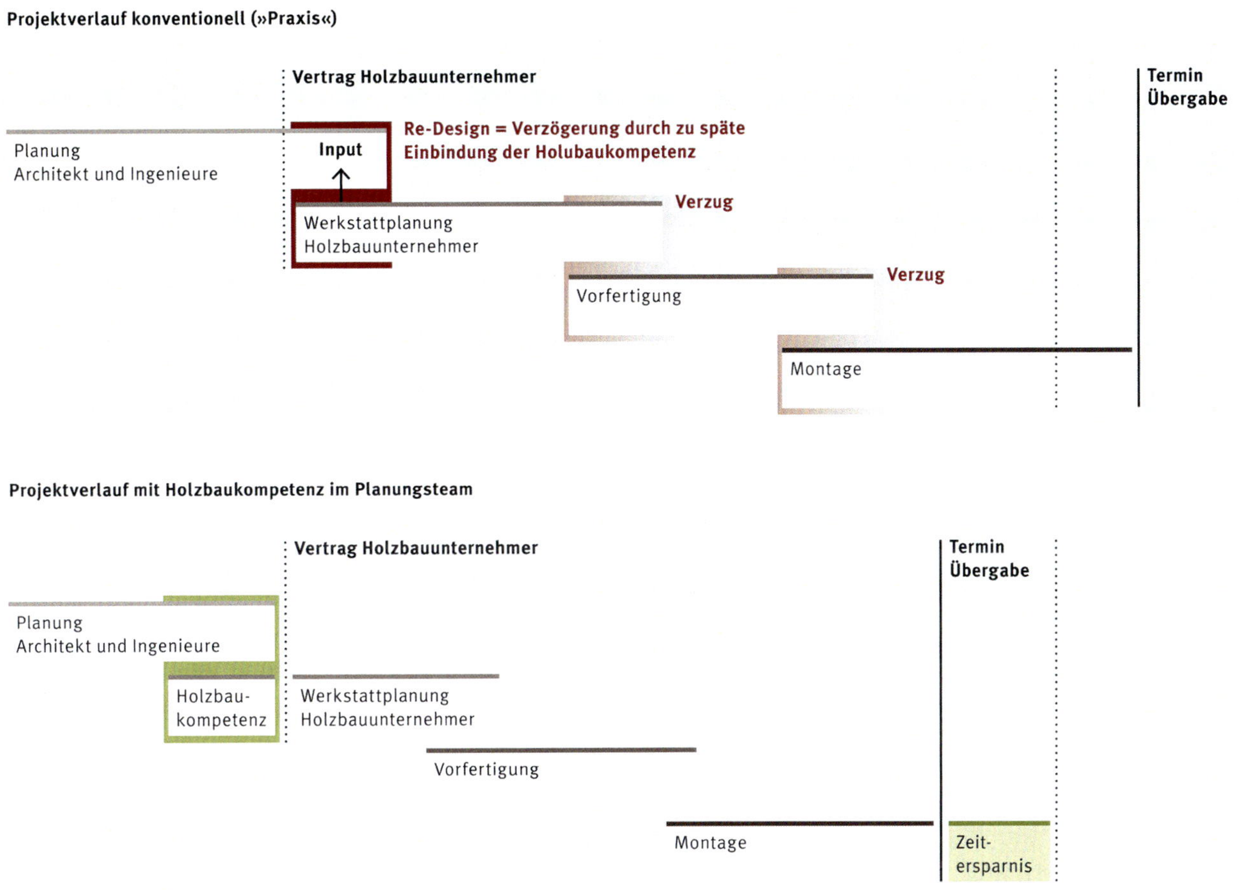

Bild 2: *Gegenüberstellung eines konventionellen Planungsprozesses und einer Planung mit Holzbaukompetenz im Planungsteam (Quelle: leanWOOD)*

Besondere Bedeutung hat in diesem Zusammenhang die klare Definition von Zuständigkeiten und Schnittstellen. Um dies zu unterstützen, wurde im Rahmen des Forschungsprojekts leanWOOD[3] eine Matrix entwickelt, die holzbauspezifische Planungsinhalte visualisiert und klare Zuordnungen der Leistungen zwischen Architekten, Tragwerksplanern, Fachplanenden für technische Gebäudeausrüstung und Brandschutz definiert. Die Matrix erleichtert die Koordination, schafft Verbindlichkeit und sorgt für Transparenz und Nachvollziehbarkeit im gesamten Planungsprozess (Bild 3).

Ergänzend wurden optimierte Leistungsbilder entwickelt, die den besonderen Anforderungen des vorgefertigten Holzbaus gerecht werden. Sie ordnen einzelne Leistungen, beispielsweise aus der Ausführungsplanung, früheren Phasen zu und schaffen so bereits zum Ende der Entwurfsphase eine belastbare Planungsgrundlage für eine reibungslose Projektabwicklung. Diese Leistungsbilder zeigen, wie innerhalb der bestehenden HOAI-Leistungen Aufgaben projektspezifisch verschoben und neu zugeordnet werden können, um serielle Abläufe zu unterstützen. Für die Praxis bieten sie klare Orientierung bei der vertraglichen Festlegung von Planungsleistungen und erhöhen die Verlässlichkeit in Bezug auf Kosten- und Terminziele.

[3] H. Kaufmann, W. Huß, S. Schuster, M. Stieglmeier, S. Geier, and F. Lattke: „leanWOOD – Optimierte Planungsprozesse für Gebäude in vorgefertigter Holzbauweise", 2017, www.leanwood.eu2017

leanWOOD

OZ	Ebene	Darzustellendes Bauteil	Plandarstellung					Spezifikation	Verantwortlich							Bemerkung
			Grundriss	Schnitt	Ansicht	3D	Beschreibung (Text)		Architekt	Tragwerksplaner	TGA Ingenieur	Elektroingenieur	Brandschutzplaner	Bauphysiker	Ausführende Firma	
2121	Komponente	Beplankung außen	×	×	×	×		Material + Dimension + Elementierung	●	○			○	○	○	ggf. Brandschutz
2122	Komponente	Beplankung innen	×	×	×			Material + Dimension + Elementierung	●	○			○	○	○	ggf. Brandschutz
2123	Komponente	Verbindungsmittel	×	×	×			Typ + Dimension + Abstand + Zulassung		●					○	
213	**Teilelement**	**Dämmung**														
2131	Komponente	Wärmedämmung	×	×	×	×	×	Typ + Lamda + Material + Festigkeit + Schmelzpunkt	●	○			○	○	○	
2132	Komponente	Einblasöffnung Wärmedämmung		×	×			Größe + Position							●	
2133	Komponente	Verbindungsmittel Wärmedämmung		×	×			Typ + Dimension + Abstand + Zulassung		○					●	Befestigungsabstände siehe Zulassung
214	**Teilelement**	**Abdichtung (Luftdichtigkeit)**														
2141	Komponente	Luftdichte Ebene (Folie, OSB o.ä.)	×	×		×	×	Typ + Lage + Anschlüße	●					○	○	
2142	Komponente	Abklebung und Füllstoff (Luftdichte Ebene)	×	×				Typ + Dimension	○					○	●	
2143	Komponente	Element Stoß- und Fugenausbildung	×	×	×			Geometrie + Verbindungsmittel	○					○	●	
215	**Teilelement**	**Innere Bekleidungsebene / Installationseben**														
2151	Komponente	Bekleidung raumseitig	×	×	×	×		Material + Dimension + Fugen + Oberfläche	●				○	○	○	
2152	Komponente	Installationsebene Lattung	×	×	×			Typ + Dimension + Abstand	●		○	○			○	Abstimmung Leitungsführung
2153	Komponente	Installationsschächte und -kanäle	×	×	×	×		Material + Dimension + Position	○		●	●	○		○	Abstimmung Leitungsführung
2154	Komponente	Ausfachung (Dämmung)	×	×	×		×	Typ + Lamda + Material + Festigkeit	●				○	○	○	
2155	Komponente	Verbindungsmittel	×	×	×			Typ + Dimension + Abstand + Zulassung		○					●	ggf. statische Funktion
216	**Teilelement**	**Äussere Bekleidung**														
2161	Komponente	Bekleidung	×	×	×	×		Dimension + Material + Stöße + Fugenausbildung + Oberfläche + Schlagregenschutz	●		○		○		○	Schnittstelle definieren für Durchführungen
2162	Komponente	Unterkonstruktion (Hinterlüftung)	×	×	×			Material + Dimension + Abstand	●				○	○	○	
2163	Komponente	Verbindungsmittel	×	×	×			Typ + Dimension + Abstand + Zulassung	○	○					●	
2164	Komponente	Brandbarriere		×	×			Typ + Material + Dimension + Lage + Befestigung	○	○			●		○	
217	**Teilelement**	**Öffnung**														
2171	Komponente	Öffnung für Fenster und Türen	×	×	×	×		Typ + Dimension (Rohmaß) + Lage	●	○					○	Baurichtmass / Fertigmass unterscheiden
2172	Komponente	Leibungsausbildung	×	×	×	×		Lage + seitlicher Abschluß der Schichten	●					○	○	
2173	Komponente	Brüstung	×	×	×	×		Dimension + seitlicher Abschluß der Schichten + Abdichtung	●	○					○	
2174	Komponente	Sturz	×	×	×	×		Dimension + seitlicher Abschluß + Aussparung Sonnenschutz / Rollo	○	●					○	
2175	Komponente	Aussparung Sonnenschutz / Rolladen		×	×			Dimension + Lage + seitlicher Abschluß	●	○					○	
218	**Teilelement**	**Aussparungen (Durchbruchplanung)**														
2181	Komponente	Aussparungen für Rohrleitungen und Elektrokabel	×	×	×	×		Geometrie + Dimension + Lage (Bezugsmaß zum Bauwerk)	●		○	○				Abstimmung Brandschutzanforderungen
2182	Komponente	umgebende Konstruktion	×	×		×	×	Typ + Material + Statik + Dimension	●	○	○	○			○	
2183	Komponente	Brandschutzbekleidung Konstruktion	×	×		×	×	Beplankung + Typ + Material + Dimension + Schichtenaufbau	●		○	○	○		○	ggf. Dämmung Hohlräume > 1.000°C
2184	Komponente	Brandschott	×	×		×	×	Typ + Dimension + Zulassung	●		○	○	○		○	
2185	Komponente	Aussparung Kapselbekleidung	×	×		×		Dimension + Lage + Geometrie	●		○	○	○		○	
22	**Element**	**Massivholzwand**	×	×	×	×		**Dimension (l x b x h) + Bauwerksachsen + Öffnungen + Systemgrenze**	●							**ggf. abP beachten**
221	**Teilelement**	**Konstruktion**														
2211	Komponente	Wand	×	×	×	×		Material + Dimension + Verbindung + Bauteilachsen	○	●				○	○	

● Hauptverantwortlicher Planer ○ Mitwirkung

2 / 12

***Bild 3:** leanWOOD Matrix (Quelle: leanWOOD)*

Regeln der Vorfertigung

Die Vorfertigung prägt die Planungslogik des Holzbaus und unterscheidet sich grundlegend vom konventionellen Bauen. Während dort häufig baubegleitend gearbeitet wird, ist dies im Holzbau nicht möglich. Serielle Prozesse erfordern, die frühzeitige Festlegung zentraler Parameter innerhalb eines konsistenten Planungsrahmens.

Logistik und Montage: Die Dimension von Wand-, Decken- und Dachbauteilen oder ganzer Raummodule muss frühzeitig definiert werden. Transport- und Montageabläufe sind integraler Bestandteil der Planung, da sie unmittelbaren Einfluss auf Gestaltung, Konstruktion und Materialauswahl haben. Architektonische Entscheidungen im seriellen Holzbau sind daher untrennbar mit logistischen und fertigungstechnischen Aspekten verbunden. Gestaltungsspielräume werden durch diese Rahmenbedingungen definiert und erweitert.

Bauteilaufbauten: Der mehrschichtige Aufbau von Holzbauteilen stellt zusätzliche Anforderungen: Sämtliche Schichten müssen in ihrer Funktion aufeinander abgestimmt werden. Brandschutz, Schallschutz, Feuchte- und Wärmeschutz werden im Holzbau meist durch die Kombination von Rohbau- und Ausbauelementen gemeinsam erfüllt. Dies macht eine integrale Planung über alle Disziplinen hinweg erforderlich. Nur wenn diese Funktionsschichten abgestimmt entwickelt werden, lassen sich technische Leistungsfähigkeit und baukulturelle Qualität gleichermaßen sichern.

Dichte Hülle: Ein zentrales Prinzip der Vorfertigung im Holzbau ist die Entwicklung der sog. „dichten Hülle". Damit wird eine Gebäudehülle beschrieben, die Tragkonstruktion, Bekleidungen, Fenster, Türen und Einbauteile in einem vorgefertigten Element zusammenfasst. Diese Integration erfordert eine enge Abstimmung mehrerer Gewerke wie Holzbau, Fassade, Fensterbau und Dach. Die dichte Hülle ermöglicht es, Bauzeiten erheblich zu verkürzen und die Qualität zu sichern, erhöht jedoch die Anforderungen an die Planungspräzision und die Schnittstellenkoordination. Sie steht damit exemplarisch für den Anspruch des seriellen Bauens, industrielle Effizienz mit hoher architektonischer und technischer Qualität zu verbinden.

Bauablauf: Die Regeln der Vorfertigung umfassen zudem die Berücksichtigung von Baustellenlogistik, Fertigungsdetails und Fügereihenfolgen. Versäumnisse führen hier unmittelbar zu Verzögerungen und Mehrkosten, während eine sorgfältige Abstimmung die Grundlage für reibungslose Abläufe schafft. Die Regeln der Vorfertigung sind daher nicht nur technische Leitlinien, sondern zentrale Voraussetzungen für die erfolgreiche Umsetzung serieller Bauprozesse im Holzbau. Sie bilden die Grundlage für eine Bauweise, die industrielle Effizienz dauerhaft mit architektonischer Qualität verbindet.

Bild 4: *Auf der Baustelle: Die Regeln der Vorfertigung umfassen u. a. die Berücksichtigung von Baustellenlogistik, Fertigungsdetails und Fügereihenfolgen. (Quelle: Lattke)*

Kooperations- und Vergabemodelle

Die Wahl geeigneter Kooperations- und Vergabemodelle ist entscheidend für den Erfolg von Projekten im seriellen Holzbau. Welches Modell im konkreten Fall zum Einsatz kommt, hängt von den jeweiligen Projektzielen und Rahmenbedingungen ab. Private Auftraggeber können hierbei frei entscheiden, während öffentliche Auftraggeber an das Vergaberecht gebunden sind. Dieses eröffnet zwar gewisse Spielräume, macht kooperative Modelle jedoch komplexer in der Umsetzung. Grundsätzlich ist auch eine klassische Vergabe (Leistungsbeschreibung mit Leistungsverzeichnis) möglich und kann durchaus zum Erfolg führen, sofern die Beteiligten über ausreichende Holzbaukompetenz verfügen. Darüber hinaus haben sich jedoch Modelle herausgebildet, die im Kontext serieller Bauweisen besondere Vorteile bieten.

Funktionale Ausschreibungen (Leistungsbeschreibung mit Leistungsprogramm) bieten die Möglichkeit, Bauleistungen frühzeitig zu vergeben und so die Holzbaukompetenz des ausführenden Unternehmens in die Planung einzubinden. Dabei handelt es sich um eine Form der Ausschreibung, bei der für eine zu lösende Bauaufgabe – oder Teile davon – auf Grundlage einer detaillierten Gebäudebeschreibung Angebote abgegeben werden. Dieses Vorgehen birgt jedoch Risiken, insbesondere die Gefahr, dass wirtschaftliche Optimierungen zu Einschränkungen in Gestaltungs- oder Ausführungsqualität führen können. Daher sind funktionale Ausschreibungen in Hinblick auf den Erhalt baukultureller Qualität sorgfältig zu prüfen, eignen sich jedoch grundsätzlich gut für weniger komplexe Bauaufgaben, wie etwa einfache Wohnungsbauten. Gleichzeitig eröffnet sie die Möglichkeit, durch die frühe Beteiligung des Holzbauunternehmens Erfahrungsdefizite im Planungsteam auszugleichen und dem Anbieter Raum für firmenoptimierte Lösungen zu geben. Gerade im seriellen Holzbau kann dieser Ansatz dazu beitragen, die industrielle Fertigungslogik mit projektspezifischen Anforderungen an Gestaltung und Nutzung wirkungsvoll zu verbinden.

Bauteam-Modelle fördern die enge Zusammenarbeit von Planenden und Ausführenden und ermöglichen es, bereits in frühen Phasen praktisches Wissen einzubringen. Dies erhöht nicht nur die Effizienz, sondern auch die architektonische Qualität, da entwurfliche Entscheidungen frühzeitig auf ihre Fertigungs- und Montagetauglichkeit überprüft werden können. Für private Auftraggeber können Bauteam-Modelle daher besonders vorteilhaft sein.

Diese Beispiele verdeutlichen, dass unterschiedliche Kooperations- und Vergabemodelle je nach Projektkontext ihre spezifischen Stärken besitzen. Sie tragen dazu bei, dass Planung, Fertigung und Montage besser aufeinander abgestimmt sind und erhöhen die Sicherheit, dass serielle Prozesse reibungslos ablaufen und die Vorteile der Vorfertigung in allen Projektphasen wirksam werden, ohne Abstriche bei der architektonischen Qualität.

Planen mit BIM

Die Digitalisierung prägt zunehmend die Planungs- und Bauprozesse und bildet die Grundlage dafür, dass serielle Abläufe auch im Holzbau präzise, effizient und qualitätsgesichert umgesetzt werden können. Während konventionelle Bauweisen oft noch von fragmentierten Planungsphasen und nachträglichen Anpassungen bestimmt sind, erfordert das serielle Bauen eine durchgängige Daten- und Prozesslogik. Methoden wie Building Information Modeling (BIM) schaffen hierfür die notwendige Transparenz durch die Vernetzung von Planung, Fertigung und Montage, die Bündelung des Fachwissens aller Beteiligten in einem gemeinsamen Modell und die Reduktion von Schnittstellenverlusten.

Für den Holzbau mit seinem hohen Vorfertigungsgrad bedeutet dies einen entscheidenden Fortschritt. Architektonische Entscheidungen, technische Details und logistische Abläufe können bereits in frühen Projektphasen modellbasiert überprüft, koordiniert und abgestimmt werden. So lassen sich planerische Alternativen durchspielen, Kollisionen frühzeitig erkennen und Bauabläufe exakt vorbereiten. Die Digitalisierung wird damit zum Motor serieller Bauprozesse, weil sie den komplexen Ablauf des industriell geprägten Holzbaus strukturiert, beschleunigt und zugleich gestalterische Qualität sichert.

An dieser Stelle setzt das Forschungsprojekt BIMwood[1] an. Es konzentriert sich auf die Entwicklung von BIM-basierten Lösungen für die Planung vorgefertigter Holzkonstruktionen und verbindet Ansätze der Digitalisierung im Bauwesen mit der Industrialisierung von Bauprozessen. Im Mittelpunkt steht die Frage, wie durchgängige digitale Prozessketten im Holzbau etabliert werden können. Hierfür wurden Strategien und Empfehlungen erarbeitet, die auf gemeinsamen Planungsumgebungen basieren und auf die spezifischen Anforderungen des Holzbaus zugeschnitten sind. Teile dieser Ansätze finden bereits Anwendung in der Praxis, eine vollständige digitale Durchgängigkeit steht jedoch noch aus.

Die im Rahmen von BIMwood entwickelte Methodik – bestehend aus Referenzprozess, holzbaugerechtem 3D-Modellieren und standardisierten Workflows – zeigt, wie bestehende Engpässe überwunden werden können. Durch die Vereinheitlichung des Datenaustausches lassen sich Planungsprozesse effizienter gestalten, Schnittstellen mit dem Holzbauunternehmen verlustfrei bedienen und Fehler im digitalen Planungsablauf deutlich reduzieren.

Projektmanagement

Ein erfolgreiches BIM-Projekt beginnt mit einem klar strukturierten Projektmanagement. Gerade im seriellen Bauen mit Holz ist dies entscheidend, da präzise Planung, hoher Vorfertigungsgrad und enge Terminabläufe kaum Spielraum für nachträgliche Korrekturen lassen. Damit BIM seine volle Wirkung entfalten kann, müssen Ziele, Rollen und Datenanforderungen zu Projektbeginn eindeutig festgelegt werden. Grundlage hierfür bilden drei zentrale Bausteine: die Auftraggeber-Informationsanforderungen (AIA), die BIM-Anwendungsfälle (BIM-AwF) und der BIM-Abwicklungsplan (BAP)

Auftraggeber-Informationsanforderungen (AIA)

Die Auftraggebenden verfolgen mit der Integration von BIM v. a. das Ziel, Planungssicherheit zu steigern und die Erreichung der Projektziele effizienter zu gestalten. Diese Erwartungen werden in den Auftraggeber-Informationsanforderungen (AIA) präzisiert. Sie beschreiben, welche Informationen in welcher Qualität benötigt werden und welche Ergebnisse in Form von BIM-Anwendungsfällen zu liefern sind.

Im vorgefertigten Holzbau lassen sich dabei vier zentrale Zielbereiche unterscheiden:

Koordination und Schnittstellenmanagement: Ein holzbaugerechter BIM-Abwicklungsplan (BAP) strukturiert die Zusammenarbeit aller Fachdisziplinen und stellt sicher, dass die Planung von Beginn an mit dem Holzbauunternehmen abgestimmt ist.

Holzbauspezifische Modellierung: Methoden wie das 3-Schichten-Modell erlauben eine abstrahierte, aber konsistente Darstellung komplexer Holzbauteile. Ergänzend werden die tragenden Elemente im Fachmodell der Tragwerksplanung präzise modelliert.

[1] S. Dr.-Ing. Schuster, J. Arnold, J. Behm, F. Lattke, G. Prause, and M. Teutsch: „BIMwood“, Technical University of Munich, 10.14459/2023md1712381, Feb. 2023. https://mediatum.ub.tum.de/1732213 (Stand: 11.11.2025).

Qualitätssicherung: BIM-gestützte Kollisionsprüfungen zwischen den Fachmodellen helfen, Konflikte frühzeitig zu erkennen. Dies erhöht die Kostensicherheit, verbessert die Terminplanung und ermöglicht optimierte Abläufe.

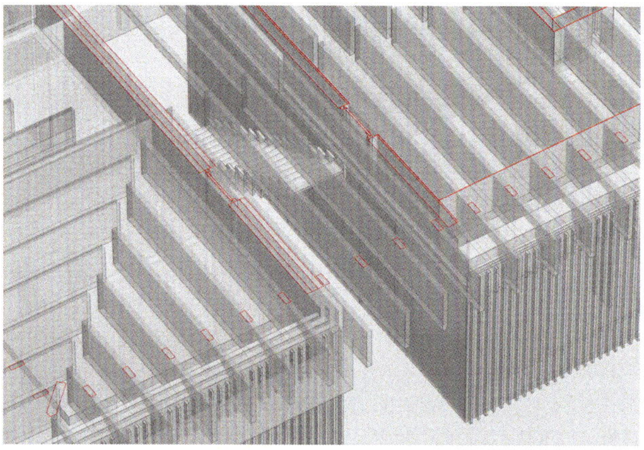

Bild 1: Modellgestützte Bauteil- und Kollisionsprüfung (Quelle: Lattke Architekten)

Mehrfachnutzung von Daten: Durch den strukturierten Datenaustausch lassen sich Informationen projektweit nutzen – etwa für die modellbasierte Übergabe an das Holzbauunternehmen, die Planung von Montage und Wetterschutz, das Facility Management oder für Nachhaltigkeitsanalysen (LCA, Re-Use).

Damit wird deutlich: AIA sind keine bloße technische Checkliste, sondern die Grundlage einer durchgängigen digitalen Prozesslogik, die das serielle Bauen im Holzbau erst ermöglicht.

BIM-Anwendungsfälle (BIM-AwF)

Die in den AIA definierten Ziele werden in Form von BIM-Anwendungsfällen konkretisiert. Sie beschreiben, welche Leistungen die Auftragnehmenden erbringen und wie diese digital abgebildet werden. Typische Anwendungsfälle im Holzbau sind etwa die modellbasierte Abstimmung von Fachplanungen, die Integration der Tragwerksplanung in das Architekturmodell oder die digitale Vorbereitung von Montageabläufen.

Damit die Anwendungsfälle erfolgreich umgesetzt werden können, benötigen alle Projektbeteiligten ein Grundverständnis der Prinzipien der Vorfertigung – etwa zu Elementdimensionierung, Logistik oder Montage. Bewährt haben sich daher BIM-Workshops zu Projektbeginn, in denen die Umsetzung der AIA abgestimmt und die Ergebnisse in den initialen BAP überführt werden.

Koordination der Fachmodelle: Ein zentraler Anwendungsfall liegt in der Koordination der Fachmodelle. Architektur, Tragwerksplanung, Technische Gebäudeausrüstung und Holzbauplanung werden in einem gemeinsamen Gesamtmodell zusammengeführt. Dadurch können Konflikte frühzeitig erkannt und Schnittstellen gezielt abgestimmt werden – ein entscheidender Faktor für die Qualitätssicherung im Holzbau.

Modellübergabe an das Holzbauunternehmen: Ein weiterer wichtiger Anwendungsfall ist die Übergabe des digitalen Modells an das ausführende Holzbauunternehmen. Die Modelle sind so strukturiert, dass sie ohne Informationsverluste in die Werkstatt- und Montageplanung übernommen werden können. Auf diese Weise schafft BIM eine direkte Verbindung zwischen Entwurfsplanung und Fertigung.

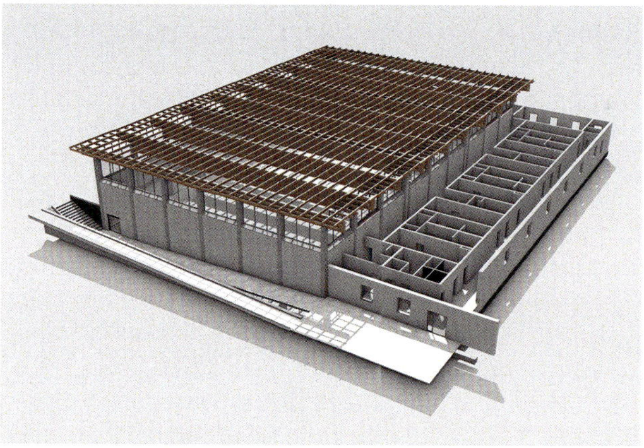

Bild 2: Digitales Gebäudemodell (Quelle: Lattke Architekten)

Simulation von Montageabläufen: Mithilfe von BIM lassen sich Montageprozesse bereits in frühen Phasen simulieren und logistische Abläufe planen. Gerade im Holzbau, der häufig unter engen terminlichen und witterungsabhängigen Bedingungen stattfindet, bringt dies einen erheblichen Vorteil für Termin- und Prozesssicherheit.

Betrieb und Nachhaltigkeit: BIM-Anwendungsfälle enden nicht mit der Fertigstellung des Gebäudes. Die digitalen Modelle können um Informationen für den Betrieb ergänzt und für das Facility Management genutzt werden. Darüber hinaus ermöglichen sie Lebenszyklusanalysen sowie Re-Use-Strategien und tragen so zu einem nachhaltigen Umgang mit Ressourcen bei.

BIM-Abwicklungsplan (BAP/BEP)

Der BIM-Abwicklungsplan (BAP) ist das zentrale Steuerungsinstrument für die digitale Zusammenarbeit. Er übersetzt die in den AIA definierten Ziele und die daraus abgeleiteten BIM-Anwendungsfälle in konkrete Vorgaben für die tägliche Planungspraxis. Damit wird sichergestellt, dass alle Beteiligten auf derselben Datengrundlage arbeiten und Prozesse transparent sowie nachvollziehbar ablaufen.

Projektorganisation: Der BAP definiert Rollen und Verantwortlichkeiten aller Beteiligten. Er legt fest, wer welche Informationen in welcher Qualität liefert und wie die Schnittstellen zwischen den Disziplinen koordiniert werden. So entsteht eine klare Struktur, die Konflikte minimiert und Nacharbeiten reduziert.

Datenmanagement: Ein wesentlicher Bestandteil des BAP ist die Festlegung von Standards für Modellstruktur, Dateiformate, Namenskonventionen und Austauschprozesse. Nur wenn diese Rahmenbedingungen frühzeitig vereinbart sind, kann ein reibungsloser Informationsfluss zwischen Planung, Fertigung und Montage gewährleistet werden.

Qualitätssicherung: Der BAP enthält verbindliche Vorgaben für Prüfprozesse, etwa für Kollisionsprüfungen oder Modellfreigaben. Diese Maßnahmen erhöhen die Planungssicherheit, schaffen Transparenz und reduzieren das Risiko von Fehlern in der Ausführung.

Digitale Lieferobjekte: Schließlich definiert der BAP, welche digitalen Modelle und Daten in welcher Projektphase zu liefern sind. Dazu gehören Architektur-, Tragwerks- und TGA-Modelle ebenso wie holzbauspezifische Fachmodelle. Ergänzt wird dies durch Zeitpläne und Kooperationsstrategien, die den seriellen Bauprozess absichern.

Der BIM-Abwicklungsplan ist kein statisches Dokument, sondern ein dynamisches Werkzeug. Er wächst mit dem Projekt, strukturiert die Zusammenarbeit und schafft die Grundlage für einen durchgängigen digitalen Prozess – von der frühen Planung bis zur Übergabe an das Holzbauunternehmen.

Rollen im BIM-Prozess

Die Organisation von Rollen und Verantwortlichkeiten ist ein zentrales Element eines erfolgreichen BIM-Prozesses. Sie sorgt dafür, dass Zuständigkeiten klar geregelt und Informationen zuverlässig im Gesamtmodell verankert werden. Die Definition dieser Rollen orientiert sich an der VDI-Systematik[2], wird jedoch projektspezifisch angepasst. Dabei gilt: Eine Rolle ist nicht zwingend an ein bestimmtes Unternehmen oder eine einzelne Person gebunden. Mehrere Rollen können von einer Partei übernommen werden, ebenso kann eine Rolle auf mehrere Beteiligte verteilt sein. Entscheidend ist, dass die Aufgaben, Pflichten und Verantwortungsbereiche eindeutig beschrieben sind – von der Modellgeometrie bis hin zu ergänzenden Sachdaten.

Im Rahmen des Forschungsprojekts BIMwood wurden neun zentrale Rollen identifiziert, die für den Planungs- und Bauprozess im seriellen Holzbau von besonderer Bedeutung sind:

1. BIM-Management (Informationsmanagement-)Strategie

Diese Rolle liegt auf der strategischen Ebene und richtet sich nach den Zielen der Auftraggebenden. Sie umfasst die Erstellung der Auftraggeber-Informationsanforderungen (AIA), die Festlegung der benötigten Daten und Anwendungsfälle (BIM-AwF) sowie die Überwachung ihrer Umsetzung im Projektverlauf. Das BIM-Management stellt sicher, dass die Projektziele inhaltlich wie organisatorisch erreicht werden.

2. BIM-Gesamtkoordination (Informationskoordination/BIM-Koordination)

Die Gesamtkoordination arbeitet eng mit allen Fachplanenden zusammen und beantwortet die AIA mit einem projektspezifischen BIM-Abwicklungsplan (BAP). Sie führt die einzelnen Fachmodelle zu einem konsistenten Gesamtmodell zusammen, dokumentiert die Ergebnisse und kommuniziert diese an alle Beteiligten. Vorzugsweise wird diese Rolle durch die Objektplanung übernommen, da hier technische und planerische Aspekte zusammenlaufen.

3. BIM-Autor:in Objektplanung Gebäude Architektur

Diese Rolle verantwortet die holzbaugerechte Planung des Bauwerks und koordiniert die Integration der Fachplanungen. In enger Abstimmung mit der BIM-Gesamtkoordination stellt sie sicher, dass die architektonische Planung mit den Anforderungen des Holzbaus in Einklang gebracht wird.

[2] VDI 2552 Blatt 1: Building Information Modeling – Grundlagen, Beuth Verlag GmbH

4. BIM-Autor:in Holzbauplanung

Hier sind die spezifischen Holzbaukompetenzen gebündelt. Sie können entweder durch einzelne Fachplanende ins Projekt eingebracht oder durch einen eigenständigen Holzbauingenieur ergänzt werden. Eine weitere Möglichkeit besteht in der frühen Integration des Holzbauunternehmens in den Planungsprozess, etwa durch funktionale Ausschreibungen oder Bauteam-Modelle wie in leanWOOD[3] beschrieben. Auf diese Weise wird sichergestellt, dass die Anforderungen des Holzbaus von Beginn an berücksichtigt werden.

5. BIM-Autor:in Tragwerksplanung

Die Tragwerksplanung ist verantwortlich für die Konzeption und Dimensionierung der Tragkonstruktion. Das Modellieren der statisch wirksamen Strukturen erfolgt in enger Zusammenarbeit mit den übrigen Planenden – insbesondere mit Blick auf holzbaugerechte Bauteilabmessungen oder Anschlussdetails.

6. BIM-Autor:in TGA-Planung

Die TGA-Planung erstellt die Fachmodelle für die Gebäudetechnik. Üblicherweise wird für jedes technische System ein eigenes Modell entwickelt. Dabei wird nach Funktionssystemen statt nach Geschossen differenziert – im Einklang mit den Vorgaben der AIA und des BAP.

7. BIM-Autor:in Bauphysik

Diese Rolle verantwortet die Erstellung des Bauteilkatalogs und die Integration bauphysikalischer Eigenschaften – etwa zu Wärme-, Schall- oder Brandschutz – in die Fachmodelle. Damit wird sichergestellt, dass die bauphysikalischen Anforderungen im digitalen Modell klar abgebildet und überprüfbar sind.

8. BIM-Autor:in Brandschutzplanung

Die Brandschutzplanung erarbeitet das brandschutztechnische Konzept des Gebäudes und stimmt dieses mit den einzelnen Fachmodellen ab. So können Schutzziele und baurechtliche Vorgaben konsistent und modellbasiert umgesetzt werden.

9. Ausführendes Holzbauunternehmen

Sinnvollerweise erhält das ausführende Holzbauunternehmen nach Abschluss einer abgestimmten Ausführungsplanung die relevanten Fachmodelle zusammen mit den Ausschreibungsunterlagen. Diese dienen als Grundlage für die Kalkulation und Angebotserstellung. Nach der Vergabe können die Modelle direkt in die Werkstatt- und Montageplanung übernommen werden.

Alternativ kann das Holzbauunternehmen bereits frühzeitig in den Planungsprozess eingebunden werden, wobei ihm Teile der Holzbauplanung zu übertragen werden können. Auf diese Weise lassen sich die spezifischen Anforderungen des Unternehmens von Beginn an berücksichtigen und die Effizienz steigern. Gleichzeitig werden die planerischen Grundlagen so abgestimmt, dass sie unmittelbar in die Arbeitsvorbereitung des Unternehmens einfließen.

BIMwood-Referenzprozess

Der im Forschungsprojekt BIMwood entwickelte Referenzprozess ist eng mit den üblichen Planungsphasen verknüpft und basiert auf der Business Process Model and Notation (BPMN 2.0). Er strukturiert den digitalen Planungsablauf auf zwei komplementären Ebenen:

- **Deskriptive Ebene:** Sie definiert und strukturiert interdisziplinäre Datensätze.
- **Prozedurale Ebene:** Sie legt Prozesse des Datenaustauschs, Rollenverteilungen und Verantwortlichkeiten im Detail fest.

Diese zweistufige Systematik schafft Transparenz und Nachvollziehbarkeit im Umgang mit Daten über alle Projektphasen hinweg und unterstützt damit die durchgängige Logik serieller Bauprozesse.

Grundlage und Ziele

Im Rahmen von BIMwood wurden außerdem Anforderungen an 3D-Modelle definiert, insbesondere an geometrische Strukturen und erforderliche Bauteildaten. Die so entwickelten Lösungen bilden eine Umsetzungsstrategie, mit der der Datenaustausch zwischen Planenden und Auftragnehmern verbessert und eine durchgängige Prozesskette von der Planung bis zur Produktion ermöglicht wird.

Der Referenzprozess definiert interdisziplinäre Datensätze, regelt den Austausch unter Berücksichtigung der Rollenkonzepte und legt fest, welche Informationen in welcher Projektphase vorliegen müssen. Auf der prozeduralen Ebene werden rollenbasierte Verantwortlichkeiten für die verschiedenen Akteure in den digitalen Planungs-, Konstruktions- und Fertigungsprozessen beschrieben. Damit wird sichergestellt, dass Daten ohne Brüche von Architekten und Ingenieuren bis hin zu Produktion und Montage fließen und das Risiko von Fehlern oder Redundanzen minimiert wird.

[3] H. Kaufmann, W. Huß, S. Schuster, M. Stieglmeier, S. Geier, and F. Lattke: „leanWOOD – Optimierte Planungs-prozesse für Gebäude in vorgefertigter Holzbauweise", 2017, www.leanwood.eu2017

Validierung und Aufbau

Der BIMwood-Referenzprozess wurde durch Expertenpanels und Mock-up-Simulationen überprüft und validiert. Er bietet einen strukturierten Rahmen für digitale Workflows und effiziente Zusammenarbeit und legt zugleich Informationsanforderungen sowie das jeweils erforderliche „Level of Development“ (LOD) fest.[4]

Der Aufbau des Prozesses folgt den gängigen Projektphasen:

- Vorentwurfsphase
- Konzeptentwurf
- ausführliche Planung
- Tragwerksplanung und Koordination
- Fertigung und Montage
- Facility Management und Lebenszyklusoptimierung

In diesen Phasen werden sowohl die Aufgaben und Inhalte der Fachmodelle (Architektur, Tragwerk, TGA) als auch die holzbauspezifischen Aspekte systematisch abgebildet. Besondere Bedeutung hat hierbei die Rolle der BIM-Autorin bzw. des BIM-Autors Holzbauplanung.

Gerade im Holzbau müssen dabei spezifische Anforderungen berücksichtigt werden, etwa transportgerechte Dimensionierungen, Montage- und Logistikaspekte oder Verbindungstechniken, die spätere Anpassungen ermöglichen.

[4] A. Borrmann, M. König, C. Koch, and J. Beetz: „Building Information Modeling: Why? What? How?“, in: Building Information Modeling: Technology Foundations and Industry Practice, A. Borrmann, M. König, C. Koch, and J. Beetz, Eds., Cham: Springer International Publishing, 2018, pp. 1–24. doi: 10.1007/978-3-319-92862-3_1.

Modellierung im seriellen Holzbau

Ein zentraler Bestandteil der BIM-Planungsmethode ist das Bauwerksmodell. Es bildet als semantisches Datenmodell nicht nur die Geometrie, sondern auch physikalische, funktionale und relationale Eigenschaften ab. An seiner Erstellung sind sämtliche Planungsdisziplinen beteiligt. In der Praxis werden die jeweiligen Fachmodelle über ein Referenzmodell miteinander verknüpft, was eine interdisziplinäre Zusammenarbeit unterstützt und die Zielerreichung im Projekt absichert.

Die abstrakte Darstellung von Bauteilen in frühen Projektphasen ermöglicht es, Entwurfsthemen frei zu bearbeiten, ohne sich zu früh in Detaildiskussionen zu verlieren. Mit zunehmendem Projektfortschritt wächst die Informationsdichte: Erste Annahmen zu Dimensionen und Schichtaufbauten werden verfeinert und durch konkrete Details ersetzt. Auch wenn Bauteile in frühen Phasen vereinfacht dargestellt sind, sollte ihre geometrische Definition so präzise wie möglich erfolgen. Beispielsweise kann eine Holztafelbauwand zunächst nur als Fläche mit Linienabstand modelliert werden – dieser Abstand entspricht jedoch bereits der Gesamtdicke aller Schichten. Je genauer diese Annahmen zu Beginn getroffen werden, desto reibungsloser lassen sich die einzelnen Komponenten später ergänzen.

Die Methode setzt ein gemeinsames Verständnis der verwendeten Terminologie voraus. Ein Bauteil ist ein statisch-konstruktiv abgeschlossenes Element des Bauwerks, etwa eine Außenwand, Innenwand, Decke, Bodenplatte oder ein Dach. Ein Bauelement ist ein Bestandteil eines Bauteils, beispielsweise ein vorgefertigtes Tafelbauelement als Teil der Außenwand oder ein Brettstapeldeckenelement als Teil einer Geschossdecke. Komponenten wiederum sind die kleineren Einheiten dieser Bauelemente, wie Schwelle, Rähm oder Ständer, ergänzt durch funktionale Schichten wie Dämmung, Beplankung, Folien oder Lattungen.

Diese Definitionen stellen sicher, dass die Modellierung auf allen Ebenen konsistent und nachvollziehbar erfolgt.

Level of Development (LoD)

Ein wesentliches Steuerungsinstrument ist dabei der Level of Development (LoD). Er beschreibt den Entwicklungsstand eines Modells und legt fest, welche Informationen in den einzelnen Projektphasen vorliegen müssen. Innerhalb dieses Rahmens definiert der Level of Geometry (LoG) den geometrischen Detaillierungsgrad, während der Level of Information (LoI) nicht-geometrische Angaben wie bauphysikalische oder technische Eigenschaften umfasst. Diese Informationen können je nach Projektstand zunächst symbolisch oder konzeptionell hinterlegt und später verfeinert werden. Gerade im Holzbau ist eine frühzeitige Festlegung des LoD entscheidend: Nur wenn Geometrien und Informationen von Beginn an präzise abgestimmt sind, können die Vorteile der Vorfertigung voll ausgeschöpft werden (Bild 1).

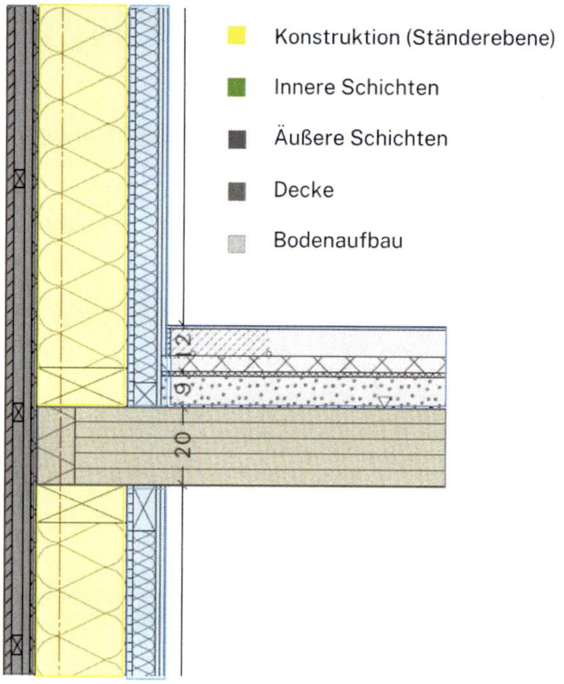

***Bild 1:** Beispiele für LOD-Stufen im Holzbau (Quelle: BIMwood)*

Prinzip des 3-Schichten-Modells

Um die Modellierung komplexer Holzbauteile praktikabel zu gestalten, wurde im Rahmen von BIMwood das 3-Schichten-Modell entwickelt. Es reduziert die Komplexität mehrschichtiger Bauteile, indem es Komponenten in drei funktionale Schichten zusammenfasst. Für eine Außenwand werden beispielsweise die äußere Bekleidung (z. B. Fassade), die tragende Schicht (Konstruktion) und die innere Bekleidung (z. B. Installationsebene) unterschieden.

Bei horizontalen Bauteilen wie Decken erfolgt eine entsprechende Unterteilung in obere Bekleidung, tragende Schicht und untere Bekleidung. Auf diese Weise entsteht ein schlankes geometrisches Modell, das die Zusammenarbeit im Planungsteam erleichtert, ohne die wesentlichen Anforderungen der Bauweise zu vernachlässigen (Bild 2).

Die Erfahrung zeigt jedoch, dass die konkrete Festlegung, welche Inhalte in den jeweiligen Schichten abgebildet werden, teilweise projektabhängig ist. Deshalb empfiehlt sich eine gemeinsame Definition zu Projektbeginn, um eine einheitliche und konsistente Modellstruktur sicherzustellen.

Im BIMwood-Referenzprozess entwickeln die Architekten die tragende Kernschicht, während die Tragwerksplanung das Modell durch relevante Bauteile wie Rähme, Stützen oder Träger ergänzt. So entsteht ein abgestimmtes Architektur- und Tragwerksmodell, das die Grundlage für Fertigung und Montage bildet. Für Planungsteams mit geringer BIM-Erfahrung empfiehlt sich eine Testphase mit vereinfachten Mock-up-Modellen, in denen wesentliche Modellierungsregeln – wie die Definition der tragenden Schicht, Attributlisten oder Anschlussmodellierungen – erprobt werden können. Hilfestellung bietet dabei auch die leanWOOD-Matrix[1], die klare Verantwortlichkeiten und Schnittstellen definiert.

Informationsmanagement und holzbauspezifische Attribute

Im BIM-Prozess werden neben der 3D-Geometrie auch semantische Informationen systematisch erfasst: Dazu zählen Materialeigenschaften, bauphysikalische Parameter oder Raumnutzungen. Standards wie IFC[2] oder Modellierungsrichtlinien[3] regeln hierfür die Namenskonventionen und Attributstrukturen und schaffen so eine gemeinsame Basis für den Datenaustausch.

Im Rahmen von BIMwood wurden darüber hinaus holzbauspezifische Attribute definiert, die zwingend in den Planungsworkflow aufgenommen werden müssen. Diese Anforderungen, sog. Information Exchange Requirements (IER), legen fest, wer welche Informationen in welcher Detailtiefe und zu welchem Zeitpunkt bereitstellt.

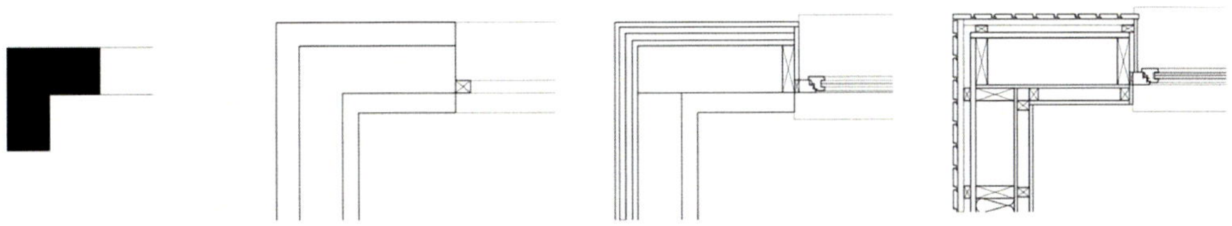

	LoD100	LoD200	LoD300	LoD400
LoG:	Bauteil	Bauteil + Element	Bauteil + Element + Teilelement	Bauteil + Element + Teilelement + Komponenten
LoI:	• Name • Beschreibung • Material • Nutzungsanforderungen	• Geschoss • Quantitäten • Brandschutzanforderungen	• Wandaufbau mit zusätzlichen Angaben zu Material, Tragwerk und Produkten • Abmessungen	• zusätzliche Angaben zu Produkten • Arbeitsvorbereitung und Montage • Wartung

***Bild 2:** Drei-Schichtenmodell zur vereinfachten Darstellung von Holzbauteilen im BIM-Modell (Quelle: BIMwood)*

1 https://www.arc.ed.tum.de/fileadmin/w00cgv/holz/leanWood/leanwood-Matrix.pdf (Stand: 01.11.2025)

2 building SMART international: „Industry Foun-dation Classes (IFC)“, buildingSMART Technical. Accessed: Mar. 08, 2025. [Online]. Available: https://technical.buildingsmart.org/standards/ifc (Stand: 01.11.2025)

3 M. Helmus et al.: „Entwicklung einer standardisierten BIM-Modellierungsrichtlinie“, BBSR-Online-Publikation, no. 43/2023, 2023.

Die Attributlisten sind Teil des BIM-Abwicklungsplans (BAP) und definieren beispielsweise:

- Quelle der Information (im 3D-Modell, im Bauteilkatalog oder in Fachplanungen)
- Eigenschaften (Geometrie, Bauqualität, Brandschutz, Wärme- und Schallschutz)
- Verantwortlichkeiten der Beteiligten (Architekt, Ingenieur, Holzbauunternehmen usw.)

Damit entsteht eine klare, projektbezogene Informationsstruktur, die im Verlauf der Planung kontinuierlich verfeinert wird.

Die Einführung einer holzbauorientierten BIM-Planungskultur über eine durchgängige Planungs- und Prozesskette hinweg bietet erheblichen Mehrwert. Eine effektive Planung von Holzbauten erfordert integrierte Kenntnisse über Materialeigenschaften, Fertigungs- und Logistikprozesse sowie über den Aufbau und die Verbindung vorgefertigter Bauteile. BIMwood trägt hierzu bei, indem es einen strukturierten, modellbasierten Prozess bereitstellt, der Redundanzen reduziert, späte Planungskonflikte minimiert und einen nahtlosen Übergang von digitalen Modellen zu Fertigung und Montage ermöglicht.[4]

Die aktuelle Planungspraxis ist dagegen oft noch durch eine sequenzielle Bearbeitung der Planungsphasen geprägt – vom Vorentwurf über Entwurfs- und Ausführungsplanung bis hin zu Fertigung und Montage.[5] Jeder Schritt wird unabhängig abgeschlossen, ohne spätere Phasen ausreichend einzubeziehen. Ein vorausschauender Planungsansatz, bei dem Ausführungsdetails bereits in frühen Entwurfsphasen berücksichtigt werden, ist i.d.R. nicht vorgesehen.

Gerade im Holzbau sind jedoch ein hoher Grad an Planungstiefe und eine frühzeitige Detaillierung unverzichtbar, um kreative, statisch tragfähige und wirtschaftlich umsetzbare Lösungen zu entwickeln. Die BIM-Methode unterstützt diesen Ansatz, indem sie digitale Datenverarbeitung bereits in frühen Projektphasen ermöglicht und eine strukturierte Koordination von Bauteilen, Bauteilstrukturen und Attributdefinitionen sicherstellt.

Durch die modellbasierte Planung werden Entwurfsprozesse sowie die Schnittstellen zwischen Raumstruktur, Tragwerk und Technischen Gebäudeausrüstung (TGA) frühzeitig dreidimensional sichtbar. Dies erlaubt es, potenzielle Probleme im Projektteam gemeinsam zu identifizieren und zu lösen. BIM fördert damit eine engere interdisziplinäre Zusammenarbeit, ermöglicht umfassendere, digital gestützte Planungsschritte und sorgt für eine transparente Dokumentation. In diesem kooperativen Umfeld wird das Fachwissen der Disziplinen direkt in den Prozess integriert. Planungsansätze und Konzepte können bereits in frühen Phasen modellbasiert bewertet werden. Voraussetzung dafür ist allerdings die Bereitschaft aller Beteiligten zu transparenter Kommunikation, enger Kooperation und einer offenen Fehlerkultur.

Die Baupraxis zeigt, dass viele Fehler aus fehlenden Planungsunterlagen und mangelnder Koordination resultieren. Nicht selten werden bereits erstellte Bauteile durch nachfolgende Gewerke beschädigt. Eine zentrale Fehlerquelle im Holzbau ist die unzureichende Integration der TGA. Werden Trassen und Schächte oder Brandschutzmaßnahmen ohne Berücksichtigung holzbauspezifischer Anforderungen geplant und umgesetzt, entstehen fehlerhafte Installationen und Bauschäden.

Damit ein integrativer Planungsansatz gelingt, ist es entscheidend, bei der Auswahl der Planenden sowohl deren BIM- als auch Holzbaukompetenz zu berücksichtigen. Ein reibungsloser Datentransfer vom koordinierten Gesamtmodell der Planenden in die Systeme des Holzbauunternehmens trägt wesentlich zu effizienten Abläufen bei.

Empfehlungen für einen holzbaukompatiblen BIM-Prozess

- Integration der holzbauspezifischen BIMwood-Expertise in den Planungsprozess
- Aufbau und Optimierung strukturierter Workflows, um Koordination zu verbessern sowie Informationsverluste und Nacharbeiten bei Modellübergaben zu vermeiden
- Frühzeitige Klärung kompatibler Planungswerkzeuge, Datenaustausch- und Speicherformate
- Nutzung von openBIM-Formaten (z. B. IFC, BCF) zur Zusammenarbeit über verschiedene Softwareplattformen hinweg
- Einsatz von Plattformen zur Datenkonsolidierung (z. B. BIMplus)
- Umfassende Beauftragung von Leistungsbausteinen, um Kontinuität und Vollständigkeit der modellbasierten Planung zu gewährleisten

---

[4] H. Kaufmann, S. Krötsch, and S. Winter: Atlas mehrgeschossiger Holzbau: Grundlagen – Konstruktionen – Beispiele, 4. Auflage. München: Edition Detail, 2022.

[5] P. Zadeh et al.: Building Information Modeling (BIM) and Design for Manufacturing and Assembly (DfMA) for Mass Timber Construction. University of British Columbia, 2018.

- Lösungsorientierte Konzeptentwicklung in frühen Planungsphasen unter Einbeziehung aller Fachplanenden und frühzeitiger Abstimmung technischer und holzbauspezifischer Lösungen (z. B. Koordination von Schächten, Trassen und Öffnungen)
- Vorziehen von Grundleistungen in frühere Projektphasen (vgl. holzbaugerechte Leistungsbilder)
- Einführung eines „Design Freeze", um Planungsentscheidungen zu stabilisieren
- Frühzeitige Klärung und Abstimmung holzbauspezifischer BIM-Informationen
- Sicherstellung der Kompatibilität von BIM- und CAM/CNC-Systemen für einen nahtlosen Übergang von Planung zu Fertigung
- Präzise Abbildung der Bauteile[6]

Ein Blick in den Status quo der internationalen Forschung zeigt, dass die Herausforderungen weltweit ähnlich sind und die Ergebnisse von BIMwood bestätigen. Zahlreiche Projekte kommen zu vergleichbaren Schlüssen: Die BIM-Methodik ist grundsätzlich etabliert, aber noch nicht ohne Weiteres auf die spezifischen Anforderungen des vorgefertigten Holzbaus übertragbar.[7]

Ein notwendiger Schritt ist daher die Erprobung des Referenzprozesses in Pilotprojekten sowie die Validierung der Vorgaben zur Erstellung von 3D-Fachmodellen. Während des Projekts wurden Defizite in aktuell verfügbaren Softwarelösungen und Common Data Environments (CDEs) identifiziert. Daraus ließen sich konkrete Anforderungen an Softwarefunktionalitäten, BIM-kompatible Bauteilkataloge und cloudbasierte Kollaborationsplattformen ableiten. Diese können künftig erweitert werden, um Lebenszyklusaspekte wie Digital Twin oder Kreislaufwirtschaft einzubeziehen.

Dennoch bestehen derzeit Einschränkungen, insbesondere durch die Abhängigkeit von Software-Interoperabilität und das Fehlen allgemein akzeptierter openBIM-Standards für den Holzbau. In Mock-up-Prozessen mit Praxispartnern wurde deutlich, dass bestehende Softwarefunktionen häufig nicht ausreichen und sog. Workarounds notwendig sind, um den Datenaustausch zu gewährleisten.

Zukünftige Entwicklungen sollten sich daher auf die Verbesserung der Interoperabilität und die IFC-zu-CAM-Kompatibilität konzentrieren, um den Übergang von digitaler Planung zu Fertigung zu optimieren. Weitere Validierungen durch reale Projekte sind erforderlich, um die Skalierbarkeit der vorgeschlagenen Referenzprozesse zu überprüfen und die Akzeptanz der BIM-Methodik im Holzbau zu stärken.

Trotz dieser Herausforderungen sind die Ergebnisse vielversprechend: Sie zeigen, dass das entwickelte Konzept die Effizienz der Abläufe steigert. Darüber hinaus werden KI-gestützte Automatisierung und Digital Twin-Technologien künftig das Lebenszyklusmanagement unterstützen und neue Potenziale für die Kreislaufwirtschaft eröffnen. Das validierte BIMwood-Rahmenwerk bietet damit eine belastbare Grundlage für standardisierte digitale Planungsprozesse und schafft die Basis für Effizienz und Skalierbarkeit im seriellen Holzbau.

---

6 H. Kaufmann, W. Huß, S. Schuster, M. Stieglmeier, S. Geier, and F. Lattke: „leanWOOD – Optimierte Planungsprozesse für Gebäude in vorgefertigter Holzbauweise", 2017, www.leanwood.eu2017

7 P. Zadeh et al.: Building Information Modeling (BIM) and Design for Manufacturing and Assembly (DfMA) for Mass Timber Construction. University of British Columbia, 2018.

Fazit und Ausblick

Die Rahmenbedingungen im Bauwesen wandeln sich deutlich. Politische Initiativen wie die Einführung von BIM-Pflichten für öffentliche Bauvorhaben oder der digitale Bauantrag schaffen Anreize, digitale Planungsmethoden konsequent einzusetzen. Während BIM in vielen Ländern bereits Standard ist, zeichnet sich auch in Deutschland ab, dass die Digitalisierung zunehmend verbindlicher Bestandteil der Baupraxis wird. Sie eröffnet nicht nur Effizienzpotenziale in Planung und Ausführung, sondern schafft zugleich die Voraussetzung, Prinzipien der Kreislaufwirtschaft systematisch in Bauprozesse zu integrieren.

Besonders relevant ist dies im Kontext des seriellen Bauens. Wiederverwendung und das Prinzip des Design for Disassembly gewinnen zunehmend an Bedeutung. Gebäude sollen so geplant und konstruiert werden, dass Bauteile am Ende ihrer Nutzung einfach getrennt und weiterverwendet werden können. Der vorgefertigte Holzbau verdeutlicht, welches Potenzial darin liegt: Standardisierte Bauteile, präzise digitale Planung und eine lückenlose Dokumentation über den gesamten Lebenszyklus bieten die Grundlage für ressourcenschonende Strategien. Damit diese Ansätze greifen, ist eine konsequente digitale Erfassung von Herkunft, Qualität und Fügung der Materialien erforderlich. Genau hier bietet BIM entscheidende Vorteile, da es nicht nur Geometrien, sondern auch Materialdaten, Verbindungen und Rückbauoptionen abbildet.

Mit Blick in die Zukunft wird deutlich, dass sich digitale Methoden kontinuierlich weiterentwickeln. Digitale Zwillinge ermöglichen es, Gebäude während des Betriebs präzise zu erfassen und Veränderungen in Echtzeit zu dokumentieren. Künstliche Intelligenz (KI) kann Planungsalternativen vergleichen, Kollisionen automatisch erkennen oder Materialflüsse optimieren. Automatisierte Fertigungsprozesse wiederum erhöhen Präzision und Effizienz und unterstützen so die Umsetzung serieller Abläufe.

Damit diese Entwicklungen in der Praxis Wirkung entfalten, braucht es neben technologischen Innovationen auch klare Rahmenbedingungen. Offene Datenstandards, erweiterte Bauteilkataloge und digitale Plattformen sind ebenso notwendig wie geeignete Förderinstrumente. Ebenso entscheidend ist die Qualifizierung der beteiligten Akteure. Nur wenn digitale Methoden, serielle Prozesslogik und Materialkompetenz zusammengeführt werden, kann der Wandel gelingen. Die Ergebnisse von leanWOOD und BIMwood zeigen, dass wesentliche Grundlagen dafür bereits vorhanden sind. Zugleich wird deutlich, dass die Weiterentwicklung digitaler Werkzeuge und Prozesse noch erhebliche Anstrengungen erfordert.

Das serielle, digital unterstützte Bauen steht an der Schnittstelle von Innovation und Verantwortung. Es verbindet präzise Planung mit industrieller Effizienz und schafft die Grundlage, Ressourcen im Sinne der Kreislaufwirtschaft besser zu nutzen. Am Beispiel des Holzbaus wird sichtbar, wie sich diese Ansätze praktisch umsetzen lassen und welche Herausforderungen noch zu bewältigen sind.

Gelingt es, offene Standards zu etablieren, digitale Werkzeuge weiterzuentwickeln und die Qualifikation aller Beteiligten zu sichern, kann der digitale serielle Holzbau seine Rolle als tragfähiges Modell für die Baupraxis weiter festigen und ausbauen. Er geht dabei über den materialbezogenen Ansatz hinaus und gibt Impulse für eine Baukultur, die Effizienz, Nachhaltigkeit und Gestaltungsqualität als gleichwertige Ziele vereint.

Modulare Einbauten und Installationen

Planung von Lüftungstechnik mit individuellen Vorfertigungssystemen

Der Einsatz von unterschiedlichen seriellen und modularen Bauweisen in Verbindung der jeweiligen Materialität bringt spezifische Anforderungen an die Integration der Lüftungstechnik mit sich.

Der wesentliche Unterschied zu konventionellen Bauweisen liegt in der Verlagerung des Großteils der Wertschöpfungskette in die kontrollierte Umgebung einer Produktionshalle. Lüftungsgeräte und Komponenten werden bereits zu Großteilen während der Vorfertigung im Werk in die Module und Bauteile integriert. Die Module samt vorinstallierter Technik können als sogenannte „Plug and Work"-Bauteile auf der Baustelle angeliefert und direkt verbaut und weiterverarbeitet werden. Vor Ort werden oft nur noch die Verbindungen zwischen Lüftungsgerät und Lüftungsleitungen sowie Bauteilen hergestellt, die Stromzuleitung und ggf. Datenkabel angeschlossen und während der Endmontage optische Abdeckungen und Lüftungsventile montiert.

Die Verschiebung der Wertschöpfungskette führt zu strukturellen Veränderungen in der Bauwirtschaft. Zusätzlich zum traditionellen Handwerk auf der Baustelle werden zunehmend Fachleute für die industrielle Fertigung, Automatisierung und digitale Planung benötigt. Das Fachpersonal in der Fertigung muss sich mit einer Vielzahl an neuen Anforderungen und Systemen beschäftigen die zusätzlich neben dem Modulbauteil integriert werden. Auch für die Fachplaner und die Fachbauleitung entstehen dadurch Änderungen in den konventionellen Abläufen der Planung und Bauüberwachung.

Erfolgsfaktoren und Vorgehen für die Lüftungsplanung und Bauüberwachung

Der Schlüssel für eine effiziente Planungsphase ist die Digitalisierung des gesamten Planungsprozesses. Idealerweise erfolgt dies durch einen stetigen Datenaustausch aller Projektbeteiligten und der Zusammenfassung der aktuellen Planungen in einem gesamten 3D-Modell, z. B. im Rahmen der Erstellung eines BIM-Modells durch die Architekten (siehe auch Kapitel „Planungsprozesse und BIM").

Grundlage für diesen Datenaustausch ist, dass alle Fachplaner dreidimensional planen und über universelle Schnittstellen zum Datenaustausch verfügen. Gängige Planungspraxis ist die Nutzung der IFC-Schnittstelle zum Im- und Export, da diese system- und softwareübergreifend den meisten Planern zur Verfügung steht.

Durch diese frühzeitige interdisziplinäre Zusammenarbeit aller Planer ist es von Beginn an möglich die einzelnen Gewerke aufeinander abzustimmen, Kollisionen frühzeitig zu prüfen und zu koordinieren und damit den gesamten Planungsprozess zu beschleunigen.

Projektablauf: Planungsphase und Bauüberwachung

Durch die Verschiebung der Wertschöpfungskette ändern sich im Vergleich zum konventionellen Bauen die Projektabläufe für Fachplaner.

Planungsphase: Eine präzise digitale Planung sowie die Definition standardisierter und eindeutig festgelegter Schnittstellen zwischen Lüftungskomponenten, Bauteilen und Modulen sind entscheidende Voraussetzungen für einen reibungslosen Ablauf in der Vorfertigung und auf der Baustelle. Unterstützend wirken hierbei Modulkataloge, in denen die Komponenten vereinfacht dargestellt werden. Auf den Planunterlagen müssen Bauteilgrenzen sowie die Übergänge zwischen Modulen und Bauteilen klar gekennzeichnet sein. Ebenso sind eindeutige Detailzeichnungen mit Beschriftungen der Komponenten anzufertigen, die als Grundlage für die Vorfertigung dienen. Insgesamt ist die Planung dadurch anspruchsvoller als im konventionellen Bauen, da die Maßgenauigkeit durch den Prozess der industriellen Vorfertigung um ein Vielfaches höher ist.

Für den gesamten Projektverlauf bedeutet dies, dass die Planung frühzeitig abgeschlossen werden muss („Design-Freeze"), da baubegleitende Änderungen – anders als im konventionellen Bauen – im seriellen Bauprozess kaum möglich sind. Diese Verlagerung des Projektrisikos erfordert eine frühzeitige, intensive und interdisziplinäre Zusammenarbeit aller Planungsbeteiligten, um sämtliche technischen und planerischen Details vor Produktionsbeginn verbindlich festzulegen.

Es ist empfehlenswert, verschiedene Hersteller von Lüftungssystemen unterstützend in den Planungsprozess mit einzubinden. Durch deren Zuarbeit wächst die Variantenvielfalt möglicher Lösungsansätze, wobei gleichzeitig eine frühe Entscheidungsfindung für das passende Lüftungssystem stattfinden kann.

Bauüberwachung: Die Bauüberwachung für die Fachbauleitung beginnt mit der Produktion der vorfertigten Bauteile bzw. Module. Vor Start der Produktion muss unbedingt ein Abstimmungstermin mit dem Projektleiter und ggf. den Mitarbeitern des Vorfertigungs-Betriebs hinsichtlich des Einbaus der Lüftungsgeräte und -komponenten vereinbart werden. Es ist davon auszugehen, dass das geplante Produkt zuvor noch nicht in der Vorfertigung eingebaut wurde. Offene Fragen und Detailpunkte können in diesem Rahmen besprochen werden. Auch während der Produktion der ersten Bauteile/Module sollte die Fachbauleitung zur Qualitätssicherung anwesend sein. Sobald die Produktion zuverlässig läuft, genügen stichprobenartige Kontrollen. Die Verantwortung der Ausführung der Vorfertigung liegt bei der Projektleitung des Vorfertigungs-Betriebs.

Auf der Baustelle ist die Tätigkeit der Fachbauleitung wieder ähnlich zum konventionellen Bauen. Je nach Lüftungssystem werden vor Ort die restlichen Lüftungsinstallationen (wie z. B. Wickelfalzrohre/Flexrohrsysteme, Luftauslässe, Ventile, Innenblenden, etc.) montiert, die Stromzufuhr und ggf. Datenkabel angeschlossen sowie die Geräte nach Abschluss der Arbeiten fachmännisch programmiert, die Anlagen in Betrieb genommen und Ventile eingemessen.

Schnittstellen-Koordination

Die Integration der Lüftungstechnik in vorproduzierte Bauteile erfordert ein präzises Schnittstellenmanagement, um die komplexen Anforderungen an Brandschutz, Bauphysik und Schallschutz, Statik und Leitungsführung zu erfüllen.

Brandschutz und Kaltrauchüberwachung

Die Berücksichtigung des Brandschutzes ist bei der Planung von Lüftungsanlagen in modularen und seriellen Bauweisen von zentraler Bedeutung, da die Leitungssysteme potenzielle Wege für die Ausbreitung von Feuer und Rauch darstellen. Die Einhaltung der Muster-Lüftungsanlagen-Richtlinie (M-LüAR) und des projektbezogenen Brandschutzkonzepts sowie die korrekte Installation von Brandschutzklappen, -schottungen und -komponenten (v. a. bei zentralen und semizentralen Lüftungsanlagen notwendig) sind unverzichtbar, um die Sicherheit zu gewährleisten.

Die Brandschutzmaßnahmen sind im seriellen Bauen eng mit der Wahl des Lüftungssystems und der vorhandenen Schnittstellen verknüpft. Es gibt gravierende Unterschiede und Vorteile je nach gewähltem Lüftungssystem (dezentral/zentral bzw. semizentral).

Brandschutz bei zentralen Anlagen (mit Leitungsdurchdringungen durch Brandabschnitte/ Nutzungseinheiten)

Die typische Herausforderung bei zentralen Lüftungsanlagen liegt darin, dass die Lüftungskanäle häufig durch mehrere Brandabschnitte führen. Dies erfordert aktive und passive Schutzmaßnahmen, um die Übertragung von Feuer und Rauch in andere Bereiche zu verhindern. Dazu zählen u. a.: Brandschutzklappen, Kaltrauchsensoren (Messung im Lüftungskanal), feuerwiderstandsfähige Lüftungsleitungen, Sicherungen gegen Herabfallen (von Lüftungsleitungen) und Brandschutzbekleidungen (z. B. Abkofferungen).

Brandschutz bei semizentralen Anlagen (zentrale Lüftungsanlage ohne Leitungsdurchdringungen durch Brandabschnitte/Nutzungseinheiten)

Bei einer Unterteilung einer zentralen Lüftungsanlage in kleinere, eigene Nutzungseinheiten (z. B. Büros oder Wohnungen) spricht man vom Anwendungsfall der semizentralen Lüftung. Gerade bei Anwendungsfällen mit höheren Luftvolumenströmen, wie z. B. in Büroeinheiten oder auch bei Wohneinheiten ohne passender Einbaumöglichkeit von dezentralen Systemen, ist die Anwendung von semizentralen Systemen sinnvoll.

Im Vergleich zur zentralen Lüftung kann ähnlich wie bei der dezentralen Lüftung meist auf Durchdringungen von Brandabschnitten verzichtet werden, da die Lüftung nur eine Nutzungseinheit/Brandabschnitt versorgt. Dadurch kann oft auf Brandschutzklappen und -schottungen sowie eine Kaltrauchüberwachung verzichtet werden.

Brandschutz bei dezentralen Systemen

Dezentrale Lüftungsgeräte werden in der Regel direkt in der Außenwand installiert und durchdringen daher meist keine Brandabschnitte innerhalb des Gebäudes. Dadurch können die brandschutztechnischen Anforderungen in Bezug auf Brandschutzklappen und -schottungen im Vergleich zu zentralen Anlagen oft erheblich reduziert bzw. komplett vermieden werden. Im Hinblick auf die regelmäßige Wartung von Brandschutzklappen und Kaltrauchmeldern ein erheblicher Vorteil.

Bauphysik und Schallschutz

In hochgedämmten, vorgefertigten Gebäuden spielt die Technische Gebäudeausrüstung, insbesondere die Lüftung, eine Schlüsselrolle. Sie sorgt nicht nur für ein behagliches Raumklima, sondern schützt zugleich die Gebäudesubstanz vor Feuchteschäden und stellt die energetische Qualität sicher. Deshalb ist es unerlässlich, bauphysikalische Aspekte von Beginn an in die digitale Planung zu integrieren.

Luftdichtheit, Winddichtheit und Schlagregensicherheit

Die Verlagerung der Bauprozesse in die Fabrikhalle bietet ideale, kontrollierte Bedingungen, um die Luftdichtheit der Gebäudehülle zu gewährleisten. Die Einbindung von Lüftungskomponenten stellt jedoch einen kritischen Eingriff dar, der die Funktionsfähigkeit der Dichtigkeitsebenen nicht beeinträchtigen darf.

Luftdichtheit: Die Einhaltung der Luftdichtheit ist entscheidend für die Vermeidung von Bauschäden. Unkontrollierte Fugen, durch die feuchtwarme Innenluft in die Konstruktion gelangt (Konvektion), führen zu Tauwasserbildung und langfristig zu Bauteildurchfeuchtung und ggf. Schimmel. Insbesondere im Holzbau, wo Materialien wie OSB-Platten als Dampfbremse dienen, müssen alle Durchdringungen für Lüftungsleitungen und -geräte mit aufeinander abgestimmten Dichtmanschetten oder Klebebändern luftdicht verklebt werden.

Anforderung an das Lüftungskonzept: Die DIN 1946-6 „Raumlufttechnik – Teil 6: Lüftung von Wohnungen – Allgemeine Anforderungen, Anforderungen an die Auslegung, Ausführung, Inbetriebnahme und Übergabe sowie Instandhaltung“ schreibt für Neubauten und umfassende Sanierungen ein Lüftungskonzept vor, das den nutzerunabhängigen Mindestluftwechsel zum Feuchteschutz der Bausubstanz sicherstellt. Die Lüftungsanlage muss diese Funktion übernehmen, um einen mindestens für den Feuchteschutz notwendigen Luftwechsel zu gewährleisten, da die luftdichte Hülle den Infiltrationsluftwechsel durch Bauteilfugen verhindert.

Winddichtheit und Schlagregensicherheit: Die Winddichtheit an der Außenseite schützt die Dämmung vor einer Durchströmung mit Außenluft, die zu einer Minderung der Dämmwirkung führen würde. Die Wetterschutzgitter von Lüftungsöffnungen (Außen- und Fortluft) müssen so konstruiert sein, dass sie auch bei starkem Schlagregen zuverlässig Feuchtigkeit abhalten und nach außen ableiten.

Kondensatmanagement und Enthalpiewärmetauscher

Bei dezentralen Lüftungsgeräten kann Kondensat, das bei der Wärmerückgewinnung entsteht, je nach Gerätetyp direkt nach außen an der Fassade abgeleitet werden. Dies birgt das Risiko von Fassadenverschmutzungen und im Winter die Gefahr von Eiszapfenbildung.

Lösungsansatz Enthalpiewärmetauscher: Ein möglicher Ansatz zur Vermeidung dieses Problems ist die Verwendung von Enthalpiewärmetauschern. Diese können nicht nur sensible Wärme, sondern auch Feuchtigkeit (latente Wärme) zwischen Zu- und Abluft übertragen. Dies reduziert im Winter die Kondensatmenge und bietet im Sommer einen geringfügigen Überfeuchtungsschutz durch umgekehrte Feuchterückgewinnung mit leichtem Entfeuchtungs- und Kühleffekt.

Schallschutz, Schalldämmmaß Innen zu Außen

Schallschutz ist ein zentrales Qualitätsmerkmal lüftungstechnischer Anlagen. In modernen Gebäuden werden Umgebungsgeräusche zunehmend gedämpft, wodurch Eigen- und Körperschall der technischen Gebäudeausrüstung deutlicher in Erscheinung treten.

Eigengeräusch und normative Anforderungen: Die DIN 4109 „Schallschutz im Hochbau“ legt die Mindestanforderungen an den Schallschutz von Gebäuden in Deutschland fest. Sie definiert, welche Schalldämmung Bauteile und haustechnische Anlagen bieten müssen, um die Bewohner vor unzumutbarem Lärm, u. a. von technischen Anlagen zu schützen.

Die DIN 4109 nennt zulässige maximale Schalldruckpegel in schutzbedürftigen Räumen (z. B. Wohn-, Schlaf- oder Büroräumen), die nicht überschritten werden dürfen. Typische Werte: Wohn- und Schlafräume ≤ 30 dB(A); Unterrichts- und Büroräume ≤ 35 dB(A); Flure, Küchen, Bäder ≤ 40 dB(A).

Körperschallentkopplung: Vibrationen der Geräte müssen zwingend von der tragenden Struktur entkoppelt werden. Dezentrale Geräte verfügen meist über eine interne Entkopplung der Ventilatoren vom umliegenden Gehäuse. Bei zentralen und semizentralen Anlagen muss auf eine externe Körperschallentkopplung geachtet werden, da sich der Körperschall sonst leicht in andere Räume überträgt. Hier können schallentkoppelte Aufhänger verwendet werden.

Durchgangsschall (Normschallpegeldifferenz Dn,e,w): Bei dezentralen Lüftungssystemen muss die Installation in der Außenwand ein ausreichendes Schalldämmmaß aufweisen, um den Durchgangsschall (Lärm von außen nach innen) zu minimieren. Planerisch ist eine frühzeitige Abstimmung über die notwendigen Schallanforderungen mit dem zuständigen Bauphysiker empfehlenswert. Ebenso müssen die Herstellerangaben zu den ausgewählten Fabrikaten geprüft werden. Hier helfen Geräte mit hohem Dn,e,w-Wert (≥ 50 dB), schallgedämmte Rohre und zusätzliche Innenblenden mit Schallabsorbern.

Insbesondere bei Pendellüftern (Push-Pull-Geräte) werden die Anforderungen der DIN 4109 oft nicht eingehalten. Das gilt sowohl für den Durchgangsschall als auch den Eigenschall.

Telefonieschallübertragung: Darunter versteht man die Schallweiterleitung zwischen zwei Räumen über das Lüftungssystem. Durch Luftleitungen oder Überströmelemente können Gespräche oder Geräusche hörbar übertragen werden. Besonders bei zentralen Lüftungsanlagen und auch direkt verbundenen Luftauslässen bei dezentralen Anlagen ist dies ohne geeignete Schalldämpfer häufig ein Problem. Längere Leitungslängen und schallbrechenden Elemente bei dezentralen Anlagen sowie Telefonieschalldämpfer bei zentralen und semizentralen Anlagen schaffen Abhilfe.

Wärmerückgewinnung (WRG), Wärmeschutz und Wärmebrücken

Wärmerückgewinnung (WRG): Die Wärmerückgewinnung ist für die Energieeffizienz unerlässlich, da sie die Wärme der Abluft mit hohem Wirkungsgrad auf die Zuluft überträgt und somit den Heizenergiebedarf signifikant senkt.

Der große Vorteil der WRG gilt gleichermaßen für permanentlüftende dezentrale Geräte und zentrale Anlagen. Bei Pendellüftern (Push-Pull-Geräte) wird die Wärme nur temporär in einem Speicherkern zwischengespeichert, da das Gerät die Luftrichtung wechselt. Die Herstellerangaben zur WRG beziehen sich daher oft auf Momentaufnahmen des Wirkungsgrads. Die physikalisch realisierbaren Raten im Dauerbetrieb sind aufgrund des Nicht-Permanent-Betriebs reduziert im Vergleich zu permanent durchströmten Wärmetauschern.

Wärmeschutz und Wärmebrücken: Die Vorfertigung ermöglicht es, eine präzise Wärmebrückenfreiheit zu planen und umzusetzen. Dank der Wärmerückgewinnung tragen Lüftungsanlagen aktiv zum Wärmeschutz bei, um hohe energetische Standards (z. B. KfW 40) zu erfüllen.

Die Montage von dezentralen Lüftungssystemen in der Außenwand stellt einen kritischen Punkt für die Wärmebrückenfreiheit dar. Um erhöhte Transmissionswärmeverluste zu verhindern, muss auf eine möglichst energetisch hochwertige Einbausituation geachtet werden. Viele moderne dezentrale Lüftungsanlagen bestehen aus dämmenden Materialien, wie z. B. expandiertes Polypropylen (EPP), die eine Wärmebrücke im Bereich des Einbaus abschwächen.

Bei zentralen und semizentralen Anlagen muss das Luftverteilsystem der Außen- und Fortluftleitungen gegen Wärmeverluste und Kondensatbildung gedämmt werden. Die Verwendung von vollständig gedämmten Isorohren (z. B. EPP-Rohre) für die Integration in vorgefertigte Bauteile ist sinnvoll. Im Vergleich zu konventionellen gedämmten Wickelfalzrohren (meistens mit geschlossenzelliger Kautschukisolierung) wird eine lückenlose Dämmung sichergestellt. Ebenso ist die Verarbeitung im Werk einfacher. Die Dämmdicken sind nach der DIN 1946-6 und dem GEG zu bemessen.

Sommerlicher Wärmeschutz

Der sommerliche Wärmeschutz ist ein wesentlicher Behaglichkeitsfaktor, der in hochgedämmten Gebäuden durch die Lüftungsanlage unterstützt wird. Durch die im Vergleich zum Winterfall umgekehrte Wärmerückgewinnung (WRG) in der Lüftungsanlage, kann die Zulufttemperatur durch die kühlere Abluft aus den Räumen passiv gekühlt werden. Über einen Sommer-Bypass des Wärmetauschers kann der Effekt der passiven Kühlung in kühleren Sommernächten zusätzlich verstärkt werden. Generell ist Luft, aufgrund der geringen spezifischen Wärmekapazität, gerade im Wohnbau bei geringeren Luftmengen ein ungeeignetes Medium für eine starke oder sogar aktive Kühlung. Von einer aktiven Kühlung raten ist aufgrund der möglichen Hygieneprobleme durch kondensierendes Wasser innerhalb der Lüftungskanäle abzuraten. Die Einhaltung der VDI 6022 „Raumlufttechnik, Raumluftqualität" würde in diesem Fall die Komplexität und den Wartungsaufwand stark erhöhen.

Statik und Tragwerk

Die erfolgreiche Integration von Lüftungssystemen in modulare und serielle Gebäude hängt maßgeblich von einer frühzeitigen, systemischen Abstimmung zwischen Tragwerkplaner und TGA-Planer ab. Die Entscheidung für eine zentrale oder dezentrale Lösung ist dabei gleichzeitig eine grundlegende statische und wirtschaftliche Entscheidung.

Zentrale Anlagen erfordern aufgrund ihrer Erschließung vertikale Steigschächte mit Deckendurchbrüchen und größere Wanddurchführungen. Die dadurch zu führenden statischen Nachweise führen zu einem erheblichen planerischen Mehraufwand. Gleichzeitig kommt es zum Zielkonflikt zwischen wirtschaftlicher serieller Bauweise und technischem Platzbedarf.

Dezentrale Anlagen bieten strukturelle Entlastungen und vermeiden die hohe statische Komplexität zentraler Systeme. Durch das kompakte Kanalsystem der dezentralen und zum Großteil auch semi-zentralen Lüftungssysteme wird die Notwendigkeit großer vertikaler Schächte und die damit verbundene Schwächung tragender Decken und Innenwände deutlich reduziert. Dies maximiert die Nettonutzfläche und vereinfacht gleichzeitig die strukturelle Planung der Deckenelemente erheblich. Ein homogeneres Tragwerk fördert wiederum die Wirtschaftlichkeit der seriellen und modularen Bauweise.

Nachhaltigkeit und Kreislaufwirtschaft

Serielles Bauen ist Grundsätzlich ressourcenschonender als das konventionelle Bauen, da der effizientere Materialeinsatz der industriellen Fertigung weniger Abfall produziert. Bei der Verwendung von nachwachsenden Rohstoffen, wie z. B. Holz, wird der Bauprozess zusätzlich umweltverträglicher und nachhaltiger gestaltet.

Für die Kreislaufwirtschaft spielt hinsichtlich der TGA vor allem das Konzept des „Design for Disassembly" eine entscheidende Rolle. Vorgefertigte Bauteile sollten so konstruiert sein, dass sie am Ende ihrer Lebensdauer demontiert, an anderer Stelle wieder eingesetzt oder recycelt werden können.

Diese Eigenschaft gilt auch für TGA-Systeme und hier speziell Lüftungssysteme. Durch die grundsätzliche modulare Bauweise ist ein Rückbau einzelner Bauelemente, mit der jeweiligen integrierten Anlagentechnik, einfacherer. Somit können auch die verbauten Lüftungskomponenten für ein sortenreines Recycling ausgebaut und der Kreislaufwirtschaft zugeführt werden.

Ebenfalls von Relevanz für die Nachhaltigkeit ist der spätere Wartungs- und Reparaturaufwand. Empfehlenswert sind Systeme mit einfachen und schnellem Filterwechsel, Zugänglichkeit zu allen technischen Komponenten sowie Reparaturmöglichkeit vor Ort bei technischen Defekten.

Wirtschaftlichkeit und Mindest-Stückzahlen

Die werkseitige Vorfertigung von Lüftungsmodulen ermöglicht eine weitgehende Unabhängigkeit von Witterungseinflüssen und verkürzt die Montagezeit auf der Baustelle erheblich (Einsparungen von bis zu 70 % sind möglich). Dies reduziert nicht nur die direkten Baukosten, sondern minimiert auch Risiken durch Materialknappheit, Lieferengpässe oder Fachkräftemangel und sorgt für verlässliche Termin- und Kostensicherheit.

Die Wirtschaftlichkeit basiert auf industrieller Serienfertigung und Skaleneffekten. Höhere Anfangsinvestitionen amortisieren sich durch effizientere Produktionsprozesse, geringeren Materialverschnitt und standardisierte Schnittstellen zwischen Modulen. Bereits ab fünf bis sechs identischen Grundrissen kann die Vorfertigung von Lüftungssystemen wirtschaftlich sinnvoll sein, sodass serielle Ansätze nicht nur für Großprojekte relevant sind.

Die Verlagerung komplexer Arbeitsschritte in das Werk reduziert den Bedarf an Fachpersonal auf der Baustelle, minimiert Nacharbeiten und sichert eine gleichbleibend hohe Qualität. Gleichzeitig werden Montageprozesse schneller und planbarer, wodurch Investoren und Bauherren sowohl Kosten- als auch Zeitvorteile erzielen können.

Die konkreten Einsparpotenziale sind dabei projektabhängig und müssen individuell kalkuliert werden. Sie lassen sich nicht pauschal oder allgemein für alle Bauvorhaben abbilden.

Relevante Vorschriften und Normen

Die Planung und Ausführung von Lüftungsanlagen im seriellen Bauen unterliegen einer Reihe von Normen und Richtlinien, die entscheidend für die Qualität, Sicherheit und Einhaltung gesetzlicher Vorgaben sind. Diese Vorschriften und Normen sind die am relevantesten:

- **DIN 1946-6 „Lüftung von Wohngebäuden":** Diese Norm ist das zentrale Regelwerk für Wohnbauprojekte. Sie schreibt bei Neubauten und umfassenden Sanierungen die Erstellung eines Lüftungskonzepts vor. Das Konzept muss sicherstellen, dass ein nutzerunabhängiger Mindestluftwechsel zum Feuchteschutz gewährleistet ist, um Bauschäden und Schimmelbildung zu verhindern.

- **DIN EN 16798 „Energetische Bewertung von Gebäuden – Lüftung von Gebäuden", Teile 1 und 3:** Für den Nichtwohnbau, wie Schulen oder Bürogebäude, gelten die Anforderungen der DIN EN 16798-3. Diese Norm legt die Parameter für das Innenraumklima und die Methoden zur Berechnung der Lüftung fest.
- **Technische Regel für Arbeitsstätten (ASR) A3.6:** Die ASR A3.6 verlangt eine ausreichende Frischluftversorgung in Arbeitsräumen, um Gesundheit und Wohlbefinden zu sichern. Lüftungssysteme müssen Schadstoffe, Wärme und Feuchte zuverlässig abführen und an Nutzung sowie Personenzahl angepasst sein.
- **VDI 6022 „Raumlufttechnik, Raumluftqualität":** Die VDI 6022 ist eine der wichtigsten Richtlinien für die TGA-Planung. Sie regelt die Hygieneanforderungen für die Planung, den Bau und die Instandhaltung von Lüftungsanlagen, um die Gesundheit der Nutzer zu schützen. Die Richtlinie gilt sowohl für zentrale als auch für dezentrale Systeme und legt unter anderem Inspektionsintervalle fest.
- **Muster-Lüftungsanlagen-Richtlinie (M-LüAR):** Die M-LüAR regelt die brandschutztechnischen Anforderungen an Lüftungsanlagen. Sie legt Anforderungen an Planung, Bau und Betrieb fest, um die Ausbreitung von Feuer und Rauch über Lüftungssysteme zu verhindern. Zentrale Punkte sind der Einbau von Brandschutzklappen, feuerwiderstandsfähigen Leitungen und geeigneten Abschottungen an Brandabschnittsgrenzen.

Erläuterung und Systembeispiele dezentraler Lüftungssysteme

Dezentrale Lüftungssysteme können grundsätzlich in drei Hauptkategorien unterteilt werden.

Pendellüfter

Pendellüfter, auch als Push-Pull-Systeme bekannt, bestehen aus einem Axialventilator und einem Wärmespeicher aus Aluminium oder Keramik. Diese Geräte arbeiten mit einer zyklischen Lüftungsrichtung, die in Intervallen von etwa 50 bis 80 Sekunden (herstellerabhängig) wechselt. Zuerst wird warme Raumluft angesaugt, die den Wärmespeicher aufheizt. Nach Ablauf des Zeitintervalls wechselt der Ventilator die Laufrichtung, saugt frische Außenluft an und gibt diese, erwärmt durch den Speicherkern, als Zuluft wieder in den Raum ab.

Obwohl Pendellüfter prinzipiell als wirtschaftliche Lösung für die Lüftung von Wohnräumen betrachtet werden, zeigen sowohl praktische Erfahrungen als auch wissenschaftliche Untersuchungen, dass sie nur eingeschränkt für eine moderne und hygienische Belüftung geeignet sind. Die für die Nennlüftung gemäß DIN 1946-6 „Raumlufttechnik – Teil 6: Lüftung von Wohnungen - Allgemeine Anforderungen, Anforderungen an die Auslegung, Ausführung, Inbetriebnahme und Übergabe sowie Instandhaltung" erforderlichen Luftwechselraten werden oft nur unter deutlich wahrnehmbaren Geräuschen erreicht, was den Komfort beeinträchtigt. Zusätzlich wird die Feuchtigkeitsabfuhr unzureichend geregelt. Des Weiteren ergibt sich aus Markterfahrungen, dass diese Systeme im Hinblick auf thermische Behaglichkeit und den Schutz vor Außenlärm problematisch sein können.

Dezentrale Lüftungssysteme

Dezentrale Lüftungssysteme, auch als Permanentlüfter bekannt, bestehen i.d.R. aus zwei Radialventilatoren und einem Kreuz-Gegenstrom-Wärmetauscher, der aus Aluminium oder Kunststoff gefertigt ist. Einige Hersteller bieten Enthalpiewärmetauscher an, die zusätzlich zur Wärme auch Feuchtigkeit zurückgewinnen können. Ein Ventilator saugt kontinuierlich Frischluft an, filtert diese und leitet sie, nach Erwärmung durch die Wärmerückgewinnung, als Zuluft in den Raum. Der zweite Ventilator hingegen zieht verbrauchte Raumluft ab, filtert diese ebenfalls und entzieht ihr den Großteil der latenten Wärme – im Winter können bei Enthalpiewärmetauschern 40-70 % der Feuchtigkeit zurückgewonnen werden. Die so entfeuchtete und erwärmte Luft wird dann kontinuierlich nach draußen abgeführt. Diese Technologie gewährleistet einen konstanten Zu- und Abluftstrom, der weitgehend unabhängig von externen Faktoren wie Exfiltration oder Infiltration funktioniert.

Ein wesentlicher Unterschied zwischen dezentralen und semizentralen Lüftungssystemen ist, dass dezentrale Systeme häufig für die Belüftung eines einzelnen Raums konzipiert sind. Dennoch bieten viele Hersteller mittlerweile Lösungen an, mit denen auch angrenzende Ablufträume wie Bäder, Küchen oder Abstellräume entlüftet und Zulufträume wie Schlaf-, Kinder- oder Wohnzimmer belüftet werden können. So ermöglichen Anbieter wie bluMartin GmbH, airviso GmbH & Co. KG, Meltem GmbH und Zehnder Group Deutschland GmbH mittlerweile einen sog. „Zweitraumanschluss". Diese Option erlaubt es, die Lüftungseinheit in einem Raum zu installieren und sowohl Zuluft als auch Abluft in angrenzende Räume zu leiten. Ein großer Vorteil dieser Lösung liegt darin, dass die Anzahl der notwendigen Geräte reduziert und somit die Installation vereinfacht wird, was insbesondere im Wohnbau Kosten spart. Dadurch entfällt oft die Notwendigkeit für teure Entlüftungslösungen für innenliegende Nassräume nach DIN 18017-3

„Lüftung von Bädern und Toilettenräumen ohne Außenfenster – Teil 3: Lüftung mit Ventilatoren", was eine wirtschaftliche Gesamtbilanz begünstigt.

Die meisten Geräte auf dem Markt enthalten mittlerweile standardmäßig oder optional integrierte Sensoren für CO_2, flüchtige organische Verbindungen (VOCs) und Feuchtigkeit, um die Luftströme je nach Bedarf automatisch zu regulieren. Zudem bieten viele Hersteller inzwischen ästhetische Lösungen an, bei denen die Lüftungsanschlüsse in Laibungen integriert werden und fast unsichtbar sind. Bei der Planung dezentraler Lüftungsgeräte ist es jedoch wichtig, Aspekte wie Schallemissionen, Druckverluste, die Einbausituation und die begrenzten Luftvolumina zu berücksichtigen, die durch die Gerätegröße vorgegeben sind. Eine wertvolle Empfehlung ist, solche Geräte vor der endgültigen Planung direkt in realen Projekten zu besichtigen, um ein besseres Verständnis für ihre Einsatzmöglichkeiten und Einschränkungen zu gewinnen.

Ausgewählte Beispiele[1]:

Bild 1: *Meltem M-WRG II als wandintegrierte Einbauvariante mit Zweitraumanschlüssen für Zu- und Abluft (Quelle: Meltem GmbH)*

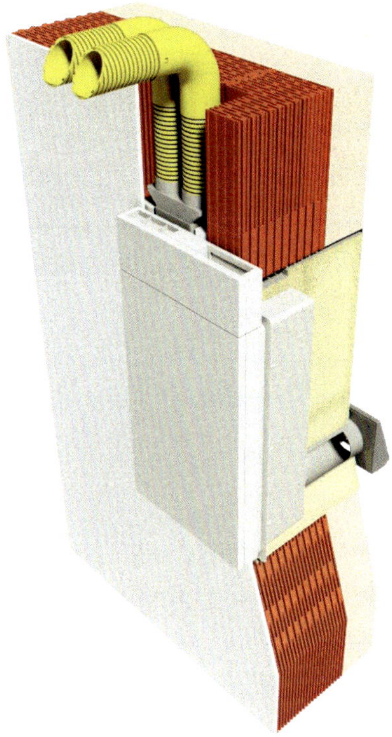

Bild 2: *Meltem M-WRG II in Unterputzausführung mit Zweitraumanschlüssen für Abluft (Quelle: Meltem GmbH)*

Bild 3: *Meltem M-WRG II in Unterputzausführung ohne Zweitraumanschlüssen als Einzelraumgerät (Quelle: Meltem GmbH)*

[1] kein Anspruch auf Vollständigkeit

Bild 4: *freeAir 100/e von bluMartin in Funktionsdarstellung (Schnitt durch eine Außenwand mit Darstellung Zweitraumanschluss Abluft) (Quelle: www.blumartin.de)*

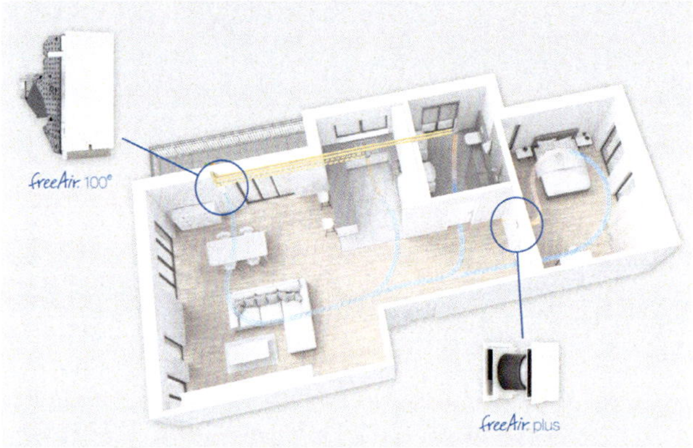

Bild 5: *Planungsbeispiel 2-Zimmer-Wohnung mit einem Lüftungsgerät freeAir 100e und einem aktiven Überströmer freeAir plus (Quelle: www.blumartin.de)*

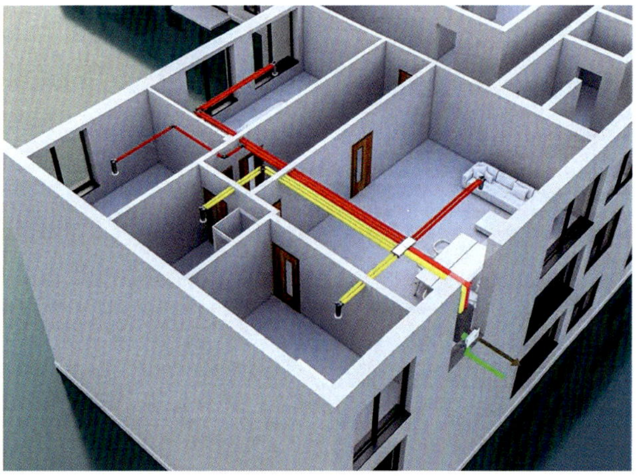

Bild 6: *ComfoAir Fit 100 der Zehnder Group Deutschland GmbH in einem Planungsbeispiel einer 3-Zimmer-Wohnung in der Außenwand und Kanalnetz für Zu- und Abluft (deckenintegriert) (Quelle: Zehnder Group Deutschland GmbH, Lahr.)*

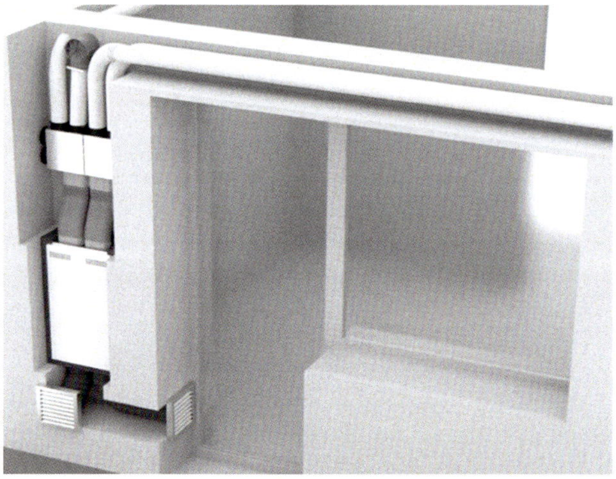

Bild 7: *Darstellung ComfoAir Fit 100 integriert in Außenwand mit Außen- und Fortluft – Musterprojekt Energiesprong Köln (Quelle: Zehnder Group Deutschland GmbH, Lahr)*

Bild 8: *Darstellung ComfoAir Fit 100 integriert in Außenwand mit Außen- und Fortluft – Musterprojekt Energiesprong Köln (Quelle: Zehnder Group Deutschland GmbH, Lahr)*

Bild 9: *Darstellung ComfoAir Fit 100 integriert in Außenwand mit Außen- und Fortluft – Musterprojekt Energiesprong Köln (Quelle: Zehnder Group Deutschland GmbH, Lahr.)*

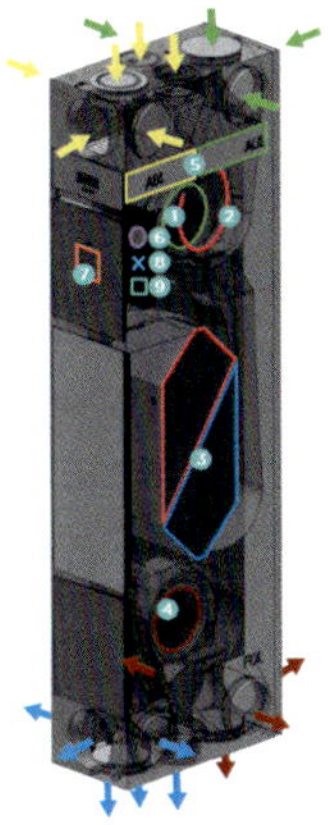

__Bild 10:__ ONE von airviso in Funktionsdarstellung (isometrische Darstellung) mit Kennzeichnung der Variabilität der Anschlüsse für Außen-, Fort-, Zu- und Abluft – Gerät ist durch den integrierten Enthalpiewärmetauscher auch 180° (alle Varianten) gedreht einbaubar – Einzelraumgerät oder mit Zweitraumanschluss (oben) für Zu- oder Abluft (Quelle: www.airviso.de)

__Bild 11:__ ONE-BGOR (rechte Variante) mit Zweitraumanschlüssen für Zu- und Abluft und einer optional erhältlichen Zuluftumschaltklappe, die den Zuluftvolumenstrom zeitlich zwischen 2-3 Räumen umlenkt (Quelle: www.airviso.de)

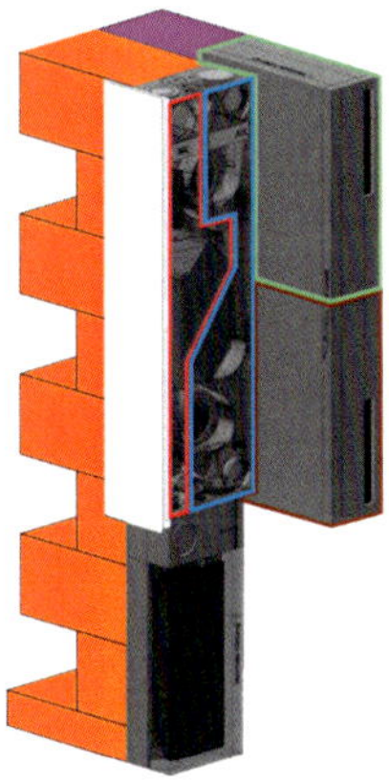

__Bild 12:__ Darstellung Lüftungsgerät ONE mit Designinnenblende, Laibungselement für WDVS-Systeme und Zweitraumanschluss Zuluft über Rohboden oder Decke (Quelle: www.airviso.de)

Semizentrale Lüftungssysteme

Semizentrale Lüftungssysteme stellen eine flexible Lösung für die Belüftung größerer Gebäude dar, indem sie über ein zentrales Lüftungsgerät mehrere Räume mit Zu- und Abluft versorgen. Diese Systeme sind in der Lage, mehrere Zu- und Ablufträume zu versorgen, abhängig vom verfügbaren Luftvolumenstrom, und sind durch ein Kanalnetz miteinander verbunden. Auf dem Markt gibt es eine Vielzahl von Herstellern, die unterschiedlichste Gerätegrößen und Luftvolumina anbieten. Neben den grundlegenden Parametern wie Luftvolumenstrom, Wärmerückgewinnungsgrad, Gesamtenergieeffizienz, Schallemissionen sowie der Regelung und Integration in die Gebäudeleittechnik (GLT) wird auch zwischen Geräten zur Wand- oder Standmontage und solchen zur Deckenmontage unterschieden.

In den letzten Jahren haben sich viele namhafte Hersteller wie Maico Elektroapparate-Fabrik GmbH, airviso GmbH & Co. KG, Helios Ventilatoren GmbH & Co. KG, Zehnder Group Deutschland GmbH, Vallox GmbH, J. PICHLER Gesellschaft m.b.H. und Hoval GmbH erfolgreich auf dem Markt etabliert. Diese Systeme, die ursprünglich für die Wohnbebauung konzipiert wurden, finden zunehmend auch Anwendung im Nichtwohnbau. In solchen Gebäuden werden sie gezielt in bestimmten „Zonen" eingesetzt. Diese Zonenintegration ermöglicht es, komplexe Anforderungen wie Brandschutz, Kaltrauch- und Schallschutz zu optimieren und zugleich eine bedarfsorientierte Regelung der Luftqualität zu realisieren. Viele Hersteller bieten dabei standardmäßig oder optional integrierte Sensoren für CO_2, VOCs und Feuchtigkeit, wodurch auf externe Sensoren und Steuerungssysteme verzichtet werden kann.

Ein weiterer Vorteil vieler Systeme ist die Option, einen Enthalpiewärmetauscher zur Wärme- und Feuchterückgewinnung zu integrieren. Diese Technologie hilft nicht nur, die Luftfeuchtigkeit im Winter zu regulieren und ein Austrocknen der Raumluft zu verhindern, sondern ermöglicht auch den Verzicht auf einen aufwendigen Kondensatanschluss – eine Funktion, die nicht bei allen Herstellern verfügbar ist. Der Enthalpiewärmetauscher erweitert zudem die Einsatzmöglichkeiten, da die Geräte sowohl an der Wand als auch an der Decke montiert werden können, was dem Planer zusätzliche Flexibilität bietet.

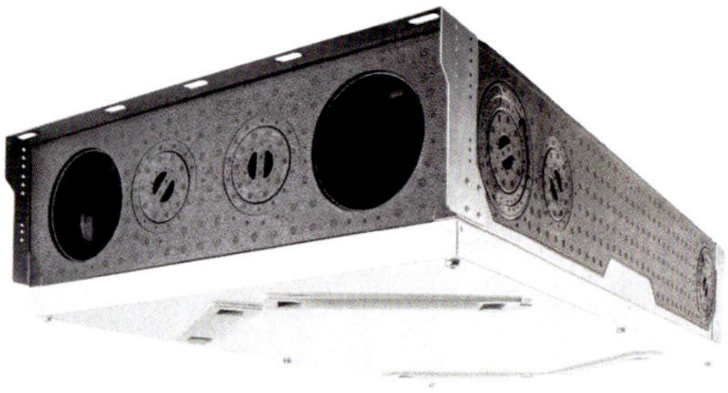

Bild 13: *Lüftungsgerät WS 120 Trio der Maico Elektroapparate-Fabrik GmbH. Ein zentrales Lüftungsgerät mit Enthalpiewärmetauscher und flexiblen Einbauvarianten in Bezug auf die Anschlüsse an das Gerät sowie die Decken-/Wandmontage. Das Gerät hat einen max. Volumenstrom von 120m³/h und ist optional mit einem CO_2- und VOC-Sensor (Geruchssensor) ausstattbar. Der Hersteller hat noch weitere Geräte zur Wand- und Deckenmontage im Sortiment (Quelle: www.maico-ventilatoren.com)*

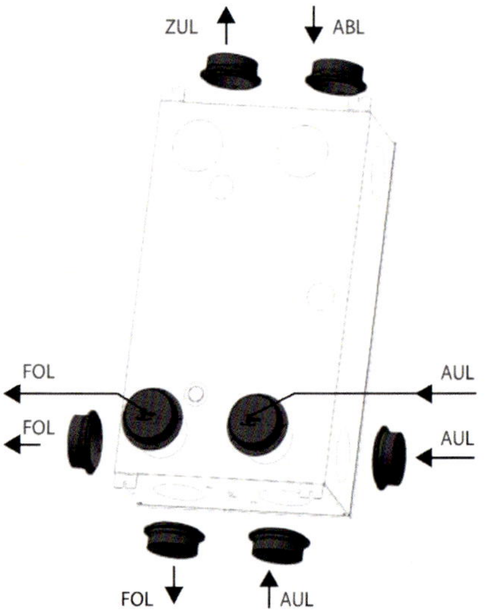

Bild 14: *Lüftungsgerät ONE+1 der airviso GmbH & Co.KG. Ein zentrales Lüftungsgerät mit Enthalpiewärmetauscher und flexiblen Einbauvarianten in Bezug auf die Anschlüsse an das Gerät sowie die Decken-/Wandmontage. Das Gerät hat einen max. Volumenstrom von 162m³/h und ist serienmäßig mit einem VOC-/Feuchtesensor ausgestattet. Der Hersteller hat noch weitere Geräte zur Wand- und Deckenmontage im Sortiment (Quelle: www.airviso.de)*

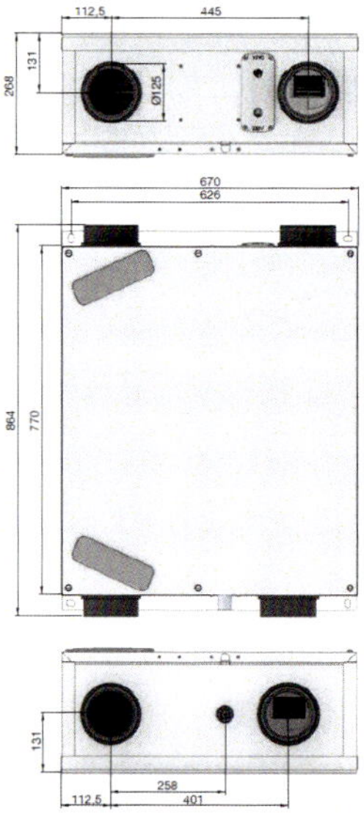

Bild 15: *Lüftungsgerät ComfoAir 160 der Zehnder Group Deutschland GmbH. Auch hier handelt es sich um ein zentrales Lüftungsgerät ohne/mit (optional) Enthalpiewärmetauscher in Rechts/ Links Version für die Wand-/ und Deckenmontage. Das Gerät hat einen max. Volumenstrom von 160m³/h und ist kann optional mit einem CO2 und/ oder Feuchtesensor ausgestattet werden. Der Hersteller hat noch weitere Geräte zur Wand- und Deckenmontage im Sortiment (Quelle: Zehnder Group Deutschland GmbH, Lahr)*

Fazit und Ausblick

Die Zukunft des Bauens ist digital, industriell und nachhaltig. TGA- und Lüftungsplaner, die die genannten Prinzipien verinnerlicht haben, werden eine Schlüsselrolle bei der Gestaltung moderner, effizienter und lebenswerter Gebäude in serieller und modularer Bauweise einnehmen. Der Wandel von der Baustelle zum intelligenten, industriell gefertigten Produkt ist bereits im Gange und wird die Art und Weise, wie Gebäude geplant, gebaut und betrieben werden, grundlegend verändern. Dezentrale Lüftungssysteme sind hierbei ein Paradebeispiel für eine TGA-Lösung, die sich ideal in diesen Prozess einfügt. Ihre einfache Installation und die Reduzierung der Systemkomplexität passen perfekt zum modularen Baukastenprinzip des seriellen Bauens.

Steckbare Elektroinstallation

Während architektonische Konzepte und bauliche Strukturen bereits seit einigen Jahren auf modulare und vorgefertigte Systeme setzen, rückt zunehmend auch die Elektroinstallation in den Fokus. Denn sie ist längst nicht mehr ein unsichtbares „Neben-Gewerk“, sondern prägt Komfort, Effizienz und Nachhaltigkeit eines Gebäudes entscheidend. Steckbare, industriell vorgefertigte Systeme bieten hier die Chance, Bauprozesse zu beschleunigen, Qualität zu sichern und zugleich ökologische wie ökonomische Anforderungen zu erfüllen.

Im Bauwesen wird die Elektrotechnik häufig als unvermeidbare Notwendigkeit betrachtet. Ihre Ausführung begleitet nahezu alle Bauphasen – vom Fundament bis zur finalen Schalterabdeckung nach den Malerarbeiten – und erstreckt sich über das gesamte Gebäude. Im Bauablauf gilt sie daher oftmals als störend. Gleichzeitig hat sie sich im Zuge der Energieeffizienzanforderungen und des Smart-Home-Trends in den vergangenen Jahrzehnten zu einem der komplexesten und zugleich zentralen Gewerke im Wohnungsbau entwickelt.

Während früher vor allem die sichere Stromversorgung von Licht und wenigen Steckdosen im Vordergrund stand, prägen heute eine Vielzahl elektrischer Verbraucher, steigende Anforderungen an Daten- und Kommunikationstechnik sowie der zunehmende Einsatz von Haus- und Gebäudeautomation die Planung und Umsetzung. Damit ist die Elektroinstallation nicht mehr nur ein funktionaler Bestandteil, sondern ein zentraler Faktor. Mit dieser gestiegenen Bedeutung wächst auch die Komplexität, besonders beim seriellen Bauen. Der Fachkräftemangel in der Elektroinstallation trifft auf eine stetig steigende Nachfrage. Das bedeutet, dass Bauzeiten kürzer werden müssen, außerdem muss die Installation und Automation flexibel und zukunftssicher gestaltet sein und dabei sollen alle ökologischen Aspekte und Standards berücksichtigt werden.

Vor diesem Hintergrund etabliert sich die **vorgefertigte steckbare Elektroinstallation** zunehmend als optimale Lösung. Sie verbindet die Prinzipien des seriellen Bauens, also die Standardisierung, die Modularisierung und Effizienz, mit den spezifischen Anforderungen der Elektrotechnik. Vorgefertigte Module und steckbare Systeme ermöglichen eine schnelle, fehlerarme Montage, erleichtern die Qualitätssicherung und sorgen für eine planbare Taktung im Bauablauf. Damit wird die Elektroinstallation nicht nur ein Teil des seriellen Bauens, sondern zu einem Schlüsselfaktor für dessen Erfolg: Sie zeigt, wie sich technische Anforderungen, organisatorische Zwänge und Nachhaltigkeitsziele in einem integrativen Konzept vereinen lassen.

Bild 1: *Steckbare Elektroinstallationen verbinden die Prinzipien der Standardisierung, Modularisierung und Effizienz mit den spezifischen Anforderungen der Elektrotechnik. (Quelle: Wieland Electric)*

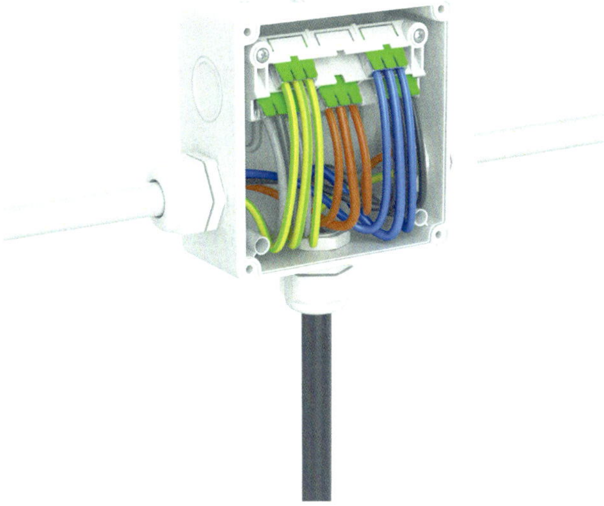

Bild 2: *Abzweigdose: Hier ist klar die Verdrahtung zu erkennen, die ordnet und strukturiert. (Quelle: Wieland Electric)*

Industrielle Vorfertigung

Das Abmanteln von Leitungen, das Abisolieren einzelner Adern und das mühsame Einführen in Schraub- oder Klemmverbindungen gehört auf modernen Baustellen der Vergangenheit an. Verfahren, die noch vor wenigen Jahrzehnten den Baustellenalltag prägten, sind heute nicht mehr zeitgemäß. In nahezu allen Bereichen der Bauwirtschaft, besonders auch in der Elektroinstallation, hat sich die industrielle Vorfertigung durchgesetzt. Sie ermöglicht eine Bauweise, die auf Modularisierung, Standardisierung und Wiederholbarkeit ausgelegt ist.

Das Grundprinzip ist die konsequente Verlagerung arbeitsintensiver Tätigkeiten von der Baustelle in die Produktionshalle. Dort können unter kontrollierten Rahmenbedingungen und mit (teil)automatisierten Prozessen Installationsmodule in gleichbleibender Qualität gefertigt werden. Statt individueller Handarbeit entstehen standardisierte Baugruppen, die auf der Baustelle nur noch montiert oder gesteckt werden müssen. Die Vorteile liegen auf der Hand: Die Produktionszeiten verkürzen sich, die Fertigung wird planbarer, die Fehlerquote sinkt deutlich. Damit reduziert sich nicht nur der direkte Montageaufwand, sondern auch die Opportunitätskosten, die sonst durch Verzögerungen, Nacharbeiten oder mangelhafte Ausführungen entstehen könnten.

Im Mittelpunkt der vorgefertigten Elektroinstallation stehen modularisierte Komponenten wie Verteiler, Leitungen und Steckverbindungen. Diese bilden die Basis für eine flexible, schnell verfügbare und sichere Installation der Elektrik. In der Werkfertigung ermöglicht die Modularisierung eine klare Taktung und eine gleichbleibende Qualität, auf der Baustelle reduziert sie die Anzahl der Arbeitsschritte und minimiert Fehlerquellen. Selbst in konventionellen Projekten bieten vorgefertigte Installationssysteme erhebliche Vorteile. Die Effizienzgewinne sind messbar. Studien und Praxiserfahrungen zeigen, dass sich mit Installationssteckverbindern Zeitersparnisse von bis zu 70 % und Kostensenkungen für Material- und Lohnkosten von rund 30 % erzielen lassen.[1] Damit wird die industrielle Vorfertigung nicht nur zu einer technischen Option, sondern zu einem großen Baustein für die Wirtschaftlichkeit und Wettbewerbsfähigkeit des seriellen Bauens.

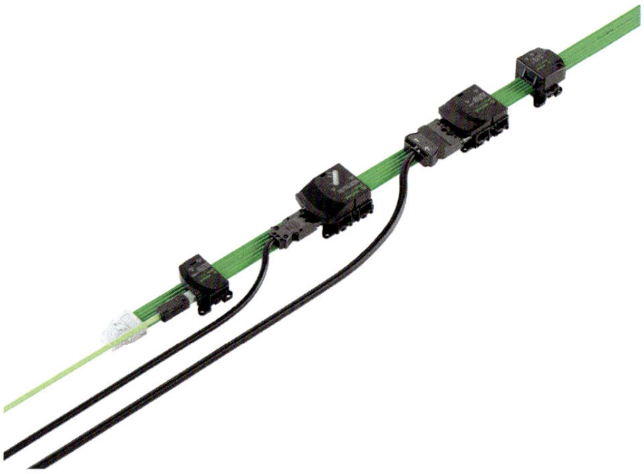

Bild 3: *Signifikante Reduktion (ca. 80 %) der benötigten Leitungslängen durch den Einsatz z. B. von gesis® NRG-Flachleitungssystems. (Quelle: Wieland Electric)*

Technik und Organisation

Damit die Potenziale der seriellen Bauweise optimal ausgeschöpft werden können, sind vorausschauende Planung, präzise Schnittstellenkoordination und eine konsequente Orientierung an den geltenden Normen von zentraler Bedeutung.

Ein wesentlicher Erfolgsfaktor ist dabei die **frühzeitige Zusammenarbeit** aller Beteiligten: Architekt, Elektroplaner sowie Hersteller von Beton- oder Trockenbauelementen können bereits in der Entwurfs- und Ausführungsplanung Installationswege, Aussparungen und Montageflächen berücksichtigen. So werden Platzbedarf, Zugänglichkeit während der Bauphase sowie spätere Revisions- und Anpassungsmöglichkeiten von Beginn an eingeplant. Die Schnittstelle zwischen Elektrotechnik und Bauteilproduktion wird damit zu einem Motor der Effizienz – sie ermöglicht einen reibungslosen Bauablauf und reduziert den Aufwand für Nacharbeiten deutlich.

Auch in der **Ausführungsphase** sorgt eine gute Koordination für einen klar getakteten Ablauf. Wenn Bauleiter die Reihenfolge der Ausbaugewerke gezielt aufeinander abstimmen, lassen sich die vorgefertigten Elemente ohne zusätzliche Anpassungen einbauen. Dies sichert die angestrebten Effizienzgewinne und sorgt für eine hohe Prozesssicherheit.

Darüber hinaus garantiert die **konsequente Einhaltung normativer und sicherheitstechnischer Vorgaben** die Qualität und Betriebssicherheit der elektrotechnischen Systeme. Elektroplaner und Elektroinstallateure tragen die Verantwortung, dass die eingesetzten Systeme den geltenden Normen entsprechen, über die erforderlichen Zulassungen verfügen und sicher montiert, sowie betrieben werden können. Dies setzt aktuelles Fachwissen und Normverständnis voraus, das an Schnittstellen zu anderen Gewerken vermittelt werden muss. Die Anforderungen betreffen nicht nur die eigentliche Installation, sondern auch die Herstellungsprozesse von Trockenbau-, Betonfertigteil- und hybriden Systemen, in die die Elektroinstallation integriert wird. Besonders bei steckbaren Elektroinstallationssystemen ist die strikte Beachtung der einschlägigen Normen unverzichtbar. Hierbei spielen unter anderem die DIN EN IEC 61535 VDE 060-200 zu Installationssteckverbindern für dauerhafte Verbindungen, die CE-Kennzeichnung nach europäischen Vorgaben sowie internationale Zertifizierungen wie UL eine entscheidende Rolle. Hinzu treten branchenspezifische Richtlinien

[1] Zentralverband der Deutschen Elektro- und Informationstechnischen Handwerke (ZVEH): Steckfertige Installation, in: Kalkulationshilfe KfE (2021/2022), Kapitel 18

wie die VdS-Vorgaben zur Schadensverhütung, die u. a. klare Anforderungen an den durchgängigen Einsatz von Steckverbindern eines Herstellers stellen. Verstöße oder das nicht Einhalten von Normen und Regeln können nicht nur technische Probleme verursachen. Sie können dazu führen, dass Anlagen nicht in Betrieb gehen können. Außerdem kann es haftungs- und versicherungsrechtliche Folgen haben. Hier unterscheidet sich die herkömmliche Installation jedoch nicht von der steckbaren Installation im seriellen Bauen.

Geringere Brandlast: Bei herkömmlichen Abzweigdosen kann die Brandlast bis zu 2 kWh betragen. Bei steckbaren Verbindungen liegt sie mit nur 0,58 kWh um 70 % unter diesem Wert.

Fachpersonal: Das Einbringen der Elektroinstallation stellt die Errichtung einer komplexen elektrischen Anlage dar und gehört in die Verantwortung von Fachpersonal. Bei steckbaren Systemen eröffnet sich jedoch die Möglichkeit, dass elektrisch unterwiesene Personen unter Aufsicht einer Fachkraft unterstützend tätig werden. Gerade im modularen und seriellen Bauen ist dies ein großer Vorteil: Standardisierte Tätigkeiten können effizient von geschultem Personal übernommen werden.

Relevante Vorschriften und Normen

- **DIN EN IEC 61535 VDE 0606-200 „Installationssteckverbinder für dauernde Verbindung in festen Installationen“:** Die Norm gilt für zwei- bis fünfpolige Installationssteckverbinder inkl. Schutzleiter
- **CE-Kennzeichnung:** Mit der CE-Kennzeichnung eines Produkts wird erklärt, dass dieses „den geltenden Anforderungen genügt, die in den Harmonisierungsrechtsvorschriften der (Europäischen) Gemeinschaft über ihre Anbringung festgelegt sind“ (Art. 2 Nr. 20) und bescheinigt „die Konformität des Produkts mit allen in den einschlägigen Harmonisierungsrechtsvorschriften [...] enthaltenen [...] Anforderungen“ (Art. 30 Abs. 3).
- Underwriters Laboratories (UL) ist eine unabhängige Organisation, die Produkte hinsichtlich ihrer Sicherheit untersucht und zertifiziert. Relevant sind **UL 498 „Anschlussstecker und -steckdosen“**, **UL 962A „Standard for Furniture Power Distribution Units“** sowie **UL 1977 „Component Connectors for Use in Data, Signal, Control and Power Applications“**.
- **VdS-Richtlinien:** Die VdS-Richtlinien zur Schadensverhütung werden herausgegeben von der VdS Schadenverhütung GmbH, einer hundertprozentigen Tochtergesellschaft des Gesamtverbands der Deutschen Versicherungswirtschaft GDV. Die Richtlinie des Verbands der Sachversicherer (VdS 2005) beinhaltet Mindestanforderungen zum Vermeiden oder Minimieren von Brandgefahren. In Abschnitt 7.2.2.3 „Anschlüsse und Verbindungen“ wird explizit auf die Verwendung von Installationssteckverbindern gemäß DIN EN 61535 hingewiesen, wobei diese durchgängig nur von einem Hersteller verwendet werden dürfen. Das Mischen von Steckverbindern (Buchse-Stecker) ist daher nicht zulässig.

Umsetzung in der Praxis

Ein zentraler Vorteil des seriellen Bauens besteht darin, dass die Elektroinstallation nicht mehr in zeitintensiver Handarbeit auf der Baustelle erfolgt, sondern bereits in der Fertigung der Module oder Bauteile integriert wird. Bei Betonfertigteilen bedeutet das: Kabel, Steckverbindungen und Verteilelemente werden im Werk exakt nach Plan in die Wände eingebaut und die entstandenen Einheiten können schon auf Korrektheit geprüft werden. Auf der Baustelle müssen diese dann nur noch zusammengesteckt werden – Plug & Play statt aufwändiger Verdrahtung.

Anwendung im Betonfertigteilbau

Wie effizient dieses Prinzip funktioniert, zeigte das Projekt Hotel Bloemendaal aan Zee in den Niederlanden. In enger Zusammenarbeit zwischen dem Installationsspezialisten Isolectra BV, dem Bauunternehmen Techval sowie Prefab Beton Veghel BV und Wieland Electric wurden Elektroinstallationen direkt in die Betonfertigteile integriert. Bereits während der Produktion wurden die Stecksysteme in Böden und Wände eingegossen. Auf der Baustelle ließen sich die Module anschließend in kürzester Zeit verbinden.

Die Anforderungen an die eingesetzten Systeme waren hoch: Feuchtigkeitsschutz, Beständigkeit gegenüber mechanischer Belastung und chemischen Einwirkungen sowie eine lange Lebensdauer mussten gewährleistet sein. Dank der werkseitigen Planung im 3D-Modell und der präzisen Fertigung konnte sichergestellt werden, dass jede Steckverbindung exakt an der richtigen Stelle sitzt und zuverlässig funktioniert. Die Bauzeit des Hotels verkürzte sich deutlich, gleichzeitig wurden Lärm- und Transportaufwand am Strandstandort erheblich reduziert.

Bild 4: *Steckverbindung in einem Betonmodul; Rundsteckverbinder RST® CLASSIC (Quelle: Wieland Electric)*

Anwendung im Trockenbau

Auch im Holz- und Trockenbau eröffnet die Vorfertigung von Elektroinstallationen erhebliche Effizienzgewinne. Ein Beispiel liefert die WOLF System GmbH, die bei der Errichtung von Fertighäusern auf modulare Elektroinstallationen setzt. Die Planung erfolgt dabei digital in enger Abstimmung mit dem Systemhersteller: Aus den Bauplänen werden Installationspläne erstellt, die die steckbaren Bestandteile und ihre Positionen exakt definieren. Auf der Baustelle erfolgt die Verbindung der Module nach dem Plug-&-Play-Prinzip: Die Module werden untereinander elektrisch über die Steckverbinder verbunden, ohne dass eine aufwändige Verdrahtung nötig ist. Im Optimum wird nur die Zentraleinheit, z. B. ein Wohnungsverteiler, an die Zuleitungen angeschlossen, wobei selbst dies mit leistungsstarken Steckverbindungen möglich ist. Dies reduziert die Bauzeit, minimiert Fehlerquellen und schafft zugleich eine hohe Transparenz im Bauablauf.

Bild 5: *Fertighausmodul (Quelle: Wieland Electric)*

Bild 6: *Verteiler (Quelle: Wieland Electric)*

Plug and Play auf der Baustelle

Die Praxis zeigt, dass steckbare Systeme nicht nur die Montage beschleunigen, sondern zugleich zur Qualitätssicherung beitragen. Mechanische Kodierungen der Steckzonen – auch Steckgesicht genannt – und unterschiedliche Steckverbinderfarben sorgen für eine eindeutige Zuordnung der Verbindungen und erleichtern die Arbeit auf der Baustelle. Rückmeldungen aus Projekten bestätigen den Mehrwert: Bauleiter und Monteure profitieren von der klaren Struktur, der Installationsprozess wird planbar und die Übergaben zwischen den Gewerken gestalten sich reibungslos.

Bild 7: *Plug and Play vor Ort: Die farblichen Codierungen geben Orientierung, hier beispielsweise eine braune Steckzone, die den Anschluss eines Schalters signalisiert. (Quelle: Wieland Electric)*

Die Beispiele aus Betonfertigteilbau und Trockenbau verdeutlichen, dass die industrielle Vorfertigung von Elektroinstallationen kein Zukunftsthema mehr ist, sondern bereits in der Praxis umgesetzt wird. Entscheidend ist dabei weniger die technische Machbarkeit – diese ist bewiesen –, sondern die Bereitschaft der Planungs- und Bauprozesse, sich auf standardisierte, steckbare Systeme einzulassen.

Nachhaltigkeit und Effizienz

Neben Zeit- und Kostenvorteilen leisten vorgefertigte, steckbare Elektroinstallationen auch einen wichtigen Beitrag zu Nachhaltigkeit und Ressourcenschonung im Bauwesen. Während bei konventionellen Installationsmethoden erhebliche Mengen an Materialresten, Verpackungen und Baustellenabfällen entstehen, reduziert die industrielle Vorfertigung diese Einflüsse deutlich. Leitungslängen sind exakt konfektioniert, Verbindungsstellen standardisiert und die Montage erfolgt ohne aufwändiges Zuschneiden oder Nacharbeiten. Dadurch sinkt nicht nur das Abfallaufkommen auf der Baustelle, sondern auch der Materialeinsatz insgesamt. Darüber hinaus unterstützt die Standardisierung der Komponenten die Wiederverwendbarkeit. Steckbare Systeme können bei Rückbau oder Umnutzung eines Gebäudes deutlich einfacher demontiert und an anderer Stelle erneut eingesetzt werden. Dies eröffnet neue Perspektiven für die Kreislaufwirtschaft im Bauwesen, die zunehmend in den Fokus von Bauherren, Investoren und Behörden rückt. Statt einmalige Lösungen zu schaffen, entstehen Systeme, die auf eine längere Nutzungsdauer und flexible Anpassung ausgelegt sind.

Auch während der Nutzungsdauer der Gebäude wirken sich die Vorteile aus. Präzise gefertigte und geprüfte Module senken das Risiko von Fehlern oder Nacharbeiten.

Nicht zuletzt ergeben sich positive Effekte im Hinblick auf die CO_2-Bilanz. Weniger Transportwege durch gebündelte Lieferungen, weniger Baustellenabfälle und kürzere Bauzeiten bedeuten auch geringere Emissionen. In der Summe leisten vorgefertigte Elektroinstallationen damit einen positiven Beitrag zu den Klimazielen der Bauwirtschaft.

Digitale Planung und BIM-Integration

Mit der zunehmenden Verbreitung von Building Information Modeling (BIM) steht Architekten, Fachplanern und Bauunternehmen ein Werkzeug zur Verfügung, das alle relevanten Informationen eines Bauwerks in einem konsistenten, digitalen Modell bündelt (siehe auch Kapitel „Planungsprozesse und BIM“). Für die Elektroinstallation heißt das: Leitungsführungen, Steckverbindungen, Verteiler und Schnittstellen zu anderen Gewerken lassen sich über alle Projektphasen hinweg präzise abbilden, prüfen und koordinieren. Von der ersten Planung bis zum Betrieb und zur möglichen späteren Umnutzung.

Der große Vorteil von BIM liegt in der Datendurchgängigkeit. Änderungen im Modell wirken sich unmittelbar auf alle beteiligten Gewerke aus, sodass mögliche Planungsunstimmigkeiten frühzeitig erkannt und vermieden werden können. Für die Elektroinstallation, die traditionell eng mit Ausbaugewerken wie Heizung, Lüftung, Sanitär oder Trockenbau verzahnt ist, schafft BIM ein hohes Maß an Transparenz und Koordination. Konflikte, etwa durch Platzbedarf oder Leitungsführungen, lassen sich bereits in der Planungsphase lösen, bevor sie auf der Baustelle zu Verzögerungen oder Mehrkosten führen.

Besonders in der industriellen Vorfertigung spielt die BIM-Integration ihre Stärken aus. Steckbare Installationssysteme können bereits im digitalen Modell definiert und als standardisierte Bausteine hinterlegt werden. Daraus ergeben sich konkrete Stücklisten, Applikationsschemata und Fertigungsdaten, die direkt in den Produktionsprozess der Module einfließen. Die Bauausführung profitiert von dieser Präzision: Auf der Baustelle liegen klar dokumentierte, passgenaue Komponenten vor, die nach dem Plug-&-Play-Prinzip montiert werden können. Außerdem bietet BIM die Möglichkeit eines digitalen Zwillings der Elektroinstallation. Dieser begleitet das Gebäude über seinen gesamten Lebenszyklus hinweg. Wartungsarbeiten, Erweiterungen oder Umnutzungen lassen sich anhand der im Modell hinterlegten Informationen effizient planen und umsetzen. So wird nicht nur die Planungs- und Bauphase optimiert, sondern auch der Betrieb langfristig unterstützt.

Die Praxis zeigt: Digitale Planung und modulare Elektroinstallation sind keine parallelen Entwicklungen, sondern greifen ineinander. Die Standardisierung steckbarer Systeme erleichtert die Modellierung im BIM-Prozess, während BIM wiederum die Grundlage schafft, diese Systeme präzise und gewerkeübergreifend in den Bauablauf zu integrieren. Damit wird die Elektroinstallation zum sichtbaren Bestandteil der digitalen Transformation des Bauens – ein Bereich, der nicht nur Kosten und Zeit spart, sondern auch Transparenz, Qualität und Nachhaltigkeit im gesamten Bauprozess fördert.

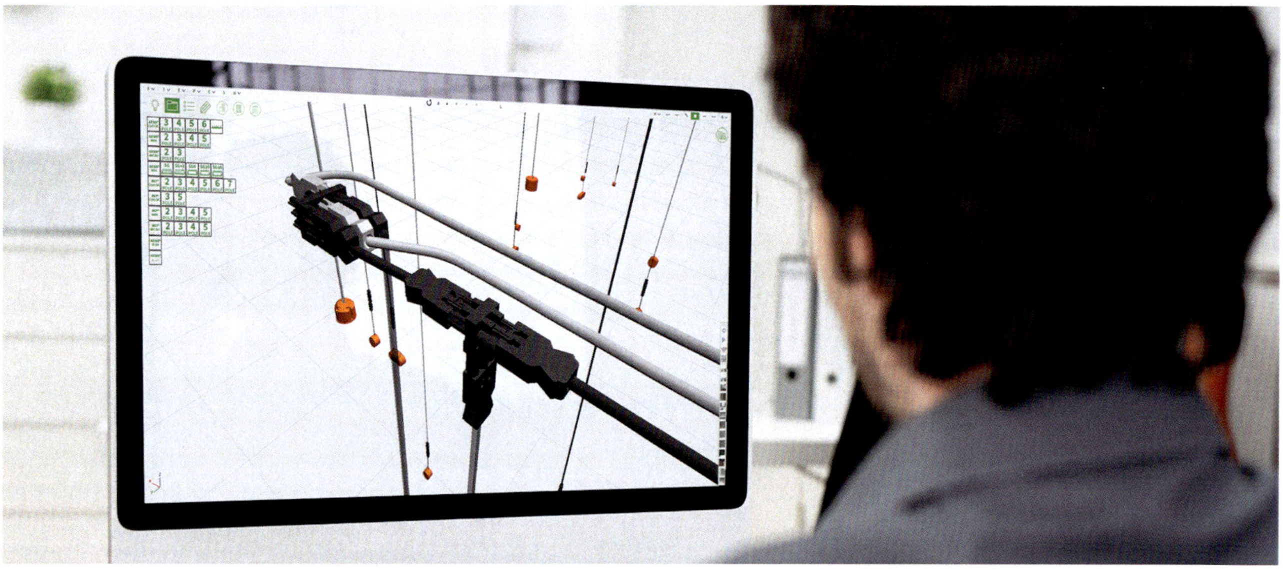

Bild 8: *Beispiel: Aus dem Buildings Solutions Designer BSD werden die einzelnen Produkte für die kundenspezifischen Wieland PREFAB® Lösungen ermittelt. (Quelle: Wieland Electric)*

Vorgefertigte Installationswände

Serielle Bauweisen im Bereich der Technischen Gebäudeausrüstung (TGA) sind eine zeitgemäße Antwort auf gestiegene technische, regulatorische und organisatorische Anforderungen. Im Kontext Installationswände zeigt sich das Potenzial systematischer Vorfertigung: Sie bietet eine praktikable Lösung für viele der klassischen Herausforderungen der TGA – vom baurechtlichen Schall- und Brandschutz über Trinkwasserhygiene bis hin zur sicheren, gewerkeübergreifenden Planung. Sie sichert von Anfang an den kontinuierlichen Baufortschritt, minimiert den Koordinationsaufwand und vereinfacht die Arbeit auf der Baustelle.

Fertigung und Ausführungen

Die vorgefertigten Installationswände und -schächte werden auf der Basis eines Vorwandsystems hergestellt, welches zur Aufnahme der Systemkomponenten wie Sanitärmodule, Armaturentraversen und Haltesysteme dient. Es enthält i.d.R. die gesamte Verrohrung für alle Medien, die Absperrorgane, Wasserzähler und Lüfterkästen sowie ggf. die Schalung für die Deckenschotts. Unter industriellen Bedingungen werden die Wände und Schächte in einer hohen, gleichbleibenden Qualität hergestellt.

I. d. R. erstellt der Systemanbieter für jeden Wandtyp des Bauvorhabens die für die Ausschreibung notwendigen Unterlagen und übergibt diese an den Fachplaner. Wandtypen und -ausfertigungen können beispielsweise sein:

- Schacht mit teilhoher Vorwand
- raumhohe Vorwand
- Trennwand
- teilhohe Vorwand mit Schacht im Flur

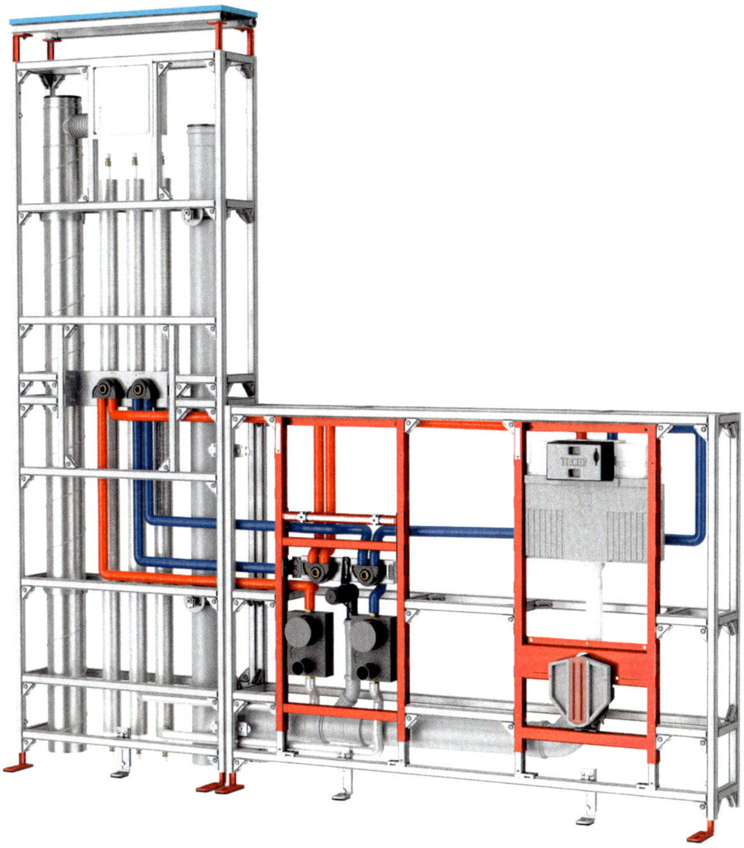

Bild 1: *Schacht mit teilhoher Vorwand rechts (Quelle: TECE)*

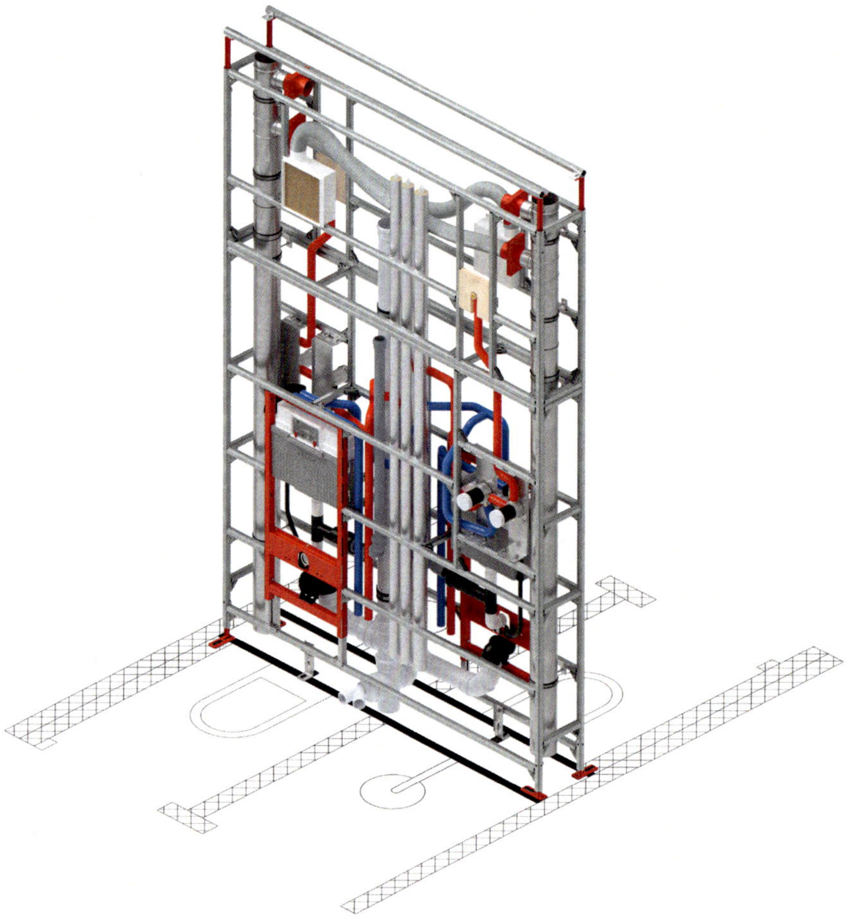

Bild 2: *Trennwand zwischen zwei Bädern (Quelle: TECE)*

Man unterscheidet hier in Wandtypen und die jeweils individuellen Installationswände auf Basis dieser Typen. Ein Wandtyp kann z. B. „Schacht mit halbhoher Vorwand rechts" sein, der in einem Projekt 40-mal vorgesehen ist. Die Ausführung der vorgefertigten Installationswände dieses Typs unterscheiden sich dann insbesondere bei den Steigleitungen, die je nach Stockwerkhöhe in unterschiedlichen Durchmessern verbaut werden. Aber auch Abmessungen und verbaute Objekte können variieren.

Somit bietet sich die serielle Vorfertigung keineswegs nur bei einer großen Zahl identischer Modelle an, sondern kann im Gegenteil auch einen hohen Grad an Individualisierung realisieren. Darüber hinaus kann sie je nach Komplexität der zu verbauenden Technik bereits bei kleinen Stückzahlen eine wirtschaftliche Alternative zur konventionellen Bauweise darstellen.

Effizienz und kalkulatorische Sicherheit

Mit serieller Vorfertigung ist der Zeitaufwand für die Sanitärinstallation transparent und damit besser kalkulierbar, was das Verzugsrisiko erheblich reduziert. In Abstimmung mit den Kunden erfolgt die Lieferung zu den gewünschten Terminen just-in-time auf die Baustelle. Bei größeren Stückzahlen auch in mehreren Abrufen. Auf Wunsch können Teilmengen auch in Containern geliefert und auf der Baustelle zwischengelagert werden. An Ort und Stelle werden die Sanitärwände und Schächte nur noch ausgerichtet und am Baukörper fixiert. Dann müssen lediglich die Rohrleitungen miteinander verbunden werden. So verringert sich die Montagezeit vor Ort deutlich, ebenso wie der Koordinationsaufwand zwischen verschiedenen Gewerken. Zudem entfällt auf der Baustelle die kontinuierliche Verwaltung, die Beschaffung und das Zusammensuchen der vielen Einzelteile. Stillstandzeiten werden so nachweislich reduziert.

Fachhandwerker sparen jedoch nicht nur Zeit bei der eigentlichen Installation und haben das passende Material zum richtigen Zeitpunkt vor Ort. Dank vollständiger Dokumentation und umfänglicher Systemzertifizierung erfolgen Abnahme und Abrechnung ebenfalls schneller, was die Kapitalbindung verkürzt.

Gewährleistung und Baurecht

Die Umsetzung großer Bauprojekte gemäß aktuellen Vorgaben, unter Berücksichtigung der Interessen aller Projektbeteiligten sowie eigener Qualitätsansprüche stellt eine anspruchsvolle Aufgabe dar. Nach der Fertigstellung eines Gebäudes haften Planer und ausführende Gewerke für die technisch einwandfreie Umsetzung aller Auflagen sowie die fehlerfreie Funktion aller Bauteile. Der Einsatz vorgefertigter Installationswände kann dazu beitragen, Gewährleistungsfälle zu reduzieren. Für TGA-Planer ergibt sich eine höhere baurechtliche Sicherheit, da sich Risiken teilweise aus dem eigenen Verantwortungsbereich auslagern lassen. Statt Verwendbarkeitsnachweise für jedes einzelne Bauteil prüfen zu müssen, erhalten sie mit der vorgefertigten Installationswand ein geregeltes Bauprodukt „am Stück“, das den bauaufsichtlichen Anforderungen bereits entspricht. Dabei übernimmt der Systemanbieter die Gewährleistung für sämtliche in den Installationswänden integrierten Produkte und Rohrverbindungen.

Schall-, Wärme- und Brandschutz

Ein diesbezüglich neuralgischer Bereich in der TGA ist nach wie vor der Installationsschacht. An kaum einem anderen Punkt des Gebäudes treffen so viele unterschiedliche wichtige Versorgungstrassen zusammen.

Weil hier sämtliche Medienleitungen das Gebäude vertikal und horizontal durchdringen, besteht ein erhöhtes Risiko hinsichtlich Brand- und Rauchweiterleitung sowie ein erhöhter Bedarf an Schall- und Wärmeschutz.

Lösungen für Schall-, Wärme- und Brandschutz sind immer ein Bündel mehrerer Einzelmaßnahmen. Sie können alle Anforderungen nur dann erfüllen, wenn sie genau aufeinander abgestimmt sind. Die sichere Abnahme und die Wirtschaftlichkeit sind die entscheidenden Kriterien dafür. Dabei richten sich die wirtschaftlichsten Lösungen stets nach gewünschter Bauart und deren besonderen Anforderungen. Dies gilt für den Schallschutz nach DIN 4109-1[1] bzw. die erhöhten Anforderungen nach DIN 4109-5[2] bzw. VDI 4100[3] ebenso wie für den Brandschutz. Jede projektspezifische Bausituation muss in ihrer Gesamtheit betrachtet, sorgfältig geplant und fachgerecht ausgeführt werden.

Die Vielzahl unterschiedlicher Brandschutzprodukte – von Manschetten über Dämmhülsen bis hin zu Kombiabschottungen – stellt dabei eine große Herausforderung dar, denn für jede einzelne Anwendung ist ein zum Zeitpunkt des Einbaus gültiger Verwendbarkeitsnachweis erforderlich. Hinzu kommt, dass nur geprüfte Produktkombinationen (z. B. Rohr und Manschette desselben Systems) zulässig sind und die Ausführung exakt den Zulassungen entsprechen muss. Ausführende Firmen müssen nicht nur den Einbau nach Herstellervorgaben vornehmen, sondern auch eine lückenlose Dokumentation führen.

Die serielle Vorfertigung bietet hierfür eine Lösung, da Schacht- und Wandelemente werkseitig unter kontrollierten Bedingungen mit geprüften und aufeinander abgestimmten Systemkomponenten ausgestattet werden. Dadurch werden Nachweisführung, Ausführungssicherheit und Schnittstellenkoordination erheblich vereinfacht, während gleichzeitig die Einhaltung der geforderten Schutzziele gewährleistet bleibt.

Die Vorteile der Einblasdämmtechnik

Die brandschutztechnische Abschottung von Installationssystemen ist zeitintensiv und blockiert oftmals qualifiziertes Personal. Insbesondere bei Installationswänden als Trennwänden und bei Schächten bietet die maschinelle Einblasdämmtechnik hier eine sichere und wirtschaftliche Alternative, die externe, zertifizierte Dienstleister komplett übernehmen können. Bei dieser Technik wird ein nichtbrennbares, mineralisches Dämmgranulat maschinell in die Vorwand eingebracht. Bei entsprechender Mengenberechnung bildet es eine hohlraumfreie Befüllung zur Verhinderung der geschossübergreifenden Übertragung von Feuer und Rauch. So können auch raumhohe Installationswände und -schächte in Verbindung mit einer geeigneten Systembeplankung ohne klassifizierte Deckenschottsysteme brandschutztechnisch ertüchtigt werden. Das vereinfacht die Installation erheblich, da die Randbedingungen der Verwendbarkeitsnachweise unterschiedlichster Deckenschottsysteme nicht zu beachten sind und Deckendurchbrüche einfach maschinell mit verfüllt werden.

Die für die Einblasdämmung zuständige, zertifizierte Fachfirma übernimmt abschließend die brandschutztechnische Verantwortung durch die Übereinstimmungserklärung. Zudem erstellt sie die baurechtlich notwendige Dokumentation.

---

[1] DIN 4109-1: Schallschutz im Hochbau - Teil 1: Mindestanforderungen
[2] DIN 4109-5: Schallschutz im Hochbau - Teil 5: Erhöhte Anforderungen
[3] VDI 4100: Schallschutz im Hochbau - Wohnungen - Beurteilung und Vorschläge für erhöhten Schallschutz

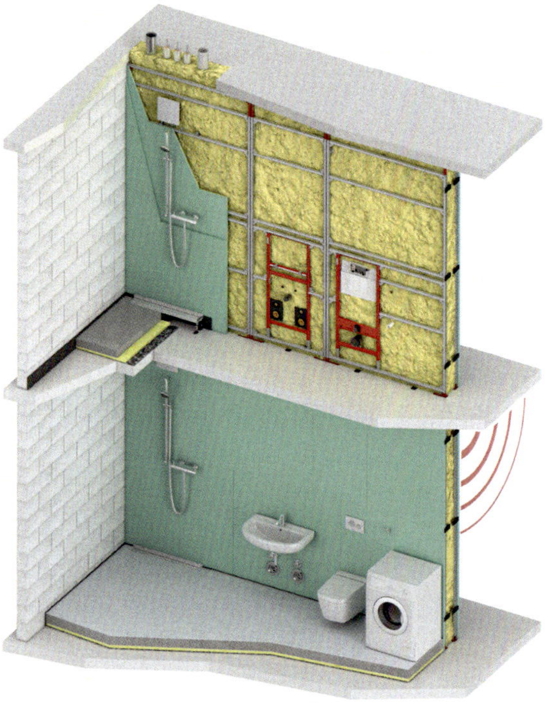

Bild 3: *Raumhohe Installationswand eingesetzt als Trennwand, mit Einblasdämmung verfüllt (Quelle: TECE)*

Ein positiver Nebeneffekt der Einblasdämmtechnik ist die Möglichkeit einer thermischen Trennung von Kalt- und Warmbereichen im gemeinsam genutzten Installationsschacht bzw. in der Vorwandinstallation. Die dichte, hohlraumfreie Füllung des Granulats reduziert die Wärmeübertragung auf die Kaltwasserleitungen – ein wertvoller Beitrag zur Trinkwasserhygiene.

Anforderungen an die Fachplanung

Neben den klassischen normativen Anforderungen an Brand- und Schallschutz sowie Trinkwasserhygiene ergeben sich im seriellen Bauen zusätzliche Aspekte, die bei der Planung im Blick behalten werden müssen. Besonders relevant sind dabei die Schnittstellen zu anderen Gewerken. Eine frühzeitige Kommunikation, etwa mit dem Trockenbau, ist essenziell, um Doppelungen bei der Ausschreibung oder Konflikte bei der Ausführung zu vermeiden. Empfehlenswert ist eine Abstimmung bereits in den frühen Leistungsphasen (LPH 2-3) gemeinsam mit Architekt, TGA-Fachplaner und beteiligten Ausbaugewerken.

Auch die Schnittstelle zur Elektrotechnik erfordert besondere Beachtung. Werden Leitungen in haustechnischen Schächten mitgeführt, müssen Art, Befestigung und Abschottung der Leitungen klar definiert werden. Andernfalls besteht die Gefahr, dass brandschutztechnische Anforderungen nicht eingehalten und Zulassungen nicht erfüllt werden.

Wird der TGA-Fachplaner bereits in frühen Projektphasen in die Planung eingebunden, können Bauabläufe effizienter gestaltet und Zeitgewinne erzielt werden. So lassen sich beispielsweise Installationswände beidseitig nutzen, wodurch auf zusätzliche Zwischenwände verzichtet werden kann, oder eine rohbaubegleitende Montage vor Einzug der Geschossdecke realisieren. Je früher die Koordination erfolgt, desto größer ist das Potenzial, Gestaltung, Ausführung und Logistik im Bauprozess zu optimieren.

Vorgefertigte Installationswände in der Sanierung

Ein erheblicher Anteil des vorhandenen Wohnungsbestands weist technische Einrichtungen auf, die nicht den aktuellen Standards entsprechen. Häufig bestehen Defizite im Brandschutz, in der Haustechnik und in der Ausstattung der Sanitärräume. Vor diesem Hintergrund sind Modernisierungsmaßnahmen erforderlich, um die Sicherheit, Funktionsfähigkeit und Nutzbarkeit der Gebäude zu gewährleisten. Der Einsatz industriell vorgefertigter Installationswände ermöglicht hier auch unter komplexen logistischen und zeitlichen Bedingungen eine technisch hochwertige und normgerechte Sanierung.

Dabei erlaubt die serielle Vorfertigung trotz hoher Standardisierung eine flexible Anpassung an unterschiedliche Raumgeometrien. So lassen sich auch komplexe Sanierungssituationen mit Vorfertigung lösen – beispielsweise bei Maßabweichungen, versetzten Schächten oder heterogenen Deckenhöhen. Des Weiteren können minimalinvasive Konzepte die Belastung der Bewohner im Vergleich zur konventionellen Bauweise erheblich reduzieren.

Fallbeispiel 1: Sanierung einer Großwohnanlage

Eine komplexe Sanierungssituation lag bei der Sanierung zweier baugleicher 15-geschossiger Wohnbauten in Hamburg vor. Die Modernisierung umfasste neben den Erschließungsfluren die Versorgungsschächte und die Bäder von über 200 Wohnungen – und dies, während die Bewohner in ihren Wohnungen verblieben.

Hierfür wurden neue Versorgungsschächte in den Etagenfluren installiert. Dies war möglich, weil Küchen und Bäder an die Flure grenzten und diese genügend Raum boten. Mittels einer Kernbohrung wurden zunächst Öffnungen von den Sanitärbereichen zum Flur hin geschaffen, um diese später an die neuen Schächte anschließen zu können. Danach wurden die industriell vorgefertigten Schächte in den Fluren aufgebaut. Das raumhohe System war vorab so konzipiert worden, dass die Elemente in zwei Teilen geliefert wurden und somit in den Aufzügen in die jeweiligen Etagen transportiert werden konnten. Nach dem Aufbau wurden die Steigleitungen geschossweise miteinander verbunden. Im letzten Schritt wurden die Versorgungsschächte beplankt und nach ihrer Fertigstellung für den Brand- und Schallschutz mit einer mineralischen Einblasdämmung verfüllt.

Durch diese Vorgehensweise ließ sich der Aufbau der Installationsschächte mit reduziertem Personaleinsatz realisieren. Auch die Mieter profitierten von dieser Vorgehensweise, denn die Bäder konnten so nach und nach saniert und an die neuen Schächte angeschlossen werden, während die alten Bäder noch über den alten Schacht versorgt wurden. Im Schnitt konnten alle Bewohner ihre neuen Bäder nach zehn Tagen wieder benutzen. Für die Übergangszeit hatten sie Zugang zu leerstehenden Wohnungen im Gebäude.

Bild 4: *Fallbeispiel 1: Im Erschließungsflur installierte TGA-Schächte während der Sanierung (Quelle: TECE)*

Bild 5: *Fallbeispiel 1: Im Erschließungsflur installierte TGA-Schächte nach der Sanierung (*
Quelle: TECE)

Mit industriell vorgefertigten Vorwandsystemen lassen sich Sanierungsprojekte somit mit Zeitfenstern planen, die in konventioneller Bauweise kaum zu realisieren sind. So profitieren Investoren und Wohnungswirtschaft von einem schnelleren ROI, und Einnahmeausfälle werden verkürzt oder ganz vermieden. Im Falle der Sanierung im bewohnten Zustand reduzieren sich zudem die Kosten für externe Unterbringung der Bewohner.

Installationswände als Raumtrennwände

Ein besonderer Anwendungsbereich für vorgefertigte Installationswände ist ihre Funktion als raumhohe, beidseitig nutzbare Trennwand. Anstatt nur als Vorwand vor einer bestehenden Wand installiert zu werden, können diese Systeme eigenständige, raumteilende Funktionen übernehmen. Sie ersetzen dann die eigentliche, üblicherweise gemauerte oder in Trockenbau erstellte Trennwand und machen so zusätzliche Vorwandkonstruktionen überflüssig. Typische Einsatzgebiete sind:

- zwischen zwei Bädern in Hotels, Pflegeeinrichtungen oder Studentenwohnheimen
- zwischen Bad und Küche in Mikroapartments oder kleineren Wohneinheiten

Auch freistehende Installationswände sind realisierbar.

Der Einsatz von Installationswänden als Trennwand hat mehrere Vorteile: Es wird nicht nur eine Zeitersparnis erzielt, weil die Errichtung von gemauerten oder Trockenbauwänden entfällt. Auch kann der Grundriss effizienter genutzt werden, was insbesondere bei kleinen Wohneinheiten, Mikroapartments oder Sanierungen mit beengten Verhältnissen relevant ist und im Hinblick auf Barrierefreiheit sogar von entscheidender Bedeutung sein kann.

Fallbeispiel 2: Bauzeitreduktion durch Vorfertigung

In einer neu errichteten Pflegeeinrichtung mit 24 Apartments waren ursprünglich Trockenbauwände als Trennungen zwischen den Badezimmern vorgesehen. Stattdessen entschied man sich für industriell vorgefertigte Installationswände, die zugleich als raumhohe Trennwände zwischen den Badezimmern fungieren.

Die Vorfertigung bot bereits in der Planungsphase Vorteile: Durch die detaillierten Fertigungszeichnungen konnten Schnittstellen frühzeitig abgestimmt und Einbauten wie Ablagen oder Nischen direkt berücksichtigt werden.

Während der Montagephase konnten die Elemente nach der Just-in-time-Anlieferung innerhalb weniger Tage montiert und direkt an die Leitungen angeschlossen werden, da sämtliche Installationen für Wasser, Abwasser und Lüftung bereits integriert waren. Die gesamte Installation war mit vier Fachkräften in nur sieben Arbeitstagen abgeschlossen. Im Vergleich dazu hätte die Ausführung mit Trockenbauwänden und konventioneller Installation etwa sechs bis sieben Wochen erfordert – und den doppelten Personaleinsatz.

Die Zeitersparnis von rund 80 % wirkte sich unmittelbar auf die Gesamtkosten und die Projektorganisation aus. Weniger Personalstunden senkten die Handwerkerkosten, gleichzeitig konnte die Bauzeit insgesamt um mehrere Monate verkürzt werden. Darüber hinaus erleichterte die klare Vorplanung die Arbeit angrenzender Gewerke wie Elektro- und Lüftungsinstallation, da alle Leitungswege und Anschlusspunkte bereits definiert waren.

Bild 6: *Der Einsatz von vorgefertigten Installationswänden als Raumtrennwände machte die Errichtung zahlreicher Trockenbauwände überflüssig. (Quelle: TECE)*

Fazit

Industriell vorgefertigte Installationswände bieten eine effiziente und normgerechte Lösung für zentrale Herausforderungen der Technischen Gebäudeausrüstung (TGA). Sie verbessern Brandschutz, Schallschutz und Trinkwasserhygiene, reduzieren den Koordinationsaufwand und ermöglichen eine präzise, schnelle Montage. Neben der Standardisierung erlaubt die Vorfertigung auch individuelle Ausführungen und ist bereits bei kleineren Stückzahlen wirtschaftlich. Durch vollständige Dokumentation und zertifizierte Prozesse steigt die baurechtliche Sicherheit, während Gewährleistungsrisiken sinken. Techniken wie die Einblasdämmung optimieren den Brandschutz und unterstützen die Trinkwasserhygiene. Auch im Sanierungs- und Umbaukontext überzeugen vorgefertigte Systeme durch Zeitersparnis, Planbarkeit und reduzierte Belastung für Bewohner.

Kreislauffähigkeit des seriellen und modularen Bauens

Einführung und Grundlagen

Die Kreislauffähigkeit serieller und modularer Bauweisen gewinnt innerhalb der nachhaltigen Architektur zunehmend an Bedeutung. Im Folgenden wird eine ausführliche Konzeptübersicht vorgestellt, die die zentralen Gestaltungs- und Planungsprinzipien des seriellen und modularen Bauens im Kontext der Kreislaufwirtschaft systematisch und übersichtlich zusammenfasst. Diese schematische Darstellung ermöglicht eine Erfassung der komplexen Zusammenhänge und bildet die Basis für eine projektspezifische, vertiefte Analyse durch den Betrachter. Nachfolgend wird auf die im Schaubild auf der nächsten Seite dargestellten Themenfelder „Strategien und Prinzipien", „Strukturen und Werkzeuge" und „Prozesse und Zukunftstechnologien" im Kontext der Kreislaufwirtschaft eingegangen.

Um die drei Themenfelder des seriellen und modularen Bauens im Kontext der Kreislaufwirtschaft besser einordnen zu können, ist es erforderlich, die konzeptionellen Grundlagen darzustellen.

Grundlage dieses Denkens bilden die Prinzipien der Kreislaufwirtschaft nach der Ellen MacArthur Foundation (EMF)[1] sowie das Cradle to Cradle®-Konzept nach Braungart/McDonough[2]. Beide Denkschulen verfolgen das Ziel, den Lebenszyklus von Produkten, Komponenten und Gebäuden so zu gestalten, dass sie möglichst lange und mit maximalem Nutzen in geschlossenen Kreisläufen bleiben. Dabei erfolgt die Kreislaufführung im Sinne der Ökoeffektivität[3], bei der Materialien entweder als biologische oder als technische Nährstoffe dauerhaft in den jeweiligen Metabolismen verbleiben. Im Unterschied zur Ökoeffizienz steht bei der Ökoeffektivität nicht die Optimierung einzelner Prozesse, sondern eine ganzheitliche und regenerative Ressourcennutzung im Vordergrund. Entscheidend ist ein Designprinzip, das Abfall grundsätzlich vermeidet, die Wieder- und Weiterverwendung konsequent fördert und ein systematisches Denken über den gesamten Produkt- und Gebäudelebenszyklus voraussetzt.[4]

Beide Systeme tragen damit zur langfristigen Ressourcenschonung bei, indem Materialien kontinuierlich und ohne Qualitätsverlust in den biologischen oder technischen Kreislauf zurückgeführt werden.[5] Ein anschauliches Beispiel hierfür liefert das Butterfly-Modell der EMF[6], das die beiden Metabolismen - den technischen und biologischen - und seine Kreislaufansätze visualisiert. Es verdeutlicht, wie Materialien in geschlossenen Stoffströmen gehalten und erneut als wertvolle Ressourcen in den Wirtschaftskreislauf eingebracht werden können, um echte Ökoeffektivität zu erreichen (Bild 2).

Im Cradle to Cradle®-Ansatz werden Gebäude auch als „gesunde" und langlebige Rohstofflager verstanden, deren Bauteile sich gezielt zurückführen und sortenrein nachnutzen lassen. Das setzt eine umfassende Transparenz über Materialzusammensetzungen sowie die konsequente Schaffung geschlossener Kreisläufe voraus, von der gezielten Materialauswahl und sorgfältigen Dokumentation bis hin zur Demontage und stofflichen Rückführung.[7] Auf diesem ganzheitlichen Prinzip aufbauend, gewinnt das Management zukünftiger Materialströme zunehmend an Bedeutung. Serielle und modulare Bauweisen ermöglichen es, Bauteile bereits in der Planungs- und Produktionsphase so zu gestalten, dass sie sich am Ende ihrer Nutzungsdauer leicht demontieren, sortenrein trennen und in geschlossenen Kreisläufen nachnutzen lassen. Diese Vorgehensweise erhöht nicht nur die Transparenz entlang der gesamten Wertschöpfungskette, sondern steigert auch die Flexibilität in der Nutzung von Gebäuden erheblich.

1 Ellen MacArthur Foundation: Leading the Transition to a Circular Economy. Online verfügbar unter: https://www.ellenmacarthurfoundation.org/ (Stand: 25.08.2025)

2 Braungart, M.; McDonough, W.: Cradle to Cradle: Einfach intelligent produzieren. München, 2014.

3 Ökoeffektivität: Ökoeffektivität ist ein Konzept, das darauf abzielt, nicht nur die Umweltbelastung zu minimieren, sondern Ressourcen so zu nutzen, dass keine Abfälle entstehen, indem Materialien dauerhaft in biologischen oder technischen Kreisläufen gehalten werden. Dabei steht nicht die Effizienz einzelner Prozesse im Vordergrund.

4 Braungart, M.; McDonough, W.: Cradle to Cradle: Einfach intelligent produzieren. München, 2014

5 ebd.

6 Ellen MacArthur Foundation: Leading the Transition to a Circular Economy. Online verfügbar unter: https://www.ellenmacarthurfoundation.org/ (Stand: 25.08.2025)

7 EPEA: Das Cradle to Cradle Designprinzip für Gebäude: 66669f42707939fe2c502564_C2C_Booklet_EPEA_PART_II_Gebaeude.pdf (Stand: 26.08.2025)

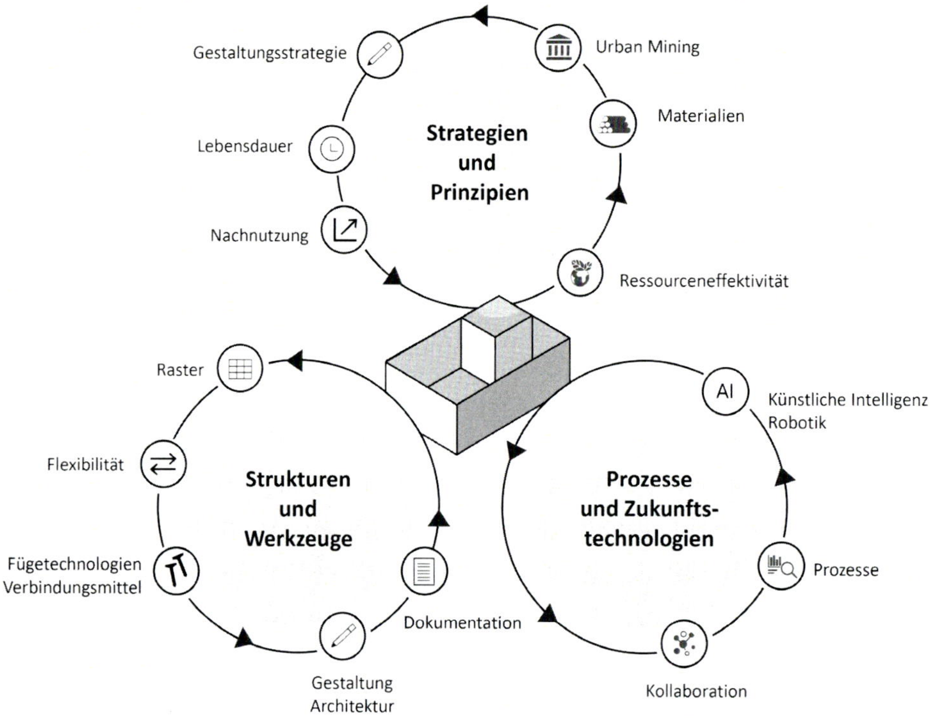

***Bild 1:** Kreislaufdarstellung der Kernelemente für das serielle und modulare Bauen (Quelle: Schneider)*

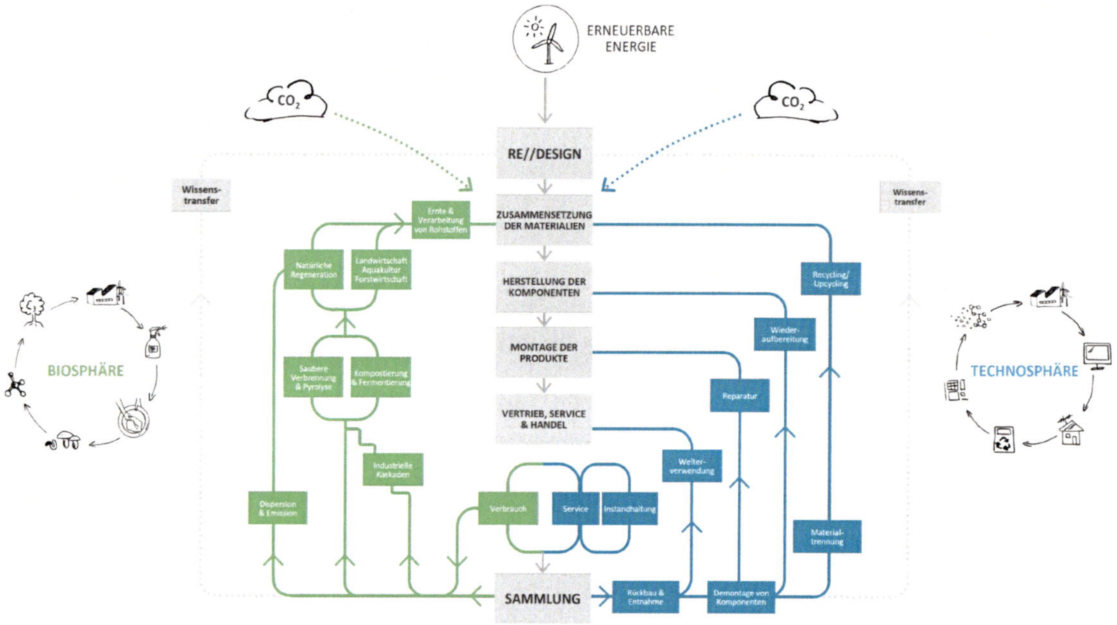

***Bild 2:** Butterfly-Modell nach EMF (Quelle: EPEA - Part of Drees & Sommer nach EMF)*

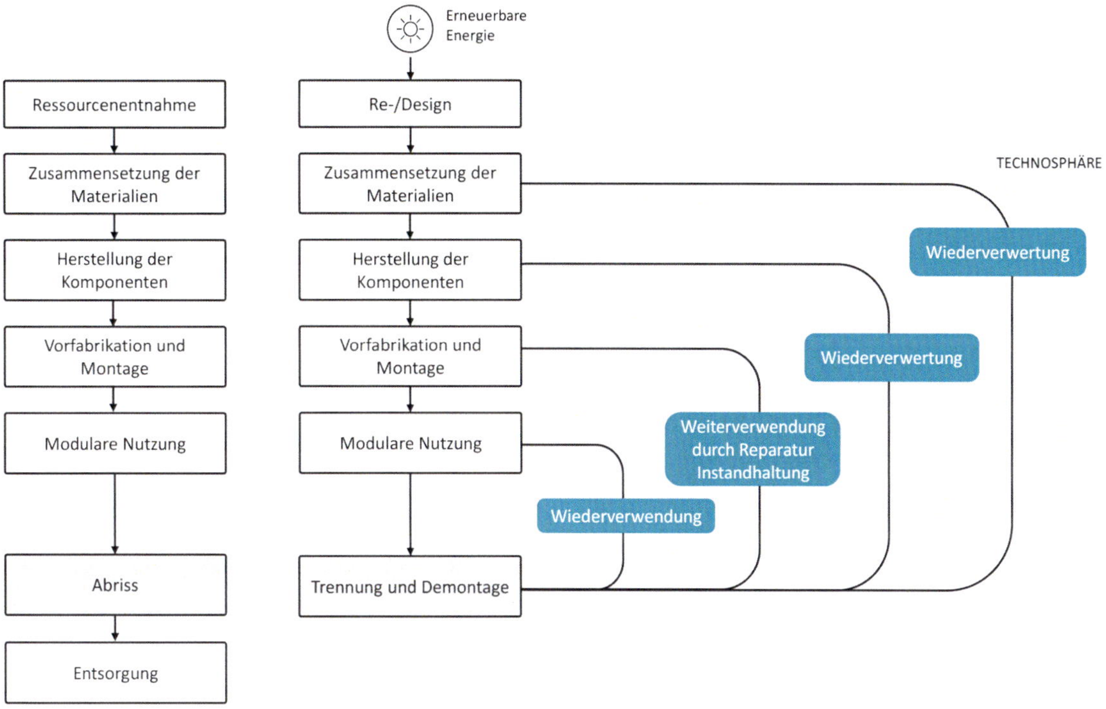

Bild 3: *Vergleich linearer Stoffstrom (links) und die Technosphäre mit den zirkulären Nachnutzungen nach EMF (rechts) (Quelle: Schneider z. T. nach EMF)*

Vom linearen Stoffstrom zum geschlossenen Kreislauf

Der lineare Stoffstrom im Bauwesen führt zu erheblichen Verlusten an Ressourcen und beeinträchtigt die Nachhaltigkeit durch fehlende stoffliche Rückführung und begrenzte Nutzungsdauer der eingesetzten Materialien. Im Gegensatz dazu steht die Kreislaufschließung, die auf eine kontinuierliche Wieder- und Weiterverwendung der Materialien abzielt, um Ressourcen im System zu halten und Umweltauswirkungen zu reduzieren.

Für das serielle und modulare Bauen im Kontext der Kreislauffähigkeit sind mehrere Aspekte von zentraler Bedeutung: Das Design und das Konzept müssen auf eine zirkuläre Nachnutzung sowie eine einfache, emissions- und schadarme Demontage ausgelegt sein. Die Auswahl sortenreiner Materialien bildet dabei die Grundlage für kreislaufgerechte Bauweisen. Rückbauprozesse dürfen nicht länger linearen Stoffstrommustern folgen, da eine stoffliche Rückführung und langfristige Nutzung nur durch eine konsequente Schließung der Kreisläufe gewährleistet werden kann. Durch die standardisierte Fertigung sowie den gezielten Einsatz „gesunder", sortenreiner Materialien und lösbarer Verbindungen wird ein ressourceneffizienter Planungs- und Bauprozess ermöglicht.

Modularisierte Elemente tragen dazu bei, den Ressourcen- und Materialverbrauch zu reduzieren und erleichtern den Rückbau sowie die Wieder- und Weiterverwendung. Insbesondere die Digitalisierung von Materialdaten und die Entwicklung innovativer Rückbau- und Demontagekonzepte stärken das serielle und modulare Bauen als zukunftsfähige Lösung für kreislaufgerechte Prozesse. So wird der Übergang zu einer ressourcenschonenden, kreislauffähigen Bauweise gefördert, die den Prinzipien von Cradle to Cradle® und EMF konsequent folgt.

Gestaltungsprinzipien

Strategische Weiterentwicklung der Kreislauffähigkeit

Die strategische Weiterentwicklung der Kreislauffähigkeit serieller und modularer Bausysteme basiert wesentlich auf den historischen und gesellschaftlichen Entwicklungen des Systembaus in der Architektur der 1960er und 1970er Jahre. In dieser Zeit prägten industriell gefertigte Bausysteme die Architekturdiskussion, getrieben von der Notwendigkeit, den damals herrschenden, massiven Wohnraummangel schnell und kosteneffizient zu lindern.[1] Nach dem Zweiten Weltkrieg war die Wohnungsnot in Deutschland akut. Das führte zu staatlichen Interventionen und der Förderung von systematischem und modular aufgebautem Wohnungsbau, der durch die Vorfertigung von standardisierten Bauelementen in Fabriken und deren Montage auf der Baustelle gekennzeichnet war. Diese Entwicklung erlaubte eine hohe Baugeschwindigkeit, eine Reduktion der Baukosten und eine wettbewerbsfähige Vollzeitarbeit unter wettergeschützten Bedingungen.[2] Der Systembau brachte in dieser historischen Phase eine neue Rationalität ins Bauen: Standardisierte, wiederholbare Bauelemente ermöglichten eine planmäßige, effiziente Produktion und verkürzten die Bauzeiten. Durch die Kombination von industrieller Fertigung und seriellen Bauweisen konnte in großem Umfang Wohnraum geschaffen werden, der auch durch flexible und systematisierte Bauprozesse geprägt war.[3]

Schlüssel für nachhaltige Bauwirtschaft

Der Erfolg des Systembaus durch effiziente und flexible Produktionsprozesse bildet eine solide Grundlage, um die Potenziale dieser Bauweise im Sinne einer nachhaltigen und zirkulären Bauwirtschaft weiterzuentwickeln. Angesichts der heutigen ökologischen Herausforderungen und der steigenden Bedeutung von Ressourceneffizienz, eröffnet die serielle und modulare Bauweise neue Möglichkeiten, die Prinzipien der Kreislauffähigkeit gezielt in den Planungs- und Bauprozess zu integrieren und somit langfristig einen ressourcenschonenden Umgang mit den Materialien sicherzustellen. Die serielle und modulare Bauweise begünstigt eine ressourcenschonende Nutzung von Baustoffen, da einzelne Elemente gezielt wieder- und weiterverwendet, ausgetauscht oder recycelt werden können, sofern die Planung dafür ausgelegt wurde. Damit entspricht ein strategisch entwickelter Systembau nicht nur aktuellen Anforderungen, sondern bietet auch innovative Perspektiven, um anhaltende Herausforderungen der Wohnungsversorgung, insbesondere angesichts wachsender Bevölkerungszahlen und steigender ökologischer Anforderungen, zu bewältigen.[4]

Aktuell existieren zahlreiche Systemhersteller auf dem Markt, die serielle und modulare Lösungen für eine Vielzahl von Gebäudetypen anbieten. Die verwendeten Modulbausysteme orientieren sich dabei stark an den individuellen Entwicklungen, Geschäftsprozessen und Standards der jeweiligen Hersteller. Die Kompatibilität, Demontagefähigkeit und stoffliche Rückführung von Bauteilen hängt somit von herstellerspezifischen Strategien und Konzepten ab. Ein entscheidender Aspekt für die zukünftige Kreislauffähigkeit im Bausektor liegt in der strategischen Weiterentwicklung des Systemgedankens. Um allerdings eine Kreislauffähigkeit nicht nur in einzelnen Systemen, sondern flächendeckend und sektorenübergreifend zu etablieren, ist eine Erweiterung und Standardisierung des Systemgedankens notwendig. Dafür braucht es gemeinsame Schnittstellen, offene Materialdatenbanken, allgemeingültige IT-Infrastrukturen zur Dokumentation, herstellerübergreifende Verbindungs- und Demontageprinzipien sowie integrative digitale Werkzeuge, die eine transparente und nachhaltige Zusammenarbeit ermöglichen.

Ziel muss es sein, zirkuläre Systeme so weiterzuentwickeln, dass Module verschiedener Anbieter nicht nur flexibel kombiniert, sondern auch effizient rückgebaut und einem neuen Lebenszyklus zugeführt werden können. Die strategische Herausforderung besteht also darin, den seriellen und modularen Ansatz konsequent in Richtung sektorübergreifender Kreislaufprozesse und gemeinsamer Standards weiterzuentwickeln, damit eine dauerhafte Kreislauffähigkeit im Bauwesen erreicht werden kann. Im Prozess kreislauffähiger, serieller und modularer Bauweisen lassen sich auf Basis des Butterfly-Modells von EFM die Abläufe in zwei zentrale Bereiche gliedern: Planung und Fertigung (Off-Site) sowie Montage, Nutzung und Rückbau (On-Site) von kreislauffähigen, seriellen und modularen Bauten.[5]

1 Musso, F.: Vom Systembau zum Bauen mit System. Kiel, 2016. S. 6-7.
2 Musso, F.: Vom Systembau zum Bauen mit System. Kiel, 2016. S. 17
3 Musso, F.: Vom Systembau zum Bauen mit System. Kiel, 2016. S. 6-7, S. 17 ff.
4 Hovestadt, V.: Modulare Bauten erfüllen die Anforderungen unserer Zeit, in: VDI Nachrichten. Online verfügbar unter: https://www.vdi.de/news/detail/modulare-bauten-erfuellen-die-anforderungen-unserer-zeit (Stand: 17.09.2025)
5 Circular Construction for Urban Development – A System. Kopenhagen, 2024. Seite IV.

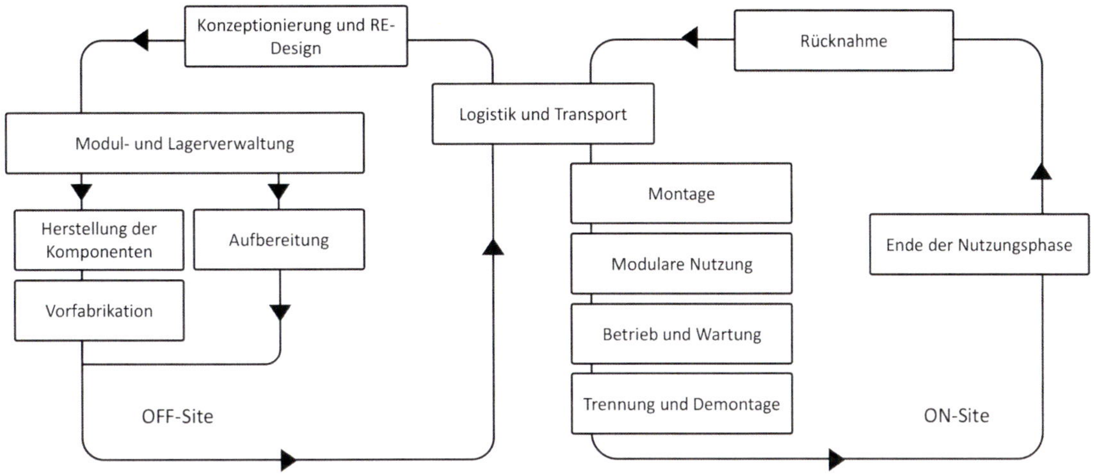

Bild 1: *Kreislauforientierter Prozess serieller und modularer Bauweisen. (Quelle: Schneider unter Berücksichtigung von: Circular Construction for Urban Development – A System. Kopenhagen, 2024. Seite IV.)*

Off-Site

Off-Site beginnt mit der Konzeptentwicklung und dem Design, im Rahmen derer die Weichen für eine zirkuläre Nutzung der herstellerübergreifenden Module gestellt werden. Eine digitale Verwaltung von Modulen und Systemen in der Lagerverwaltung unterstützt die Prüfung und Dokumentation aller Bauteile hinsichtlich ihrer späteren Wiederverwendbarkeit und Recyclingfähigkeit. Die anschließende Herstellung oder Aufbereitung der Module erfolgt in kontrollierten Umgebungen außerhalb der Baustelle, wodurch eine hohe Qualität und effiziente Ressourcennutzung sichergestellt wird. Bereits in diesem Schritt fließen Fragen der Demontage und Wiederverwendung in die Planung ein. Die logistisch optimierte Anlieferung der Module, mit Blick auf geschlossene Materialkreisläufe, schließt die Off-Site-Phase ab.[6]

On-Site

On-Site setzt mit der Lieferung und Errichtung der Module auf der Baustelle an. Die präzise Montage ermöglicht einen raschen Baufortschritt, minimiert Abfall vor Ort und erleichtert bei einer geeigneten Verbindungstechnik spätere Rückbauprozesse. In der anschließenden Betriebsphase sorgen kontinuierliche Wartung und Instandhaltung für einen wirtschaftlichen Nutzungszyklus der Gebäude. Bei der Umnutzung, Sanierung oder dem Rückbau eines Gebäudes am Ende seiner Nutzungsdauer lassen sich herstellerunabhängige Module und Komponenten gezielt demontieren, instandsetzen und in einen neuen Kreislauf zurückführen.

Damit werden Kreislaufprinzipien praktisch umgesetzt: Die Lebenszyklen von Bauteilen verlängern sich und Ressourcen verbleiben möglichst vollständig im System.[7]

Design for Disassembly

Das Design for Disassembly (DfD) ist eine zentrale Gestaltungsstrategie, die besonders im Kontext des seriellen und modularen Bauens immer mehr Bedeutung erlangt. Ihr Ziel liegt darin, Gebäude von Anfang an so zu planen und zu konstruieren, dass sie am Ende ihrer Lebensdauer einfach, sortenrein, energie-, emissions- und schadstoffarm demontiert werden können. Das erleichtert nicht nur einen effizienten Rückbau, sondern ermöglicht auch die gezielte Wieder- und Weiterverwendung der Bauteile, was einen wesentlichen Schritt zur Schließung von Materialkreisläufen darstellt.

[6] Circular Construction for Urban Development – A System. Kopenhagen, 2024. Seite IV.
[7] ebd.

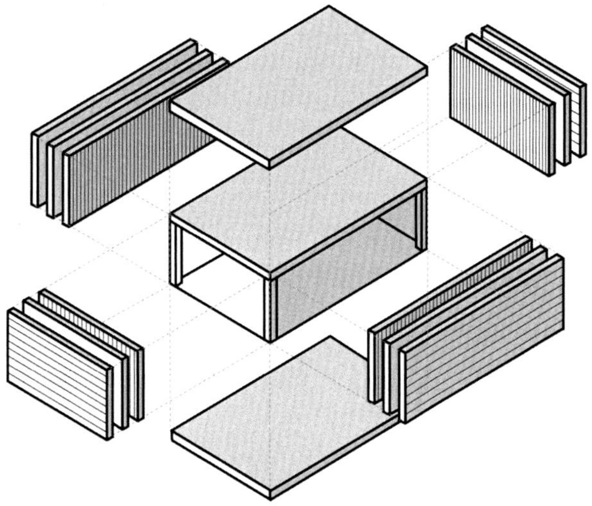

Bild 2: *Vereinfachte schemenhafte Explosionszeichnung eines DfD-Moduls ohne Verbindungsmittel (Quelle: Schneider)*

In den frühen 1990er Jahren entwickelten Boothroyd und Alting das Konzept des Design for Disassembly (DfD) – als Weiterentwicklung des bereits in den 1970er Jahren entstandenen Design for Assembly (DfA). Ziel von DfA war ursprünglich, durch eine optimierte Gestaltung die Montagekosten durch eine optimierte Gestaltung zu senken. Insbesondere bei der Serienfertigung führte das zu kürzeren Produktionszeiten, höherer Qualität und einer geringeren Anzahl an Einzelbauteilen.[8] Diese Prinzipien bildeten den Grundstein für das DfD, bei dem der Fokus darauf liegt, Produkte so zu entwerfen, dass sie am Ende ihrer Lebensdauer einfach zerlegt und wiederverwendet werden können. Für den Gebäudebereich wurde das DfD-Konzept in den 1990er Jahren von Crowther[9] adaptiert und steht heute in engem Zusammenhang mit Ansätzen wie Cradle to Cradle® und Urban Mining. Wegweisende Persönlichkeiten wie Braungart und McDonough, die Initiatoren des Cradle to Cradle®-Prinzips, haben immer wieder betont, wie wichtig DfD für eine wirklich nachhaltige Architektur ist. [10]

Das DfD-Konzept umfasst gezielte Konstruktionsprinzipien, die eine vollständige und rückstandsfreie Demontage von Bauteilen gewährleisten. Es geht darum, in der Planung nicht nur die Nutzung, sondern ebenso Rückbau und Wiederverwertung als integrale Bestandteile zu verstehen. Das DfD-Prinzip wird beim seriellen und modularen Bauen immer wichtiger, weil es gezielt dabei hilft, Bauteile wieder ausbauen und erneut verwenden zu können. Bereits heute lassen sich modulare Gebäude so entwerfen, dass ihre Komponenten einfach demontiert und in verschiedenen Nutzungsphasen eingesetzt werden können. Bei der Umsetzung eines erweiterten DfD-Konzeptes für das kreislaufgerechte Konstruieren[11] werden in der Planungs- und Entwurfsphase drei zentrale zeichnerische Satzgruppen erstellt: ein Montagesatz, ein Demontagesatz und ein Satz für die Weiterverwendung.

Montagesatz

Der zeichnerische Montagesatz enthält alle notwendigen Anweisungen und Details zur fachgerechten und effizienten Montage der Bauteile. Er gewährleistet, dass die Bauelemente so zusammengesetzt werden, dass sie später einfach und rückstandsfrei getrennt werden können.

Demontagesatz

Der zeichnerische Demontagesatz beschreibt die systematische und sichere Vorgehensweise zur Zerlegung der Bauteile, inklusive der Reihenfolge der Demontage sowie der Werkzeuge und Verbindungselemente, die entfernt werden müssen. Er dient dazu, ein schnelles und materialschonendes Auseinandernehmen/Trennen zu ermöglichen.

Satz für die zirkuläre Nachnutzung

Der zeichnerische Satz für die Wieder- und Weiterverwendung dokumentiert den Zustand, die Materialien und mögliche Wiederverwendungsszenarien der Bauteile nach der Demontage. Er unterstützt die Planung der Wiedereingliederung oder Umnutzung in zukünftige Bauprojekte und gewährleistet die Erfassung aller relevanten Daten für die zirkuläre Nutzung.

Diese drei zeichnerischen Darstellungen bilden eine wesentliche Grundlage für ein umsetzbares DfD-Konzept, da sie Planungssicherheit bieten und den Lebenszyklus der Bauteile auf zirkuläre Nutzung ausrichten.

---

[8] Boothroyd, Geoffrey: Product design for manufacture and assembly, in: Computer-Integrated Manufacturing Systems 7, 1994. S. 625-636, S. 505-520. Online verfügbar unter: https://www.sciencedirect.com/science/article/abs/pii/0010448594900825 (Stand: 16.09. 2025)

[9] Crowther, Philip: Design for Disassembly – Themes and Principles, in: RAIA/BDP Environment Design Guide, 2005. Online verfügbar unter: https://www.jstor.org/stable/26149108 (Stand: 16.09.2025)

[10] Design for Disassembly, in: BauNetz Wissen - Nachhaltig Bauen. Online verfügbar unter: https://www.baunetzwissen.de/nachhaltig-bauen/fachwissen/baustoffe--teile/design-for-disassembly-8617253 (Stand: 26.08.2025)

[11] Vgl. Hebel, D.; Schneider, D.: Architektonische Details als Schlüssel für das kreislaufgerechte Konstruieren: Analyse von Darstellungs- und Informationsgehalten zeichnerischer Details. Graz, 2025. S. 161

Gelungene Beispiele

Es gibt bereits zahlreiche gelungene Beispiele für serielle und modulare Gebäude, die nach dem DfD-Prinzip umgesetzt wurden und die Vorteile dieser nachhaltigen Planungsweise demonstrieren. Ein beispielhaftes Vorzeigeprojekt in der Schweiz ist das UMAR-Gebäude in Dübendorf, entworfen von den Architekten Hebel, Heisel und Sobek.[12] Dort wurden modulare Elemente so gestaltet, dass sie wieder- und weiterverwendbar und nach der ersten Nutzungsphase für nachfolgende Lebenszyklen nutzbar sind.[13] Die Gebäudeeinheit wurde so konzipiert, dass alle verwendeten Materialien vollständig wieder- und weiterverwendet oder kompostiert werden können. Das Tragwerk und die Fassadenteile bestehen aus unbehandeltem Holz, das sich nach dem Rückbau wiederverwenden oder biologisch abbauen lässt. Zusätzlich kommen Metalle wie Aluminium und Kupfer zum Einsatz, die leicht trennbar und rückbaubar sind. Das Innenraumkonzept beruht auf einer Vielfalt seriell gefertigter Bauelemente, deren Materialkombinationen bewusst gewählt und dokumentiert sind. Innovative Materialien, wie gezielt aufgearbeitetes Recyclingziegelmaterial, kompostierbare Myzel-Platten und wiederverwendete Dämmstoffe kommen zum Einsatz. Technische Installationen sind so ausgeführt, dass sie an den Modulgrenzen reversibel gekoppelt sind, was eine einfache Montage und Demontage erlaubt.[14] [15] Das Projekt im Schweizerischen Dübendorf zeigt damit praxisnah, wie die konsequente Anwendung von DfD nicht nur die Wieder- und Weiterverwendung von Bauteilen ermöglicht, sondern auch Flexibilität für zukünftige Veränderungen schafft. Nachfolgend widmet sich das Kapitel dem Design für kreislaufgerechte Bauweisen, das den nachhaltigen Umgang mit Ressourcen und die Wiederverwendbarkeit von Bauteilen in den Mittelpunkt stellt.

Design im Kontext der Kreislauffähigkeit

Ein zukunftsweisender Designansatz für das kreislaufgerechte, serielle und modulare Bauen ist die Entwicklung von Gestaltungsprinzipien, die auf Kooperation und Abstimmung zwischen verschiedenen Herstellern von Bausystemen aufbauen. Denkbar ist die Etablierung einer digitalen Plattform, die als gemeinsamer Rahmen zur Konfiguration von Gebäuden dient. Durch eine systematische Baukastenstruktur könnten unterschiedliche Nutzungs- und Nachnutzungsszenarien realisiert werden, indem beispielsweise Achsraster, einheitliche Modulgrößen sowie klar definierte Anschlüsse und Verbindungsmittel als verbindende Elemente festgelegt werden. Im Zentrum steht dabei weniger eine bereits existierende Plattform als vielmehr das Potenzial, durch abgestimmte Designrichtlinien die Zusammenarbeit von Herstellern zu fördern und die Variabilität von Bausystemen gezielt zu reduzieren. Gemeinsame konstruktive Grundlagen und Gestaltungsprinzipien könnten ermöglichen, dass Module verschiedener Produzenten flexibel kombiniert, angepasst und im globalen Kreislauf geführt werden. Ein solcher Designansatz setzt voraus, dass verschiedene Unternehmen branchenübergreifend miteinander kooperieren, um ihre jeweiligen Konstruktionssysteme aufeinander abzustimmen und sich auf gemeinsame Gestaltungsprinzipien zu einigen. Damit wird die Variabilität zwischen Systemen reduziert und die industrielle Fertigung modularer Bauelemente in einem offenen, flexiblen Rahmen gestärkt. Ziel ist, eine maximale Redundanz in der Herstellung zu erreichen, sodass möglichst viele Hersteller nach denselben Vorgaben produzieren können und die Module untereinander kompatibel bleiben. Die Einführung einer solchen Leitlinie für das zirkuläre, serielle und modulare Bauen schafft die Voraussetzung, urbane Entwicklung systematisch zu steuern, Ressourcen effizient einzusetzen und die Wieder- und Weiterverwendung von Bauteilen langfristig sicherzustellen. Die seriell-kreislaufgerechte Gestaltungsrichtlinie dient somit als Schlüssel für zukunftsfähige und resiliente Bauprozesse.

Im Folgenden werden die spezifischen Design- und Planungsansätze für das serielle, kreislaufgerechte Bauen näher betrachtet.

Material- und Ressourceneffizienz

Materialeffizienz im kreislaufgerechten Modulbau

Die Zukunft nachhaltigen Bauens liegt in der intelligenten Kombination von Materialwahl und konstruktiven Lösungen. Beim kreislaufgerechten, seriellen und modularen Bauen steht dabei ein zentrales Ziel im Mittelpunkt: nachhaltige Einsparungen über den gesamten Lebenszyklus eines Bauwerks zu erreichen. Der Schlüssel hierzu ist ein strategisch durchdachter Materialeinsatz, der bereits in der Planungsphase die späteren Verwendungs- und Nachnutzungs-

[12] Heinlein, F.: Recyclable by Werner Sobek. Stuttgart, 2019

[13] Keller, J.: Wie Umdenken aussehen kann, in: Swiss Architects. 2018. Online verfügbar unter: https://www.swiss-architects.com/de/architecture-news/hintergrund/wie-umdenken-aussehen-kann (Stand: 16.09.2025)

[14] Keller, J.: Wie Umdenken aussehen kann, in: Swiss Architects. 2018. Online verfügbar unter: https://www.swiss-architects.com/de/architecture-news/hintergrund/wie-umdenken-aussehen-kann (Stand: 16.09.2025)

[15] Heinlein, F.: Recyclable by Werner Sobek. Stuttgart, 2019

möglichkeiten mitdenkt. Anstatt auf einen einzigen Werkstoff zu setzen, nutzt eine hybride Bauweise die Stärken verschiedener Materialien gezielt dort, wo sie am be sten zur Geltung kommen: Holz für seine ökologischen Vorteile, Beton für seine strukturellen Eigenschaften und Stahl für seine technischen Stärken. Dabei folgt das Vorgehen einem einfachen, aber wirkungsvollen Prinzip: „minimale Materialmenge an funktionsentscheidender Stelle". Diese Strategie reduziert nicht nur die Baukosten und den Verbrauch von Primärrohstoffen, sondern verbessert zugleich die Energie- und CO_2-Bilanz sowohl der eingesetzten Materialien als auch der Prozesse bei Montage und Demontage. Um die spezifischen Vorteile verschiedener Baustoffe optimal zu nutzen, setzen Hersteller zunehmend auf Hybridkonstruktionen. Darunter fallen etwa die Kombination von Holz-Lehm-Verbunddecken[16] sowie modulare Baukonstruktionen aus Holz und Stahl[17].

Biologische sortenreine Materialien

Ein Kernbestandteil des kreislaufgerechten Bauens ist die überwiegende Verwendung biogener, sortenreiner Materialien wie Holz, Lehm, Hanf oder Flachs. Ihre einheitliche Zusammensetzung gewährleistet eine emissions und schadarme Demontage sowie eine verlustfreie stoffliche Rückführung. Dank biologischer Abbaubarkeit können diese nachwachsenden Rohstoffe am Ende ihrer Nutzungsphase in den biologischen Kreislauf zurückgeführt werden. Kurze, regionale Lieferketten und Transportwege minimieren zusätzlich den CO_2-Fußabdruck und fördern gleichzeitig lokale Wirtschaftsstrukturen sowie traditionelles Handwerk.[18]

Wiedereinsatz gebrauchter Module zur Reduktion des CO_2-Fußabdrucks

Die Wieder- und Weiterverwendung bereits hergestellter und produzierter Module spielt eine zentrale Rolle bei der deutlichen Reduzierung von CO_2-Emissionen im kreislaufgerechten, seriellen und modularen Bauen. Durch den bewussten Einsatz und die Mehrfachnutzung von Materialien an den jeweils geeigneten, funktional relevanten Stellen wird nicht nur der Bedarf an Neuproduktion vermindert, sondern auch die sogenannte graue Energie erheblich gesenkt. Diese nachhaltige Praxis ermöglicht es, Ressourcen über mehrere Lebenszyklen hinweg effizient zu nutzen und so den ökologischen Fußabdruck von Bauprojekten maßgeblich zu verringern.

Materialien

Im kreislaufgerechten, seriellen und modularen Bauen kommen heutzutage vor allem Holz, Stahl, Beton sowie verschiedene Hybridkonstruktionen zum Einsatz. Holz besticht insbesondere mit seiner Nachhaltigkeit, Energieeffizienz und Flexibilität und ermöglicht leichte und gut dämmende Modulbauten.[19] Stahlrahmenkonstruktionen sind typisch für Raumzellenmodule und Containerbauweisen und überzeugen durch hohe Tragfähigkeit sowie einfache Montageprozesse.[20] Für massive und langlebige Module, beispielsweise im Wohn- und Bürobereich, kommen vorgefertigte Wände und Decken aus Brettsperrholz, Beton oder Stahlbeton zum Einsatz, die gute Schall- und Brandschutzwerte bieten. Einige biologische Materialien sind noch durch fehlende bauaufsichtliche Zulassungen eingeschränkt. Dennoch rechtfertigen ihre Sortenreinheit und funktionalen Eigenschaften eine genauere Prüfung für die Materialauswahl im kreislaufgerechten, seriellen und modularen Bauen.

Sortenreinheit der Materialien

Die Sortenreinheit eines Moduls gibt an, inwieweit seine einzelnen Bauteile und Komponenten aus eindeutig definierten, sortenreinen Materialien bestehen und produktneutral gestaltet sind. Die Sortenreinheit wird nach Hebel/Heisel folgendermaßen definiert: „Sortenreine Materialien liegen insofern in ihrer ursprünglichen Grundkonfiguration vor. Sie sind nicht gemischt, legiert, beschichtet oder mit einem weiteren Material unterschiedlicher Werkstoffeigenschaften verbunden".[21] Sortenreinheit bedeutet dabei, dass Materialien so eingesetzt werden, dass sie sich nach ihrer Nutzung ohne großen Aufwand voneinander trennen und in kontrollierten und zirkulären Stoffströmen weiterverarbeiten lassen. Typische sortenreine Materialien im Bauwesen sind beispielsweise Metalle wie Stahl und Aluminium, sortenreine Kunststoffe, unbehandeltes Holz oder mineralische Baustoffe wie Ziegel und Beton, sofern sie nicht mit Fremdstoffen vermischt sind. Für die Auswahl „gesunder" und sortenreiner Materialien im seriellen und modularen Bauen sollten folgende Aspekte berücksichtigt werden:

[16] Massivholzlehmdecken, in: Leipfinger-Bader: https://leipfinger-bader.de/holz-lehm-massivdecke-als-alternative (Stand: 22.09.2025)
[17] Holz-Hybrid Modulbau Bauweise, in: KLEUSBERG. Online verfügbar unter: https://www.kleusberg.de/hybrid (Stand: 13.09.2025)
[18] Hebel, D.; Böhm, S., Boerman, E.: Vom Bauen mit erneuerbaren Materialien. Stuttgart, 2024.
[19] Kolb, J., Kolb, H., Müller, A.: Holzbau mit System. Tragkonstruktion und Schichtaufbau. Basel, 2024. S. 52-53
[20] Modulares und serielles Bauen mit Stahl, in: bba-online.de. Online verfügbar unter: https://www.bba-online.de/modulbau/modulares-und-serielles-bauen-mit-stahl/ (Stand: 17.09.2025)
[21] Heisel. F.; Hebel, D.: Urban Mining und kreislaufgerechtes Bauen. Stuttgart, 2021. S.20

Tabelle 1: *Übersicht der Anforderungen an „gesunde" und sortenreine Materialien*[22 23 24]

Aspekt	Beschreibung	Beispiele
Gesundheit und Schadstoffarmut	Materialien sollten schadstoffarm sein, um gesundheitliche Risiken zu vermeiden. Transparente Herstellerangaben und Zertifikate helfen bei der Auswahl. Gesunde, sortenreine Materialien fördern ein gesundes Raumklima.	• unbehandeltes Holz • Lehmputze • Naturfarben und -lacke auf pflanzlicher Basis • Glasgranulat und Recyclingglas • Lehmputze und mineralische Putze
Sortenreinheit	Materialien mit möglichst wenig „Verbundchemikalien" sind vorteilhaft. Sortenreine Materialien und Bauprodukte sind so konzipiert, dass sie in ihrer ursprünglichen Materialkonfiguration verbleiben und ohne aufwendige Trennprozesse wiederverwendet werden können.	• unbehandeltes Holz • sortenreine Metalle • recycelbare Kunststoffe ohne Zusatzstoffe
Ökologie und Regionalität	Bevorzugung natürlicher, nachwachsender, biologischer Materialien mit regionaler Herkunft zur Minimierung von Transportwegen und Emissionen.	• Holz aus nachhaltiger regionaler Forstwirtschaft • Flachs • Stroh • Lehm • Hanf jeweils aus regionalem Anbau

Materialdeklaration

Die Materialdeklaration vor der Ausführung stellt ein zentrales Instrument für das kreislaufgerechte Bauen dar.[25] Sie umfasst detaillierte Angaben zu den eingesetzten Materialien und ihrer Zusammensetzung, um Transparenz, Sicherheit und Rückverfolgbarkeit zu gewährleisten. Wesentlich ist dabei, dass Baustoffe und Bauteile sortenrein trennbar und reversibel gefügt sind, sodass eine vollständige Wieder- und Weiterverwendung möglich wird. Die Materialdeklaration vor der Vorfabrikation schafft die Grundlage für geschlossene Materialkreisläufe, indem sie eine lückenlose Dokumentation ermöglicht und das Potenzial der Materialien im Rahmen der Kreislaufwirtschaft bewahrt.

Im Hinblick auf ein kollaboratives Design wird eine „produktneutrale" und sortenreine Gestaltung empfohlen. Das bedeutet, dass Module unabhängig vom Hersteller strukturiert werden und die Auswahl der Materialien gezielt nach ihren spezifischen Kreislaufeigenschaften, also der Trennbarkeit und Wieder- und Weiterverwendbarkeit, getroffen wird. So bleibt gewährleistet, dass Bauteile nicht durch Verbundsysteme oder Mehrstoffmischungen dauerhaft untrennbar werden und die Kreislaufwirtschaft behindern. Der durchgängige Einsatz und die Dokumentation kreislaufgerechter Materialien erleichtern nicht nur den späteren Rückbau, sondern ermöglichen auch die Wieder- und Weiterverwendung und steigern damit den ökologischen Nutzen serieller und modularer Bausysteme über mehrere Lebenszyklen hinweg.

Lebensdauer, Lebenszyklen und zirkuläre Nachnutzung

Eine Besonderheit beim kreislaufgerechten seriellen Bauen sind die Lebenszyklen. Sie sind häufig kürzer als bei konventionellen Bauweisen, bedingt durch temporäre Aufbauten oder flexible Gebäudetypologien. Dadurch werden die Effekte des demontagegerechten Planens deutlich schneller sichtbar und erfahrbar: Module und Komponenten lassen sich bereits nach wenigen Jahren um- oder nachnutzen, wodurch Materialien einfacher zurückgeführt werden und das System flexibel an neue Anforderungen angepasst wird. Diese kürzeren Zyklen ermöglichen es, Unsicherheiten, die bei Gebäuden mit sehr langer Lebensdauer bestehen, deutlich zu reduzieren, da Erfahrungen mit Rückbau und Wiederverwendung schneller gesammelt werden können.

Ein weiterer zentraler Aspekt des kreislaufgerechten, seriellen und modularen Bauens ist die lebensphasen- und nachnutzungsgerechte Planung von Modulen und Gebäuden. Es gilt, die Lebenszyklen sowohl „modul-intern" als auch „modul-übergreifend" zu betrachten und Szenarien zu entwickeln, die die Anpassungsfähigkeit und Rückbaubarkeit über lange Zeiträume hinweg ermöglichen. Entscheidend ist nicht nur, was heute rückbaubar und erneuerbar ist, sondern auch, welche Möglichkeiten für Renovierung, Austausch und Umnutzung morgen und übermorgen bestehen.

[22] Hebel, D.; Wappner, L. et.al: Sortenrein Bauen. München, 2023. S. 80-91
[23] Heisel. F.; Hebel, D.: Urban Mining und kreislaufgerechtes Bauen. Stuttgart, 2021. S.20
[24] Hebel, D.; Böhm, S., Boerman, E.: Vom Bauen mit erneuerbaren Materialien. Stuttgart, 2024.
[25] Hebel, D.; Wappner, L. et.al: Sortenrein Bauen. München, 2023. S. 89-90

Im Bereich der modul-internen Lebenszyklusbetrachtung lässt sich für serielle und modulare Holzbauten z. B. eine Lebensdauer von etwa 30 Jahren ansetzen. In regelmäßigen Intervallen können Refits oder Renovierungen erfolgen, bei denen insbesondere Innenausstattung und Sanitärbereiche relativ einfach ausgetauscht oder rückgebaut werden. Renovieren bedeutet in diesem Zusammenhang nicht nur die Erneuerung einzelner Komponenten, sondern eine gezielte Anpassung an veränderte Nutzungsanforderungen und technische Standards. Die Modularität erleichtert den selektiven Austausch von Bauteilen und unterstützt damit die Langlebigkeit und Wertstabilität des gesamten Systems.

Beim Blick auf die modul-übergreifenden Szenarien zeigt sich, dass die Umnutzung von Modulen in andere Nutzungseinheiten bislang in der Praxis nur selten zum Einsatz kommt. Das volle Potenzial einer nachhaltigen Kreislaufwirtschaft bleibt hier oft ungenutzt, da flexible Einsatzmöglichkeiten und Rückbaukonzepte noch zu wenig integriert sind.

Planung von Nachnutzungsszenarien

Neben der Planung der Vorfertigung sind Nachnutzungsszenarien zu entwickeln, bei denen die zukünftige Flexibilität und Anpassungsfähigkeit von Gebäuden, insbesondere von seriellen Modulen, bereits in der frühen Planungsphase aktiv berücksichtigt werden. Das modulare Bauen bietet mit seinen standardisierten Modulstrukturen ideale Voraussetzungen, um verschiedene potenzielle Lebenszyklen und Funktionsänderungen systematisch zu antizipieren und planerisch zu integrieren. Ein zentraler Ansatz ist die Bedarfsanalyse und Prognose, die im Rahmen serieller Bauprozesse die Errichtung von Nutzungskonzepten auf unterschiedlichste Szenarien ermöglicht, beispielsweise hinsichtlich Veränderungen der Bevölkerungsstruktur, des Marktbedarfs oder auch des Nutzerverhaltens. Durch ein ausgeklügeltes Design lassen sich Bauteile und Module so gestalten, dass sie leicht verändert, angepasst, optimiert, demontiert und in neue Nutzungskontexte überführt werden können. Das gilt ebenso für die technische Infrastruktur, die bei modularen Systemen flexibel positionierbar und anpassbar konzipiert werden sollte. Die Dokumentation und Transparenz, etwa durch digitale Gebäudepässe und Materialdatenbanken, sind bei kreislaufgerechten Bausystemen essenziell: Sie müssen die notwendige Voraussetzung schaffen, um Nachnutzungsszenarien lückenlos zu erfassen und parallel die gezielte, herstellerübergreifende Wiederverwendung von Materialien und Komponenten bei Um- oder Rückbau zu ermöglichen.

Partizipative Planung, die Nutzer, Eigentümer und andere Stakeholder frühzeitig einbezieht, ist gerade im Kontext standardisierter oder industriell vorgefertigter Module ein Baustein, um realistische Umnutzungsmöglichkeiten und spätere Anforderungen rechtzeitig zu erkennen und zu definieren.

Wesentlich ist zudem die konsequente Integration von Rückbau- und Umnutzungskonzepten in die Vorfabrikation – ein Aspekt, der bislang in der Planung häufig nur unzureichend Berücksichtigung findet. Serielle Module lassen sich mithilfe lösbarer Verbindungsmittel, variabler Raumkonzepte und flexibler Fassadenelemente besonders effizient für spätere Umgestaltungen und Nachnutzungen auslegen. Gerade bei seriellen Gebäudetypen empfiehlt sich eine regelmäßige Evaluierung der Anforderungen und Potenziale zur Umnutzung, sodass eine rasche Anpassung an neue Entwicklungen und Bedarfe möglich bleibt. Durch diese strategischen Ansätze kann die Gestaltung von Nachnutzungsszenarien gezielt auf den jeweiligen Gebäudekontext, die Materialauswahl und die technische Umsetzung abgestimmt werden.

Im folgenden Abschnitt wird daher darauf eingegangen, wie die Konstruktionsprinzipien ein integraler Bestandteil des kreislaufgerechten, seriellen und modularen Bauens sind und welche Kriterien dabei besonders ins Gewicht fallen.

Strukturen und Werkzeuge

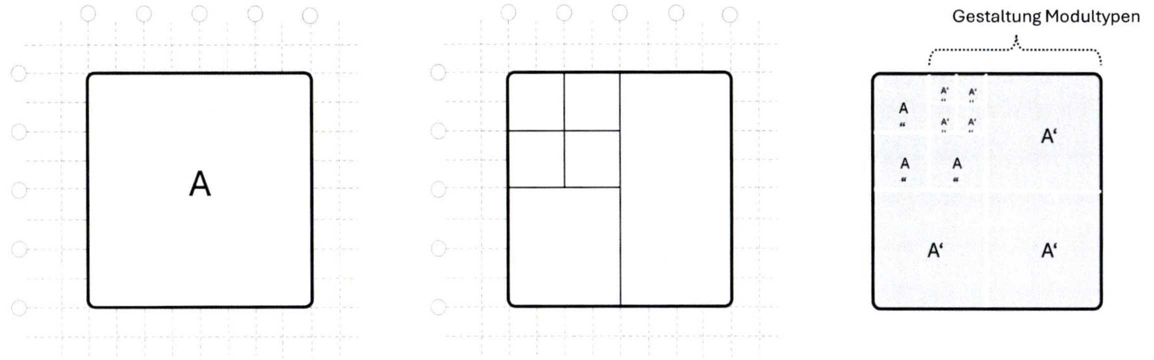

Bild 1: *Gliederungs- und Teilungsvorgang mittels eines zweidimensionalen Rasters (Quelle: Schneider[1])*

Raster

Einheitliche Rasterprinzipien sind für das serielle, modulare Bauen im Kontext der Kreislauffähigkeit von zentraler Bedeutung. Sie legen verbindliche Maße und Achssysteme für die einzelnen Module fest und schaffen damit die Grundlage für die erforderliche Flexibilität und systemübergreifende Kombinierbarkeit.

Grundlegend für die Modularität und das gesamte Gebäudedesign ist die Festlegung eines zweidimensionalen Rasters, das als strukturelles Koordinatensystem sämtliche Module in Position und Maßstab definiert. Dieses Raster stellt die Basis dar, auf der Modulmaße und Kombinationen abgestimmt werden müssen, um Kompatibilität und Planbarkeit sicherzustellen. Die einzelnen Modulsysteme fungieren anschließend als Gestaltungsrichtlinien für die Kombination der Bauteile. Ein typisches Beispiel ist die Austauschbarkeit von Komponenten in unterschiedlichen Abmessungen. Rahmenkonstruktionen erlauben dabei die größte Variationsfreiheit, während volumetrische Module innerhalb desselben Rasters weniger vielseitig kombinierbar sind. Als Vorreiter modularer Baukastensysteme dient die Automobilbranche: Pkw-Modelle basieren seit Jahrzehnten auf einem rasterorientierten Plattform- und Baureihenkonzept, das Fahrzeugkarossen, Antriebe und Elektronikmodule systematisch kombiniert und variiert. Dieser Ansatz beweist, wie ein vordefiniertes Rasterdesign Effizienz und Variantenreichtum zugleich ermöglicht.[2]

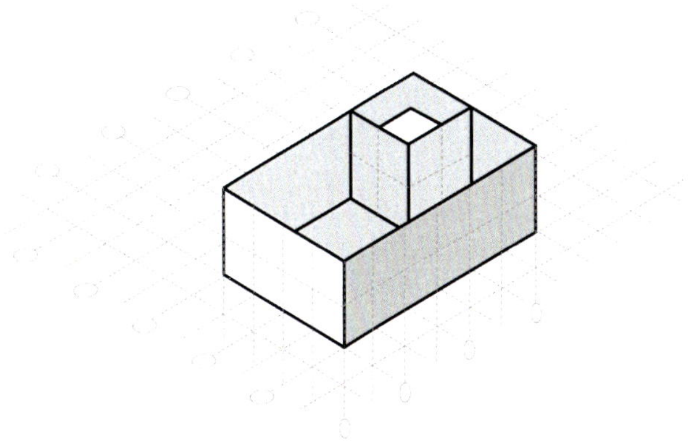

Bild 2: *Gliederungs- und Teilungsvorgang mittels eines dreidimensionalen Rasters (Quelle: Schneider)*

Beim Maß- und Flächensystem baulicher Module wird die Gesamtgeometrie eines Entwurfs in regelmäßige Teilflächen gegliedert, um Wiederholungsstrukturen zu organisieren.[3] Die Anzahl unterschiedlicher Teilflächen spiegelt dabei die gestalterische Komplexität wider. Häufig genügt es, durch kleinere Anpassungen an der Gesamtform, der Position von Geschosskonturen, Kernbereichen und Wandverläufen diese Vielfalt zu verringern. Auf diese Weise lässt sich die Systematik optimieren, ohne die Funktionalität oder die architektonische Individualität zu beeinträchtigen.[4] Das zwei- oder dreidimensionale Raster fungiert nicht nur als Grundraster für Fußabdruck und Raumvolumen, sondern übernimmt zugleich die Rolle eines „Konfigurators" für die Programmierung (vgl. Hovestadt): Die dritte, vertikale Dimension bilden die Füge- und Schichtebenen der einzelnen Komponen-

[1] Diese Darstellung orientiert sich an der Grafik aus: Arisya, K.; Suryantini, R.: Modularity in Design for Disassembly (DfD): Exploring the Strategy for a Better Sustaintable Architecture in: IOP Conference Series: Earth and Environmental Science, Band 738, Heft 1. 2021. S.3.

[2] Krause, D.; Gebhardt, N.: Methodische Entwicklung modularer Produktfamilien. Berlin, 2018. S.141-149

[3] Hovestadt, Volker: Gebäude programmieren. Planungsmethodik, in: Espazium. Online verfügbar unter: https://www.espazium.ch/de/aktuelles/gebaeude-programmieren (aufgerufen am 17.09.2025)

[4] ebd.

ten ab – etwa Sanitärtrassen, Elektroinstallationen oder Wärmedämmung, die modulübergreifend gedacht werden.[5]

Grundlage für Demontageund zirkuläre Nachnutzung

Die durch das Raster geschaffene Flexibilität vereinfacht nicht nur demontagegerechte Abläufe, sondern macht die Schritte zur Wieder- und Weiterverwendung überschaubarer. Teilweise lassen sich Modifikationen mühelos umsetzen, da die Austauschbarkeit innerhalb des definierten Rasters das Potenzial für Wiedereinbau und stoffliche Verwertung einzelner Komponenten erhöht. Als strategisches Designprinzip erfordert Modularität jedoch eine präzise Planung der Verbindungsdetails: Nur mit durchdachten, trennbaren Anschlusselementen und einem konsequent umgesetzten zwei- und dreidimensionalen, horizontalen und vertikalen Raster lassen sich Wiederverwendungsprozesse und Rückbaueffizienz wirklich optimieren.

Für die zirkuläre Nachnutzung von Modulen ist das Rasterprinzip besonders relevant: Wird ein Modul nach der ursprünglichen Nutzung ausgebaut, kann es, dank standardisierter Maße und Anschlüsse, in anderen Gebäuden, Nutzungszusammenhängen oder sogar bei anderen Systemherstellern weiterverwendet werden. Die Module behalten ihre Gestalt und Funktion, da sie unabhängig vom verwendeten Konstruktionssystem oder Hersteller kompatibel sind. So wird die Lebensdauer einzelner Komponenten deutlich verlängert und Materialkreisläufe effizient geschlossen. Nur wenn alle Beteiligten auf einheitliche Raster, Geometrien und Modulgrößen zurückgreifen, lässt sich eine echte Flexibilität und Anpassungsfähigkeit im Grundriss- und Gebäudedesign erreichen. Folglich ermöglichen einheitliche globale Rasterprinzipien den systemübergreifenden Austausch und die Wieder- und Weiterverwendung von Modulen.

Flexibilität und Fügetechnologien

Für eine flexible Demontage und zirkuläre Nachnutzung ist es erforderlich, Anschlüsse und Verbindungsmittel klar zu definieren, dokumentieren und systemübergreifend abzustimmen. Hierfür sind kollaborativ entwickelte Fügetechnologien erforderlich, die unterschiedliche Hersteller und Systeme miteinander kompatibel machen. Eine praktikable Lösung wäre die Einführung eines „Fügeteilkatalogs", aus dem Planer und Hersteller standardisierte Verbindungsmittel auswählen könnten, beispielsweise Schraub- und Steckverbindungen, magnetische Verbindungselemente, Scharniersysteme oder lösbare Klemmtechnik. Solche modular einsetzbaren Fügeteile ermöglichen nicht nur einen einfachen und reversiblen Zusammenbau, sondern unterstützen auch die Erweiterung und den Umbau von Gebäuden. Alternativ könnte auch eine einheitliche Normverbindung, ähnlich wie bei ISO-genormten Containern, das Bauen deutlich erleichtern: Werden sämtliche Module mit identischen Anschlussdetails gefertigt, lassen sich Elemente beliebig austauschen, erweitern oder neu konfigurieren. Ganz gleich, ob temporäre Raumnutzung, Nachverdichtung oder Rückbau, die systemunabhängige Vernetzung der Module ist ein zentraler Faktor für die Kreislauffähigkeit und den Werterhalt im seriellen und modularen Bauen.

In der Praxis sind vor allem mechanisch lösbare Verbindungstechniken vielversprechend, darunter Schiebe- und Stecksysteme, Gewindeverbindungen, Klemmsysteme, Bolzen- und Stiftverbindungen sowie modulare Kupplungselemente. Ihre Auswahl und Entwicklung sollte fester Bestandteil kollaborativer Designprozesse sein, um eine durchgängige Modularität im Bauwesen zu gewährleisten. Die nachfolgende Tabelle zeigt, wie die bewusste Gestaltung der Module mit den passenden Fügetechniken entscheidend zur funktionalen, kreislauffähigen und nachhaltigen Struktur seriellen Bauens beiträgt.

[5] Vgl. Hovestadt, Volker: Gebäude programmieren. Planungsmethodik, in: Espazium. Online verfügbar unter: https://www.espazium.ch/de/aktuelles/gebaeude-programmieren (aufgerufen am 17.09.2025)

Tabelle 1: *Übersicht der Anforderungen an Fügetechnologien*[6]

Aspekt	Beschreibung	Beispiele
Reversibilität	Module werden mit lösbaren Verbindungen geplant, um Rückbau und Wiederverwendung zu ermöglichen.	• Schraubverbindungen • Nut-Feder-Verbindungen • Schwalbenschwanzverbindungen
Materialverträglichkeit	Die Fügetechnik wird gezielt auf die eingesetzten Materialien abgestimmt, um Funktion und Nachnutzung zu sichern.	• Metallbolzen für Stahlprofile • Spezialdübel für Holz • Flexible Dichtungen bei Fassadenverbindungen
Sortenreinheit	Verbindungsmittel werden so gewählt, dass keine untrennbaren Materialmischungen entstehen.	• Schraubverbindungen • Lösbare Klemmsysteme • Verbindungen ohne Klebstoffe
Dauerhaftigkeit und Wartbarkeit	Module erhalten stabile, dennoch einfach wartbare Verbindungen, die Reparatur und Austausch erleichtern.	• Schraubverbindungen • austauschbare Verbindungselemente • modulare Stecksysteme
Standardisierung	Einheitlich definierte Anschlüsse und Verbindungselemente sichern systemübergreifende Kombinierbarkeit.	• genormte Schraub- und Steckprofile • kompatible Anschlussformate in Serienmodulen
Wirtschaftlichkeit	Fügetechniken sind für industrielle Fertigung und Montage effizient und praktikabel.	• vorfabrizierte Schraubsysteme • modulare Steckelemente für schnelle Montage

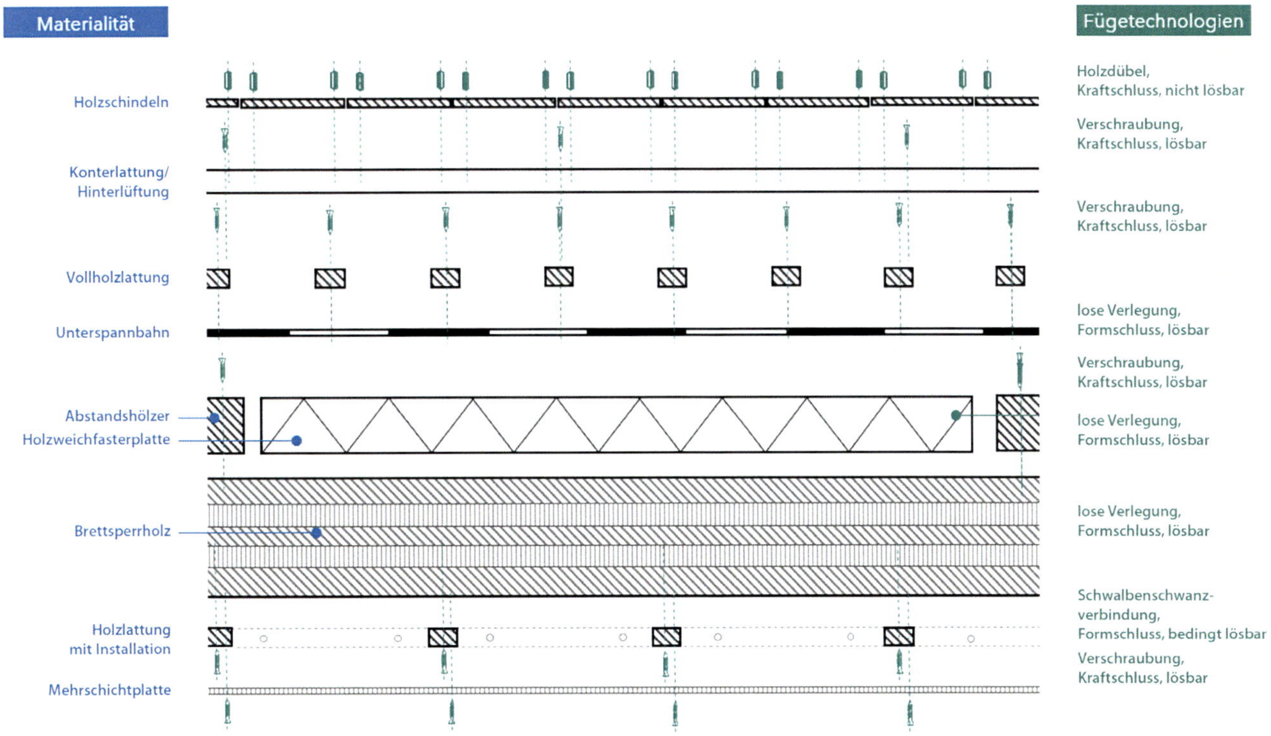

Bild 3: *Fügetechnologien als eigenständige Informationsebene einer zweidimensionalen Horizontalzeichnung einer Außenwand (Quelle: Schneider*[7]*)*

[6] Vgl. Hebel, D.; Wappner, L. et.al: Sortenrein Bauen. München, 2023. S. 104-117

[7] Darstellung auf Basis: Hebel, D.; Schneider, D.: Architektonische Details als Schlüssel für das kreislaufgerechte Konstruieren: Analyse von Darstellungs- und Informationsgehalten zeichnerischer Details. Graz, 2025. S. 160

Architektonische Details

Für die architektonische Detailgestaltung ist es wesentlich, die sog. „Fügeschichten“ als eigenständige Schichten innerhalb eines Bauteilaufbaus zu berücksichtigen. Fügeschichten sind die Bereiche, in denen Materialien miteinander verbunden, getrennt oder wiederverbunden werden.

Sie spielen eine zentrale Rolle für die Kreislauffähigkeit und den reversiblen Rückbau von Bauteilen. Im Detail bedeutet das, dass nicht nur die funktionalen und gestalterischen Anforderungen an die Materialschichten, wie Dämmung, Tragwerk oder Oberflächen, zu betrachten sind, sondern explizit auch die Art und Weise, wie die einzelnen Lagen miteinander gefügt werden. Wie in Bild 8 dargestellt, erhöht die Integration von Fügeschichten im architektonischen Detail die Nachvollziehbarkeit, Reparierbarkeit und Weiterverwendung von Bauprodukten und unterstützt damit maßgeblich das Prinzip der Kreislaufwirtschaft auf Detailebene. Es ist wichtig, die Verbindungsebenen produkt- und materialgerecht zu gestalten und deren Dokumentation sowie Planung sorgfältig vorzunehmen. Bereits im Entwurfs- und Planungsprozess lässt sich so die Grundlage für einen einfachen Rückbau und eine möglichst sortenreine Wiederverwertung schaffen. Durch die bewusste Berücksichtigung der Fügeschichten lassen sich Bauteile für spätere Reparaturen und Anpassungen vorbereiten und ihre Kreislauffähigkeit optimieren.

Gebäudematerialpässe

Ein Gebäudematerialpass ist ein digitales oder physisches Dokument, das alle im Gebäude verwendeten Materialien, Bauteile und technischen Systeme strukturiert und nachvollziehbar erfasst. Von der Herkunft und Zusammensetzung bis zur Menge und Recyclingfähigkeit werden sämtliche Materialien und Bauprodukte sowie deren Fügungen im Lebenszyklus des Gebäudes dokumentiert. Das ermöglicht einen transparenten Überblick über die gesamte Konstruktion und erleichtert die vorausschauende Planung, Nutzung und spätere Verwertung.[8]

Gerade im Kontext des kreislaufgerechten Bauens stellt die Einführung von einheitlichen Gebäudematerialpässen einen bedeutsamen Schritt in Richtung einer transparenten Kreislaufwirtschaft dar. Wenn eine kollaborative Richtlinie für die Erstellung serieller und modularer Bauten etabliert würde, könnten zahlreiche Einzel-Dokumentationen deutlich reduziert werden, da die erforderliche Transparenz und Nachvollziehbarkeit direkt aus dem kooperativen Entwicklungsprozess entstehen - vorausgesetzt, die verwendeten Systeme werden offen und digital erfasst. Gebäudematerialpässe vereinfachen sowohl die Planung und Bewertung von Kreislaufansätzen als auch die Verwaltung aller eingesetzten Materialien und Komponenten. Zudem beschleunigen sie Rückbauprozesse sowie die Wiederverwendung und das Recycling von Bauteilen.

Materialkataster sind eine wichtige Ergänzung zu Gebäudematerialpässen, weil sie durch ihre systematische und flächendeckende Erfassung detaillierte Daten zu Menge, Qualität, Herkunft und Zusammensetzung der verbauten Materialien liefern. Während Gebäudematerialpässe die Kreislauffähigkeit und Umweltbilanz bewerten und die Verwaltung der Materialien erleichtern, schaffen Materialkataster vor allem umfassende Transparenz über Materialbestände im Gebäude oder Bestand.[9] Diese Transparenz ist essenziell, um strategisches Urban Mining voranzutreiben, Kreislaufwirtschaft effektiver zu fördern und Rückbau- sowie Nachnutzungsprozesse zu optimieren. Damit ergänzen Materialkataster die Gebäudematerialpässe sinnvoll, indem sie die Grundlagen für eine nachhaltigere Planung und Nutzung von Materialien legen.

Gestaltungsfreiheit und Vielfalt

Die Sorge vieler Architektinnen und Architekten, dass kreislauffähiges, serielles und modulares Bauen den gestalterischen Spielraum einschränkt und letztlich zu uniformen Gebäuden führt, ist längst überholt. Im Gegenteil: Gerade im Kontext des kreislauffähigen Bauens eröffnet das serielle System spannende Möglichkeiten für innovative und individuelle Architektur.

Serielle und modulare Bausysteme bieten eine hohe Flexibilität in der Komposition und Gestaltung. Unterschiedliche Modulgrößen, variable Raster und die gezielte Kombination verschiedener Materialien schaffen einen kreativen Werkzeugkasten für Architektinnen und Architekten. Die Fassade, die Raumorganisation und sogar die Gebäudeform können trotz vorgefertigter Elemente individuell und standortspezifisch entwickelt werden. Im Kontext der Kreislauffähigkeit entstehen zudem neue Spielräume: Wieder- und weiterverwendbare Verbindungen, demontierbare Fassadenelemente und zirkuläre Materialkonzepte laden dazu ein, Architektur von Beginn an experimentell zu

[8] Circularity Passport, in: EPEA – Part of Drees & Sommer. Online verfügbar unter: https://www.epea.com/news/der-circularity-passport (Stand: 16.09.2025)
[9] Vgl. Madaster: Kataster für Materialien und Produkte, in: Madaster. Online verfügbar unter: https://madaster.de/ (Stand: 14.09.2025)

denken und für zukünftige Umnutzungen und Gestaltungsänderungen offen zu gestalten. So wird Architektur nicht festgelegt, sondern bleibt wandelbar und reagiert flexibel auf Nutzungsanforderungen, Trends und den städtischen Kontext. Die Kunst liegt darin, das Potenzial serieller Systeme klug auszuloten und modularen Elementen durch Materialwahl, Re-Use-Module, Detaillierung und Variationen Individualität zu verleihen. Gerade im Zusammenspiel von serieller Fertigung und architektonischer Kreativität entsteht Zukunftsbau, der ästhetisch, nachhaltig und gesellschaftlich relevant ist. Architektinnen und Architekten sind eingeladen, aktiv mitzugestalten und zu belegen, dass Kreislauffähigkeit und Gestaltungsfreiheit keine Gegensätze sind, sondern die Grundlage für eine neue Generation lebendiger, einzigartiger Architektur.

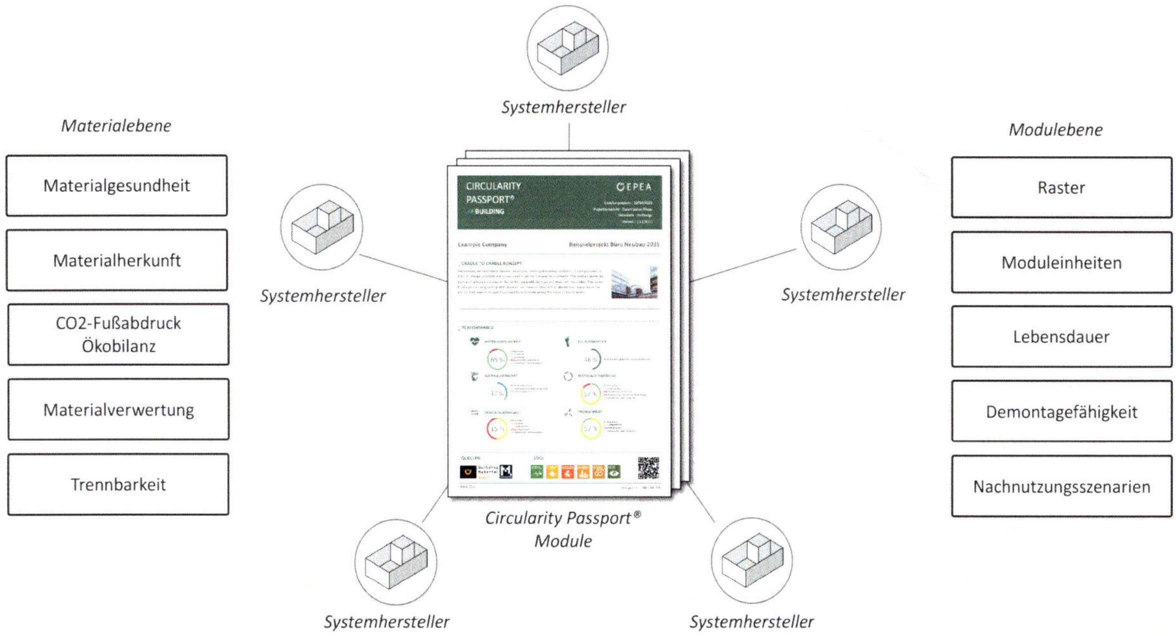

***Bild 4:** EPEA Circularity Passport® mit seinen Dokumentationskategorien für kollaborative kreislauffähige Module (Quelle: EPEA – Part of Drees & Sommer)*

Prozesse und Zukunftstechnologien

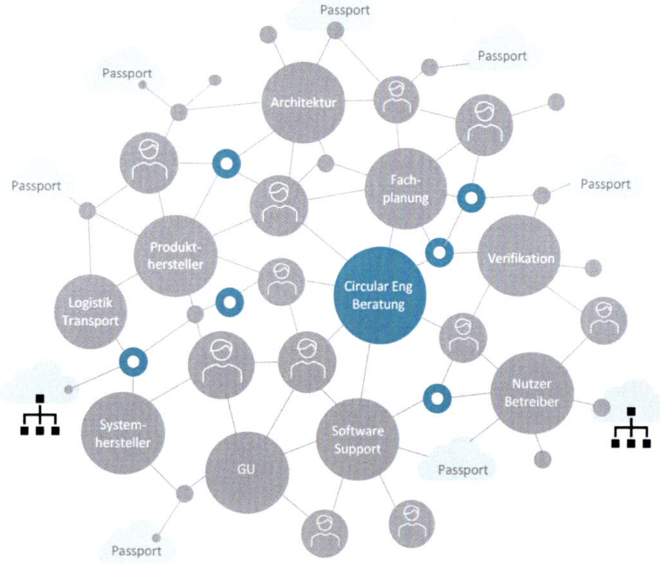

Bild 1: *Kollaboratives Ökosystem für kreislaufgerechtes, serielles und modulares Bauen (Quelle: Schneider auf Basis von Adobe Illustrator(R) 19.0)*

Kollaborative Konstruktionssysteme

Wie bereits in den vorherigen Kapiteln erwähnt, liegt ein zukunftsfähiger Ansatz für kreislauffähiges Bauen im Konzept kollaborativer Konstruktionssysteme. Anstatt dass einzelne Hersteller jeweils eigene, bausystemspezifische Modulgeometrien und Baureihen verfolgen, bietet die Entwicklung gemeinsamer Konstruktionssysteme entscheidende Vorteile hinsichtlich Ressourcenverfügbarkeit und Modularität. Die künftig steigende Nachfrage nach Gebäuden beansprucht enorme Mengen an Materialien; ein ressourcenschonender und nachhaltiger Umgang wird daher immer wichtiger.

Kollaborative Konstruktionssysteme überzeugen dadurch, dass Module unterschiedlicher Hersteller durch einheitliche Schnittstellen, Abmessungen und Anschlussdetails miteinander kompatibel und austauschbar sind. Das schafft eine Grundlage für ökologische Effektivität[1]: Module lassen sich flexibel einsetzen, anpassen, reparieren und in verschiedenste Gebäudetypologien integrieren. Durch diesen Ansatz lassen sich Materialströme besser steuern und die vorhandenen Ressourcen effizienter nutzen.

Ein solches Konstruktionssystem fördert die Entwicklung eines seriellen und modularen Gesamtsystems, in dem Module systemübergreifend variabel kombinierbar sind.

Die Einführung kollaborativer Konstruktionssysteme eröffnet folglich eine Reihe neuer Fragestellungen, die in zukünftigen Planungs-, Ausführungs- und Gestaltungsprozessen im Bauwesen berücksichtigt werden müssen. Im Sinne einer umfassenden Kreislauffähigkeit wächst zunehmend die Aufgabe, wie herstellerübergreifende Standards geschaffen werden können, die Modularität und Kompatibilität über unterschiedliche Systeme hinweg sicherstellen. Neben technischen Schnittstellen sind dabei auch organisatorische und rechtliche Rahmenbedingungen von Bedeutung, um Kooperationen zwischen verschiedenen Unternehmen zu fördern und zu begleiten. Ein weiterer Aspekt ist die Gewährleistung einer transparenten und langfristig verfügbaren Materialdokumentation über den gesamten Lebenszyklus eines Gebäudes hinweg. Digitale Werkzeuge und Plattformen für einen gemeinsamen Datenaustausch sowie die Koordination der unterschiedlichen Akteure spielen hier eine entscheidende Rolle. Zugleich stellt sich die Frage, wie die ökologischen und ökonomischen Vorteile gemeinschaftlicher Konstruktionssysteme

[1] Vgl. Braungart, M.; McDonough, W.: Cradle to Cradle: Einfach intelligent produzieren. München, 2014.

empirisch belegt und ihr Nutzen für die Ressourcenverfügbarkeit langfristig gesichert werden kann.

Ebenso zwingend ist die Entwicklung effektiver Konzepte für die Wieder- und Weiterverwendung von Bauteilen über System- und Herstellergrenzen hinweg. Die steigende Nachfrage nach urbaner Gebäudesubstanz verlangt nach robusten Strategien zur Sicherung der Materialströme sowie nach neuen Geschäftsmodellen wie Sharing, Leasing oder Materialpools. Parallel dazu müssen durchdachte Logistik- und Transportlösungen aufgebaut und Lagerstätten für gebrauchte Module eingerichtet werden, um einen reibungslosen Rückbau, Zwischenlagerung, Aufbereitung und Wiedereinsatz sicherzustellen. Nicht zuletzt beeinflusst ein kollaboratives Konstruktionssystem auch die architektonische Gestaltung und die Innovationsfähigkeit des Bauwesens. Die Integration variabel kombinierbarer Module fordert folglich neue Entwurfsprinzipien und ermöglicht eine flexible Reaktion auf Nutzeranforderungen und gestalterische Trends. Im nächsten Abschnitt werden diese Aspekte vertieft und weitere Ansätze für die Planung und Umsetzung eines neuen zirkulären Bauprozesses diskutiert.

Prozessgestaltung und Perspektiven

Für einen zukunftsfähigen Wandel im Bereich des kreislaufgerechten, seriellen und modularen Bauens braucht es eine grundlegende Neuausrichtung der etablierten Planungsprozesse. Das herkömmliche Vorgehen, geprägt durch die klassischen HOAI-Leistungsphasen, wird den dynamischen Ansprüchen einer zirkulären Baukultur zunehmend weniger gerecht. Noch immer sind viele Gestaltungs- und Entscheidungswege fest in den traditionellen Abläufen verankert, was die Entwicklung und Umsetzung innovativer Lösungen oftmals verzögert und limitiert.

Ein entscheidender Schritt wäre daher die Entwicklung einer neuen, kreislaufgerechten Prozessgebung für das serielle und modulare Bauen, die kreative und multidisziplinäre Zusammenarbeit fördert und den Umgang mit Ressourcen sowie die Flexibilität von Design und Nutzung ins Zentrum rückt. Es gilt, Routinen und Denkweisen zu hinterfragen: Ist modulare, kreislaufgerechte Architektur wirklich schon modular kreislaufgerecht oder bleibt das Potenzial durch mangelnde Offenheit und fehlende Motivation in veralteten Planungsroutinen ungenutzt?

Die Zukunft seriellen und modularen, kreislaufgerechten Bauens wird entscheidend davon bestimmt, wie konsequent und mutig neue Prozesse, Schnittstellen und Formen der Projektabwicklung etabliert werden können. Offenheit für interdisziplinäre Kollaboration, transparente Kommunikation und die Einbindung digitaler Werkzeuge müssen an die Stelle von starren Phasenmodellen treten. So kann Architektur nicht nur industriell effizient, sondern auch gestalterisch vielfältig und ressourcenschonend weiterentwickelt werden.

Künstliche Intelligenz und Robotik

Künstliche Intelligenz (KI) und Robotik spielen eine zunehmend zentrale Rolle in der Zukunft des kreislaufgerechten Bauens. Die Integration dieser Technologien in die Planung und Ausführung ermöglicht eine Automatisierung und Präzisierung, die traditionellen Bauprozessen überlegen ist und essenzielle Herausforderungen der Bauindustrie adressiert.

In der Planungsphase unterstützt KI durch die Analyse großer Datenmengen, Simulationen und optimierte Entwurfsprozesse. So ermöglicht sie beispielsweise die digitale Modellierung von Modulen als „digitale Zwillinge" mittels Building Information Modeling (BIM). Mit diesen digitalen Zwillingen können verschiedenste Szenarien zur zirkulären Nachnutzung getestet werden, noch bevor physische Bauteile produziert werden. KI-Algorithmen helfen zudem, Materialeinsätze effizient zu planen, Kosten zu minimieren und potenzielle Fehlerquellen frühzeitig zu erkennen. Diese verbesserte Planungsgenauigkeit reduziert Risiken und steigert die Kreislauffähigkeit, da durch genaue Vorhersagen Ressourcen geschont und Abfälle vermieden werden können.

Auf der Ausführungsseite ermöglichen Robotik und automatisierte Fertigung eine industrielle Serienproduktion von Modulen mit hoher Präzision und Wiederholbarkeit. Roboter können komplexe Bauteile montieren, die sonst manuellen Fachkräften viel Zeit und Aufwand abverlangen würden, und dabei gleichzeitig eine gleichbleibend hohe Qualität sicherstellen. Die Automatisierung steigert die Produktivität erheblich, reduziert Bauzeiten und Komplexität vor Ort. Langfristig fördern KI und Robotik auch die Nachhaltigkeit des seriellen und modularen Bauens, unterstützen das Design für Demontage und verbessern die Rückverfolgbarkeit von Materialien.[2]

[2] Mit Robotern klimaoptimiert bauen: https://www.tum.de/aktuelles/alle-meldungen/pressemitteilungen/details/mit-robotern-klimaoptimiert-bauen (Stand: 02.09.2025)

Fazit

Abschließend lässt sich festhalten, dass serielles und modulares Bauen im Kontext der Kreislauffähigkeit weit mehr als eine Konstruktionsmethode ist: Es bildet den Schlüssel, um die drängenden Herausforderungen von Ressourcenknappheit, Klimaschutz und Wohnraummangel simultan anzugehen. Die gezielte Material- und Fügetechnikauswahl, die Integration von Rückbau- und zirkuläre Nachnutzungskonzepten sowie die konsequente Anwendung von DfD-Prinzipien schaffen serielle und modulare Systeme, die sich über mehrere Lebenszyklen flexibel an sich ändernde Anforderungen anpassen. Durch effiziente Logistik-, Transport- und Lagerkonzepte entsteht ein funktionierender Kreislauf, der parallel neue Geschäftsmodelle wie Sharing, Leasing und Materialpools ermöglicht. Gerade unter den aktuellen Rahmenbedingungen, darunter steigende Baukosten, Fachkräftemangel und komplexe Genehmigungsverfahren, bietet der modulare Ansatz entscheidende Zeit- und Kostenvorteile. So leistet das serielle und modulare Bauen nicht nur einen wertvollen Beitrag zur Beschleunigung des Wohnungsbaus, sondern auch zur Etablierung einer zirkulären Bauwirtschaft, in der Abfall vermieden, Ressourcen geschont und Gebäude zu wertvollen Rohstoffdepots werden.

Die vorliegende Text wurden von der Autorin eigenständig verfasst. Alle Quellen wurden eigenhändig recherchiert.
Vor Manuskriptabgabe an den Verlag erfolgte das inhaltliche Lektorat durch Daniel Hof, Drees & Sommer Hamburg, das abschließende Lektorat von Marie Beichert, Drees & Sommer Stuttgart.

Vorbild Gewerbebau

Definition und Einführung

Bauten für Gewerbe und Industrie sind spätestens seit der Industrialisierung Treiber für bautechnische Innovationen gewesen. Sie unterliegen seit jeher einem besonders hohen Druck hinsichtlich der Wirtschaftlichkeit der Baukonstruktion und müssen oft besonderen funktionalen Anforderungen genügen. Beides hat diese Bauten geformt, sodass typische Konstruktionsweisen z. B. des Hallenbaus entstanden sind. Gestalterisch bilden die Bauten für Gewerbe und Industrie seit jeher das maximale Spektrum von völliger Abwesenheit jeglicher gestalterischer Ambition bis hin zu stilbildenden Klassikern – genannt sei das Renault Vertriebszentrum von Norman Foster in Swindon oder Pier Luigi Nervis Messehalle für Torino Esposizioni – ab. Schon nach diesen wenigen Überlegungen scheint die Frage naheliegend, ob aus den Bauten für Gewerbe und Industrie Lehren für die aktuellen Herausforderungen des Wohnungsbaues gezogen werden können. Im Zentrum dieser Diskussionen steht dabei die Frage der Wirtschaftlichkeit, begleitet aber auch von Themen wie Flexibilität, Robustheit und Ressourceneffizienz.

Betrachtet werden soll hier explizit nicht das industrielle Bauen als Gegensatz zum traditionell handwerklichen Bauen, sondern Gebäudetypen, die für die Anforderungen von Produktion, Lagerung, Handel oder Dienstleistungen zugeschnitten sind. Neben Hallen für verschiedene Zwecke umfasst dies auch Büro- und Laborgebäude. Die Vorgänger der Bauten für Gewerbe und Industrie, wie wir sie heute kennen, finden sich im 18. Jahrhundert, als Beispiel seien die Salinen von Claude-Nicolas Ledoux im französischen Arc-et-Senans (Grundsteinlegung 1775 und Fertigstellung 1779) genannt. Sie finden dann im 19. Jahrhundert eine schon beeindruckende Reife, z. B. im für die erste Weltausstellung in London 1851 fertiggestellten Cristal Palace von Joseph Paxton. Das Gebäude hatte eine Länge von 560 m und eine Breite von 137 m. Es ist – auch im heutigen Sinne – komplett seriell aufgebaut. Dies war auch Folge eines extremen Sparzwangs: Alle 233 beim Wettbewerb eingereichten Entwürfe sprengten das Budget, sodass Paxton zum Zuge kam. Teil der Wirtschaftlichkeitsberechnung war, dass das Gebäude nach Gebrauch demontiert und weiterverkauft werden konnte, um an anderer Stelle wieder aufgebaut zu werden.[1] Tatsächlich wurde das Gebäude auch versetzt und es gab sogar den Vorschlag, ein Hochhaus aus den Teilen zu bauen.[2] Die Bauzeit war mit nur vier Monaten extrem kurz. Die hier skizzierten Eigenschaften dieses seriellen Bauwerks – Wirtschaftlichkeit, Flexibilität und kurze Bauzeit – zeichnen auch die heutigen Bauten für Gewerbe und Industrie aus. Es sind Eigenschaften, die besonders im Wohnungsbau gefragt sind und die potentielle Übertragbarkeit auf ihn scheint extrem attraktiv.

Dem gegenüber stehen aber auch Eigenschaften der Bauten für Industrie und Gewerbe, die konträr zu einer Übertragung von Konstruktionsprinzipien auf den Wohnungsbau stehen. Die Bauten für Industrie und Gewerbe zeichnen sich durch große Spannweiten aus. Anders der Wohnungsbau: Er hat durch die kleine Körnung seiner Nutzung kleine Spannweiten. Kleine Spannweiten aber sind die materialsparsameren und damit prinzipiell wirtschaftlicheren, was einen Nachteil darstellt, der kompensiert werden muss. Weiterhin widersprechen die großen Spannweiten und damit einhergehenden großen Gebäudetiefen den Anforderungen des Wohnungsbaues an Belichtung und Belüftung. Außerdem zeigt sich, dass die Bauten für Industrie und Gewerbe gerade im Hinblick auf Wärme- oder Schallschutz oft nicht die Standards des Wohnungsbaues erfüllen. Auch hiermit muss ein Umgang gefunden werden.

Wohnungsbau ist mehr als die Summe einer Anzahl bautechnischer und wirtschaftlicher Fragestellungen. Er muss sich stets in seine Umgebung einfügen, er muss über gestalterische Qualitäten verfügen und soziale Aspekte berücksichtigen. Er muss es seinen Bewohnern erlauben, sich mit ihm zu identifizieren und braucht hinsichtlich Raum und Material Qualitäten, die Wohnlichkeit und Behaglichkeit fördern. Nicht zuletzt ist jeder Wohnungsbau auch Stadtbaustein und muss daher hinsichtlich Maßstab, Struktur, Morphologie, aber auch Ressourcenverbrauch Stadt (oder Land) so abbilden können, wie dies den Bedürfnissen und Möglichkeiten der Gesellschaft entspricht. Dies bedeutet heute z. B., dass Wohnungsbau in Form von Nachverdichtung solchem in Form von großmaßstäblichen Strukturen „auf der grünen Wiese" vorzuziehen ist. All dies kann hier nur angeris-

[1] Schneider, Jens: Joseph Paxton, Erbauer des Londoner Kristallpalasts. db deutsche bauzeitung, 12/2005. www.db-bauzeitung.de/wissen/technik/ingenieurportraet-joseph-paxton. (Stand: 04.09.2025)
[2] Balzer, Willi: Das Hochhaus in den USA, Herten. Dissertation, Selbstverlag 1973, S. 46-49.

sen werden, zeigt aber, dass es neben den zuvor benannten Potenzialen auch Vieles gibt, was eine Übertragung von Prinzipien des Bauens für Gewerbe und Industrie auf den Wohnungsbau schwierig machen kann. Die Lösung liegt sicherlich darin, die aufgezeigten Widersprüche dadurch aufzulösen, dass es sich nicht um eine reine Applikation von Konstruktionsprinzipien, Materialanwendungen oder gar Produkten handeln kann, sondern es muss eine Adaption und Synthese stattfinden. Dies bedeutet ein unkonventionelles und damit innovatives Herangehen an die Planungsaufgaben. Als Beispiel, wie aus einem Widerspruch ein Mehrwert entstehen kann, soll hier die Ästhetik des Industriellen im Wohnungsbau angeführt werden.

Niemand möchte in einer Fabrik wohnen. Trotzdem steht eine gewisse industrielle Ästhetik im Wohnungsbau durchaus hoch im Kurs. Wahrscheinlich haben Projekte, bei denen Industriebauten zu Lofts umgebaut wurden, einen Prozess angestoßen, der zum einen die Wahrnehmung der Industriebauten hin zum Wohnlichen verändert hat, zum anderen aber wurden Räume, Konstruktionsprinzipien oder prototypische Bauteile wie stählerne Galerien so transformiert, dass sie im Wohnungsbau nicht nur funktionieren, sondern als attraktiv erscheinen. Es hat also eine Synthese stattgefunden. Solche Transformationsleistungen sind es, die oft im ganz Kleinen Übertragbarkeiten mehrwertbildend ermöglichen.

Historie

Betrachtet man die Frage der Übertragbarkeit von Bauweisen des Gewerbe- und Industriebaus auf den Wohnungsbau aus historischer Perspektive, so steht rasch die Annahme im Raum, dass die klassische Moderne der 1920er Jahre solche Transferleistungen kennt. Eine genauere Betrachtung zeigt allerdings, dass die Moderne allgemein und auch im Wohnungsbau industrielle Baumethoden inklusive seriellem Bauen entwickelte, propagierte und anwendete, ein Transfer von Baumethoden z. B. von Hallen zum Wohnungsbau aber nicht stattgefunden hat. Dies geschah dann aber in den Jahren unmittelbar nach dem Zweiten Weltkrieg, einer Zeit, die in Amerika und Europa von Materialknappheit geprägt war. In den USA zeigen dies die Projekte von Buckminster-Fuller oder aber die Case Study Houses. Das 1949 fertiggestellte Case Study House Nr. 8 von Charles und Ray Eames etwa hat ein Tragsystem aus stählernen Standardelementen wie Fachwerkträgern, Stützen und Auskreuzungen. Ein europäisches Beispiel sind die Wohnbauten von Jean Prouvé. Er verwendete in seinen Wohnungsbausystemen der 1940er und 1950er Jahre Fassadensysteme und Tragwerkselemente, die im Kontext des industriellen Bauens entwickelt wurden. Auch hier muss aber gesagt werden, dass die Grenzen zwischen einem allgemeinen, seriellen und industriellen Bauen – Prouvé ließ sich vom Fahrzeug- und Flugzeugbau inspirieren – und einer tatsächlichen Übertragung von Bauweisen aus industriellen und gewerblichen Gebäudetypen, wie Hallen, fließend sind.

Eher **künstlerischer und abstrakter Natur** sind die Ansätze von Jona Friedmann (1923–2019), Cedric Price (1934–2003) oder dem niederländischen Künstler Constant (1920–2005). Sie alle entwickelten zwischen den späten 1950er und den frühen 1970er Jahren Gebäude- und Stadtstrukturen, die auch das Wohnen in Megastrukturen implantierten, die von den räumlichen und konstruktiven Potenzialen industrieller Bauwerke mit ihren enormen Spannweiten, aber auch dem modularen Charakter Gebrauch machten und diese neu interpretierten. In einer etwas anderen Spielart nahm auch die Architektengruppe Archigram (1960–1974) diese Entwicklungslinie auf. All diese Ansätze sind als Inspirationen wertvoll, hinsichtlich ihrer Verwertbarkeit für die heutige Diskussion aber eher von geringer Bedeutung.

Ab den 1960er Jahren fand eine allgemeine **Industrialisierung des Bauens** statt. Es herrschte ein enormer Bedarf an Wohnungen, Verwaltungsbauten, Krankenhäusern, Universitäten usw., der durch Groß- und Megaprojekte gedeckt werden sollte. Die Neue Heimat steht stellvertretend für den großmaßstäblichen Wohnungsbau dieser Epoche. Die vorherrschende Bauweise war dabei die Großtafelbauweise („Plattenbau"), also ein explizit für den Wohnungsbau entwickeltes Bausystem. Während im Industriebau schon in den 1920er und 1930er Jahren Betonfertigteilsysteme eingesetzt wurden, so geschah dies nun auch in anderen Bereichen. Stellvertretend hierfür sei das „Marburger System" genannt, ein Betonfertigteilsystem für Universitätsbauten, das bundesweite Anwendung fand. Dies alles war eingebunden in einen allgemeinen Glauben an Systematisierung, Industrialisierung und Effizienzsteigerung. Der Brückenschlag von Bausystemen für Gewerbe und Industrie zum Wohnungsbau zeigt sich z. B. in der Wohnanlage in München-Schwabing von Otto Steidle mit Doris und Ralph Thut (1969–1974). Das Tragwerk des Projekts bildet ein Betonfertigteilsystem aus dem Industriesegment. Es ist auch von außen gut sichtbar, sodass sich die Auflagersystematik, die großen Spannweiten oder die systematisierten Durchbrüche für die Haustechnik gut erkennen lassen. Ein gerastertes Fassadensystem aus Glas und farbigen Paneelen dient als raumbildende Ausfachung der Struktur. Der Grundriss konnte innerhalb des strukturellen Rasters frei angeordnet werden und es waren Vorkehrungen für zukünftige Um- bzw. Weiterbauten vorgesehen. Mit der „Elementa 72" folgte ein Bundesforschungsprogramm, das auf die Untersuchung von Anpassungspotentialen solcher Bauweisen im Wohnungsbau ausgerichtet war. Im Rahmen dieses Projekts entstand bis 1974 die Wohnbebauung in Nürnberg-Langwasser.

Bild 1: *Wohnbebauung Nürnberg-Langwasser, 1974, Architekt Otto Steidle (Quelle: Christoph Gunßer)*

Auch hier ist das aus dem Industriebau stammende Betonskelett gut sichtbar und die Grundrisse bespielen flexibel das Konstruktionsraster. Als weiteres Projekt in dieser Reihe soll „Wohnen morgen" (1971–

1976) in Hollabrunn (Österreich) von Ottokar Uhl und Jos Weber genannt werden. Auch hier wird, wenn auch auf weniger expressive Art, ein Stahlbetonfertigteilsystem verwendet, sodass die Bewohner der 70 Wohneinheiten nach individuellen Wünschen Wand- und Fensterelemente einsetzen lassen konnten.

Mit den gleichen Zielen, aber auf Grundlage eines anderen Materials näherten sich Fritz Haller und Helmut C. Schulitz der Anwendung von industriellen Bausystemen im Wohnungsbau: Beide verwendeten Stahlsysteme mit charakteristischen feinen Fachwerkträgern. Der Unterschied zwischen Schulitz und Haller war dabei, dass Haller ein eigenes System entwickelte, während Schulitz darauf setzte, vorhandene Systeme zu verwenden und die Schnittstellen zwischen ihnen zu optimieren, um so ein maximal flexibles und offenes Gesamtsystem zu erhalten. Schulitz war der Meinung, dass Architekten – statt selbst stets Neues zu entwickeln – lieber die vorhandenen Produkte und Systeme katalogisieren und für eine Kombinierbarkeit sorgen sollten. Das Ergebnis nennt er ein „offenes System".[1] 1976-1978 baute Schulitz sein eigenes Wohnhaus in Kalifornien nach diesen Prinzipien. Es handelte sich um einen Prototypen mit dem Namen T.E.S.T., der zu einem größeren Gebäudekomplex weiterkombiniert hätte werden können. Ein solches Projekt kam nie zustande, Schulitz realisierte aber, nachdem er nach Deutschland zurückgekehrt war, mehrere Wohnhäuser, die ähnliche Konstruktionsprinzipien aufweisen. Stets basieren sie auf einem vorgefertigten Stahlskelett aus dem Katalog, das mit Fassadenelementen, Auskreuzungen und Erschließungselementen zu einem erweiterbaren und flexiblen Gebäude gefügt wird.

Bild 2: *Haus Watenbüttel, Architekt Helmut C. Schulitz (Quelle: Helmut C. Schulitz)*

1 Schulitz, Helmut C.: Offenes Bausystem mit vorhandenen Industrieprodukten in Bauen + Wohnen, Heft 1 1973, S. 8

Bild 3: *Cité Manifeste, 2005, Lacaton & Vassal (Quelle: Philippe Ruault)*

Aktuelle Beispiele

Nachdem so ein skizzenhafter historischer Überblick über die Anwendung von industriellen und gewerblichen Baumethoden im Wohnungsbau entstanden ist, sollen nun aktuelle Beispiele vorgestellt werden.

Lacaton & Vassal

Lacaton & Vassal sind ein französisches Architekturbüro, das 1987 gegründet wurde und nicht erst seit der Verleihung des Pritzker Preises 2021 weltweite Beachtung findet. Lacaton & Vassal haben eine enorme Anzahl an Wohnungsbauprojekten realisiert, die sich durch einen innovativen Umgang mit Material, Konstruktion und Typologie charakterisieren. Das Büro arbeitet oft am und im Bestand und die Projekte weisen häufig eine industrielle Ausstrahlung auf. Schon in einem der ersten Projekte, dem Latapie-Haus (1991–1993), verwenden Lacaton & Vassal gewächshausartige Konstruktionen. Nach eigener Aussage faszinierten sie die räumlichen und klimatischen Qualitäten sowie die Ausstrahlung des Temporären.[2] Die Konstruktion des Hauses besteht aus einer leichten Stahlkonstruktion, die teils mit opaken, teils mit transluzenten gewellten Platten verkleidet ist. In eine Hälfte ist eine thermische Hülle eingestellt, die andere verbleibt als eine Art Wintergarten und damit räumliche und klimatische Zwischenzone. Das Haus wurde in einem knappen Budget realisiert [3], ob es sich bei der Konstruktion um ein fertiges System oder einen Eigenbau handelt ist nicht bekannt.

Bei einem Gebäude in Coutras (2000) verwenden Lacaton & Vassal dann offensichtlich ein industrielles Gewächshaussystem, um ein „sehr kosteneffizientes Einfamilienhaus"[4] zu realisieren. Das Gebäude besteht aus zwei Schiffen mit Tonnendächern. Die sehr materialoptimierten Konstruktionen sind mit Polycarbonat-Wellen verkleidet und haben Lüftungshauben, die geöffnet werden können. Diese Hülle kann mit großen Schiebetoren, die auch zum Baukasten zu gehören scheinen, geöffnet werden. In eines der beiden Schiffe ist eine eingeschossige thermische Hülle eingestellt. Diese minimalistische Konstruktion besteht aus großflächigen geschosshohen Verglasungen, die ebenfalls aufgeschoben werden können sowie aus einer mit Seekieferplatten verkleideten Holzständerkonstruktion. Das Haus im Haus hat eine flache Decke, die an der Gewächshauskonstruktion aufgehängt ist. Das Gebäude betont seinen rohen, industriellen und konstruktiven Charakter.

Die Oberflächen sind im Wesentlichen naturbelassen, von außen sieht man erst auf den zweiten Blick, dass es sich um ein Wohnhaus handelt.

In der Cité Manifeste in Mulhouse (2001–2005) wird das Prinzip dann auf größerem Maßstab angewendet.

Auf ein Erdgeschoss, das als Betontisch konstruiert ist, werden drei längs laufende Schiffe einer Gewächshauskonstruktion gestellt. Es handelt sich

[2] El Croquis 177/178 S. 7
[3] El Croquis 177/178 S. 48
[4] El Croquis 177/178 S. 76

augenscheinlich um das gleiche System wie in den anderen Projekten mit tonnenförmigen Dächern, Lüftungsklappen in den Firsten und großflächig zu öffnenden Schiebetüren. Spindeltreppen verbinden das Erd- mit dem Obergeschoss, sodass 14 Wohneinheiten entstehen, die typologisch als Reihenhäuser einzuordnen sind. In das Obergeschoss sind, wieder nach dem Haus-im-Haus-Prinzip, teilweise Boxen mit thermischer Hülle eingestellt, teilweise handelt es sich beim Obergeschoss aber auch um eine Art Wintergarten. Horizontale, textile und verschiebbare Segel erlauben es, die Wintergärten zu den Tonnendächern hin zu öffnen und zu schließen, was eine thermische, aber auch räumliche Anpassung erlaubt. Das Gleiche leisten großflächige, innen liegende Vorhänge. Wieder ist das Gebäude von roh belassenen, industriellen Materialien geprägt: verzinkter Stahl, Sichtbeton, Wellblech und -Karbonat, rohe Böden und sägeraues Holz ergänzen sich dabei zu einem atmosphärisch stimmigen Gesamtbild, wie es Lacaton & Vassal auszeichnet.

Martin Heberle & Christof Mayer

Einen ähnlichen Weg geht das Büro für Architektur und Städtebau Martin Heberle & Christof Mayer bei der 2010 fertiggestellten Aufstockung eines Fabrikgebäudes in Berlin. Hier bildet ein Gewächshaussystem das Tragwerk und die Hülle für eine ca. 100 m² große Wohnung. Ergänzt wird das Gewächshaus auch hier von einem Haus-im-Haus. Heberle und Mayer geben explizit Lacaton & Vassal als Referenz an. [5]

FAR frohn&rojas

Das Architekturbüro FAR frohn&rojas hat in Berlin-Moabit 2019 mit einem sechsgeschossigen Wohngebäude mit Büroflächen im Erdgeschoss eine aus dem Zweiten Weltkrieg stammende Baulücke geschlossen.[6] [7]

Die Struktur besteht aus Betonfertigteilen, die normalerweise für Industriehallen verwendet werden, wobei das System aus Stützen, Trägern, TT-Platten (Standardabmessungen sind 2,40 bis 2,50 m Breite bei 20 m Länge) und Treppen mit Wänden besteht. Die Aussteifung übernimmt das offene Treppenhaus an der Stirnseite des Gebäudes. Ziel des Projekts waren Wirtschaftlichkeit und eine kurze Bauzeit. Die großen Spannweiten, welche die TT-Platten ermöglichen, wurden genutzt, um die Grundrisse flexibel gestalten zu können. Dieser Logik hat das Projekt auch seinen Namen zu verdanken: Wohnregal. Da die TT-Platten die 13,50 m von Längsfassade zu Längsfassade spannen, können alle inneren Trennwände nichttragend und damit flexibel sein. Die Struktur aus Betonfertigteilen wurde sorgfältig mit Fachplanern und Herstellern geplant, sodass keine Pass- bzw. Vergussstücke notwendig waren und das System rasch aufgestellt werden konnte. Das Aufrichten des Rohbaus dauerte dementsprechend nur sechs Wochen.

Die Logik von Fügung und Lastabtrag des Systems ist gut lesbar: Die Stützen bilden Knaggen aus, auf denen die Träger liegen. Die TT-Platten liegen sowohl auf den Trägern, als auch auf dem Feld zugewandten Knaggen der Stützen auf. Die Toleranz- und Montagefugen zwischen den Betonfertigteilen sind 2 cm breit und damit gut sichtbar. Das System erinnert teils an die Wohnanlage in München-Schwabing von Otto Steidle (1969–1974), weist aber auch deutliche Unterschiede auf: Anders als bei Steidle steht die Konstruktion beim Wohnregal vollständig innerhalb der thermischen Hülle. Außerdem bildet die Struktur des Wohnregals einen sauber umrissenen Quader ab, während Steidles Struktur der Möglichkeit des An- und Weiterbaus auch dadurch Ausdruck verleiht, dass sie dynamisch verspringt und Lücken aufweist. Damit ist die visuelle Präsenz der Tragstruktur von außen beim Wohnregal deutlich geringer; da sich das Gefüge aus Knaggen, Trägern und aufliegenden TT-Platten aber direkt hinter der Fassade befindet, trägt es trotzdem wesentlich zur Erscheinung des Gebäudes bei.

Prinzipiell lässt sich das Skelett des Gebäudes wieder zerlegen und dann wiederverwenden. Dieser Gedanke spiegelt auch einen Ansatz der Kreislaufgerechtigkeit wider. Die ost- und westorientierten Längsfassaden des Gebäudes sind geschosshoch verglast und lassen sich großzügig öffnen. Auch hier wurde die Transformation eines marktüblichen Systems in einen anderen Kontext vollzogen: Bei der Fassade handelt es sich um 2,20 m breite Elemente, die normalerweise als Schiebetüren in Lochfassaden eingebaut werden. Diese Schiebetüren ermöglichen es, dass trotz fehlender Balkone ein großzügiger Außenbezug hergestellt werden kann.

Nach der erfolgreichen Anwendung beim Wohnregal haben FAR ein ähnliches Prinzip bei der Wohnbebauung Lion-Feuchtwanger-Straße 61,[8] ebenfalls im Berliner Bezirk Marzahn-Hellersdorf angewandt. Hier werden 124 Wohneinheiten aus ca. 1.900 Betonfertigteilen und basieren auf einem Raster von 1,25 m geschaffen.

[5] Siehe Arch+ 201/202 S. 142-145
[6] Baunetz Wissen: Das Wohnregal. https://www.baunetzwissen.de/nachhaltig-bauen/objekte/wohnen/das-wohnregal-in-berlin-8583273 (Stand: 08.10.2025)
[7] Stojanović, Djordje: Architecture for Housing, Birkhäuser S. 119ff
[8] Siehe https://www.baunetz.de/meldungen/archiv/index.html, Meldung vom 10.03.2023 (Stand: 04.09.2025)

Transfermöglichkeiten

Letzten Endes sind die Beispiele für die Übertragung von Baumethoden aus Typologien des Gewerbe- und Industriebaus auf den Wohnungsbau relativ rar. Oft scheint ein solcher Transfer nur auf den ersten Blick stattzufinden und es zeigt sich dann, dass es sich lediglich um industrielle Fertigungsmethoden handelt und kein Transfer von anderen Typologien wie Hallen oder Büros stattfindet. Dies schwächt aber keinesfalls die Bedeutung und das Potenzial dieses Vorgehens.

Rohbau

Das größte Potenzial für einen Transfer zeigt sich im Bereich des Tragwerks bzw. des Rohbaus, alle betrachteten Beispiele setzen hier an. Die Attraktivität dieser Tragwerke für den Wohnungsbau beruht auf den relativ niedrigen Kosten, der kurzen Bauzeit und der Flexibilität im Sinne von Modularität. All dies ist verankert im seriellen Charakter dieser Bauweisen. Interessant ist, dass die Beispiele aus den 1970er Jahren eher die Flexibilität – sowohl was den Umbau der Grundrisse betrifft, als auch den Weiterbau der Struktur – in den Vordergrund stellen, während heute die Wirtschaftlichkeit die größere Bedeutung zu haben scheint.

Durch die Anwendung von industriellen Konstruktionen im Wohnungsbau können sich auch Nachteile ergeben: Beispielsweise müssen die Gebäude innerhalb der limitierten geometrischen Möglichkeiten des vom Hersteller angebotenen Baukastens entwickelt und es muss ein hoher Wiederholungsfaktor realisiert werden, sonst geht der Vorteil der Wirtschaftlichkeit verloren. Beides – geometrische Restriktionen und hoher Wiederholungsfaktor – kann sich negativ auf die städtebauliche, gestalterische und funktionale Qualität auswirken und ist gerade im Kontext der Notwendigkeit von Nachverdichtung und Weiterbau bestehender städtischer Strukturen kritisch zu sehen, da hier oft Kleinteiligkeit gefordert ist.

Dem gegenüber steht, dass alle betrachteten Projekte den Transfer von Bauweisen für gewerbliche und industrielle Typologien in eine gestalterische Haltung und Strategie einbetten. Die Architekturbüros, die Transferleistungen vollziehen, haben eine hohe gestalterische und konzeptionelle Affinität mit industriellen Bauten und die Ergebnisse sind alles andere als Massenware, sondern individuell entworfene Gebäude von hoher gestalterischer Qualität.

Fassade

Betrachtet man die Fassaden, so zeigt sich, dass hier nur ein begrenzter Transfer stattfindet. Lacaton & Vassal benutzten für ihre Gewächshauskonstruktionen auch im Kontext des Wohnungsbaus die dazugehörigen Fassaden. Diese können aber nicht alle Anforderungen des Wohnungsbaus erfüllen, sodass nach dem Prinzip des Haus-im-Haus stets noch ein weiteres Fassadensystem zum Einsatz kommt. FAR oder auch Steidle benutzen zwar industriell anmutende und auch industriell gefertigte Fassadensysteme, ein Transfer aus Bauten für Gewerbe und Industrie erfolgt hier aber nicht. Der Grund hierfür dürfte sein, dass Fassadensysteme für Gewerbe und Industrie entweder nicht die Anforderungen des Wohnungsbaus erfüllen (dies gilt z. B. für Hallenfassaden) oder keinen wirtschaftlichen Vorteil bieten (dies gilt z. B. für Bürofassaden).

Ausbau

Beim Ausbau sind es einzelne Produkte, die in den Wohnungsbau übertragen werden können. Beispiele sind Trennwandsysteme, Bodenbeläge (Estrich oder Industrieparkett), Küchensysteme aus Edelstahl oder Ähnliches. Wo die Vorteile jeweils liegen oder was die Treiber für die Transferleistungen sind, ist dabei sehr unterschiedlich. Es können die niedrigeren Kosten, die Robustheit oder aber gestalterische Argumente sein. Bei den Kosten kann es aber durchaus so sein, dass die Produkte aus dem industriellen Kontext teuer sind, so z. B. im Bereich von Küchen.

Stahl, Holz und Beton

Während dies bei Fassade und Ausbau wenig Sinn macht, so kann bei der Betrachtung des Transfers im Bereich des Tragwerks auch nach Materialien unterschieden werden. Auch wenn Lacaton & Vassal zeigen, dass dies sehr wohl möglich ist, so ist **Stahl** im Wohnungsbau generell auf dem Rückzug. Gründe sind v. a. der Brand- und Wärmeschutz. Dies ist schade, denn prinzipiell bieten Stahlbausysteme aus Gewerbe und Industrie ein hohes Potenzial für die Anwendung im Wohnungsbau, dies zeigen unter anderem Charles und Ray Eames oder Helmut C. Schulitz.

Transferleistungen im **Holzbau** konnten hier keine aufgezeigt werden. Dies dürfte daran liegen, dass der moderne Holzbau, bei dem das CAD-System direkt die CNC-Fertigung ansteuert, aus großen Stückzahlen nahezu keinen wirtschaftlichen Vorteil mehr generiert. Eine Serie mit Stückzahl 1 ist ebenso wirtschaftlich wie eine Serie mit hohen Stückzahlen. Anders beim **Beton**. Bei niedrigen Stückzahlen für Betonfertigteile entstehen enorme Kosten, weil das Anpassen der Schalung enorm aufwendig ist. Wenn aber mit einer einmal vorhandenen Schalung hohe Stückzahlen gefertigt werden, sind diese sehr kostengünstig.

Was als Nachteil des Holzbaus verstanden werden könnte, ist tatsächlich ein Vorteil. Dies zeigt sich z. B. beim 2021 fertiggestellten Neubau eines Einfamilienhauses mit Patio in Schmergow von c/o now.[1] Wiederum handelt sich um ein Haus im Haus: Die äußere Hülle nimmt in ihrer Kubatur, Materialität und Konstruktion sehr deutlichen Bezug auf handelsübliche Fertigbauhallen für Reithöfe. Dies gilt sowohl für das Holztragwerk, als auch für die Fassaden. Es handelt sich jedoch nicht um ein fertiges Baukastensystem, sondern um eine individuell geplante und von einer Zimmerei gefertigte Struktur. Hintergrund ist, dass die Gestaltungssatzung eine Dachneigung vorgegeben hat, die mit einem Baukasten nicht zu realisieren war.[2]

Ausblick

Der Transfer von Baumethoden aus der Typologie des Gewerbe- und Industriebaus in den Wohnungsbau ist alles andere als ein Selbstläufer. Besonders im Bereich von Betonfertigteilsystemen, so zeigen die betrachteten Projekte, gibt es Potenzial, um wirtschaftliche Vorteile zu generieren und gleichzeitig Flexibilität für die Nutzung zu schaffen. Die Schwierigkeit ist, dass die Bausysteme immer auch Eigenschaften haben, die konträr zu den Anforderungen des Wohnungsbaus stehen; daher werden Neuinterpretationen und Transferleistungen nötig, um eine Kompatibilität oder Synergien zu schaffen. Das Haus-im-Haus Prinzip ist ein Paradebeispiel dafür, wie aus der Fragestellung des für den Wohnungsbau nicht ausreichenden Wärmeschutzes ein gestalterischer und funktionaler Mehrwert geschaffen und damit die Anwendung von Fertighallen- oder Gewächshaussystemen im Wohnungsbau ermöglicht wird.

Richtig angewendet können die industriellen und gewerblichen Bauweisen auch Wege zu einem einfachen, robusten, reparierbaren und transformierbaren Bauen aufweisen. Also zu einem Bauen, das zukunftsfähig ist und Ressourcen schont.

Dass der Transfer von Bauweisen aus industriellen und gewerblichen Typologien nicht automatisch industrielles Bauen, sondern durchaus auch eine Umsetzung durch lokales Handwerk bedeuten kann, zeigt sich beim Einfamilienhaus mit Patio in Schmergow von c/o now. Diese Erkenntnis wird hier als sehr positiv bewertet, da dieses Bauen den Anforderungen der Zeit angemessen erscheint und auch gestalterisch mehr Potenziale bietet.

1 Arch+ 242 S. 18 – 25.
2 Eigene Korrespondenz mit c/o now, Markus Rampl.

Serielle Sanierung

Klimaneutralität bis 2045 zu erreichen, ist eines der Ziele, die sich die Bundesregierung gesetzt hat. Einen wesentlichen Beitrag kann hier der Gebäudesektor mit seinen rund 21 Mio. Gebäuden leisten. Auf ihn entfallen rund 40 % des Ausstoßes von Treibhausgasen in Deutschland[1], da drei Viertel der Gebäude entweder gar nicht oder nur unzureichend gedämmt sind und mit Öl oder Gas beheizt werden.

Das Potenzial zur CO_2-Reduktion ist riesig: Mit einer Sanierung kann der Energieverbrauch auf ein Fünftel gesenkt werden, was Nutzer von hohen Energiekosten entlasten würde. Es besteht jedoch ein Sanierungsstau, wonach die jährliche Sanierungsrate nach wie vor bei unter einem Prozent liegt. Um die anvisierten Klimaziele zu verwirklichen, müsste sie auf einen Wert im Bereich von 2 % steigen.

Die Gründe, die eine höhere Quote erschweren, sind vielfältig: U. a. langwierige, komplexe Planungen, hohe Investitionskosten und der Mangel an Fachkräften stellen Eigentümer sowie Bestandshaltende öffentlicher Liegenschaften bei konventionellen Verfahren vor große Herausforderungen. Bei Wohnungsunternehmen kommen noch der soziale Aspekt und die Akzeptanz hinzu.

Die Vorteile serieller Sanierung

Für viele dieser Herausforderungen bietet die serielle Sanierung Lösungen – und die große Chance, das Tempo bei der energetischen Ertüchtigung des Gebäudebestands in Deutschland zu beschleunigen. Auch wenn sich nicht alle Gebäude für eine serielle Sanierung eignen, ist das Potenzial doch enorm: Nach bisherigen Portfolioanalysen sind 30 % aller Mehrfamilienhäuser perfekt für eine serielle Sanierung geeignet. Hinzu kommen 15 %, bei denen der innovative Modernisierungsansatz technisch möglich ist, sich derzeit aber noch nicht immer wirtschaftlich umsetzen lässt oder regulatorische Hemmnisse bestehen bzw. vereinfachte Finanzierungsmöglichkeiten fehlen.

Die Vorteile serieller Sanierung liegen in der Kombination von digitaler Planung, standardisierten Prozessen sowie der Vorfertigung von Fassaden-, Dachelementen und Energiemodulen. Dabei werden Gewerke zusammengelegt und ein Großteil der Arbeiten von der Baustelle ins Werk verlagert. Dadurch haben Wohnungsunternehmen einen deutlich geringeren Abstimmungsaufwand und Planungssicherheit.

Neben der Einfachheit ist Schnelligkeit ein großes Plus dieses innovativen Modernisierungsansatzes. Denn während bei der herkömmlichen energetischen Sanierung rund 90 % der Arbeiten manuell und kleinteilig auf der Baustelle erfolgen, müssen die vorgefertigten Elemente vor Ort nur noch montiert werden. Es sind also nicht nur weniger Fachkräfte erforderlich, mit denen mehr Bestandsgebäude in kürzerer Zeit klimaneutral erneuert werden können. Im Idealfall können auch die Prozesse auf der Baustelle von mehreren Monaten auf wenige Wochen reduziert werden. Darüber hinaus lassen sich serielle Sanierungen aufgrund der relativ geringen Beeinträchtigungen und kurzen Umsetzungszeit vor Ort meistens im bewohnten Zustand durchführen.

Bild 1: *Vorteile der seriellen Sanierung (Quelle: dena/Heimrich & Hannot)*

[1] dena-Gebäudereport 2022: www.dena.de/infocenter/dena-gebaeudereport-2022 (Stand: 14.11.2025)

Bild 2: *Serielle Sanierungen lassen sich gut im bewohnten Zustand durchführen. (Quelle: Energiesprong Global Alliance)*

Wirtschaftlichkeit

Die Investitionen der Wohnungswirtschaft refinanzieren sich größtenteils durch die Modernisierungsumlage, zinsgünstige Kredite und Tilgungszuschüsse im Rahmen der BEG-Förderung sowie durch Einsparungen bei der Instandhaltung. Zusätzliche Einnahmen sind durch die Erzeugung regenerativer Energie sowie Mieteinnahmen etwa durch die Kombination mit Aufstockung möglich. Kostensenkend wirken sich schon jetzt die schnelle Umsetzung vor Ort, eine gute Qualität und die bereits erwähnte Planungssicherheit aus. Aktuelle Projektauswertungen zeigen, dass aufgrund der detaillierten und integrierten Planung wenige bis keine Nachträge entstehen. Hinzu kommen die Wertsteigerung bzw. der Werterhalt der Immobilie aufgrund moderner, vereinfachter und zuverlässiger Gebäudeinstandhaltung, CO_2-Kosteneinsparung sowie perspektivisch weiter sinkende Produktionskosten.

Eine aktuelle Evaluation[2] des dena-Kompetenzzentrums Serielles Sanieren zeigt, dass serielle Sanierungsprojekte seit den Pilot-Projekten wirtschaftlicher geworden sind und sich die Baustellenzeiten verkürzt haben. Ausgewertet wurden 14 fertiggestellte Projekte sowie ein weiteres, das kurz vor Abschluss stand. Es handelt sich um ein Einfamilienhaus und Mehrfamilienhäuser unterschiedlicher Größe mit bis zu 198 Wohneinheiten. Bei 86 % der Gebäude wurde EH 55 EE realisiert, bei den verbleibenden 14 % EH 40. Die Daten wurden anonym von den Projektpartnern bereitgestellt.

Die Kosten sind im Erhebungszeitraum ab 2020 um rund ein Drittel gesunken. Die Baustellenzeiten halbierten sich durchschnittlich von 14 auf sieben Wochen.

Entscheidende Einflussfaktoren für die Kostensenkungen sind Projektgröße und Wiederholungseffekte. Standardisierung in Planung und Prozessen lässt Kosten zusätzlich sinken und beschleunigt die Abläufe. Während der Baukostenindex im Auswertungszeitraum um 40 % stieg, sanken die Kosten für serielle Sanierungen mit gleichem Leistungsumfang um rund ein Drittel.

Nachhaltigkeit

Serielles Sanieren eröffnet zudem neue Wege, Klimaschutz mit bezahlbarem Wohnen zu vereinen. Denn viele Umsetzungen im Bereich Mehrfamilienhaus zeigen, dass die Energieeinsparung von rund 90 % die Anhebung der Nettokaltmiete nahezu ausgleicht bzw. die resultierende Warmmietenerhöhung vergleichsweise gering ist.

An Zukunftsfähigkeit gewinnt serielles Sanieren zusätzlich durch den Einsatz nachhaltiger Materialien sowie zirkuläre Ansätze, die zu einer erfolgreichen Ressourcenschonung und Emissionssenkung führen.

Bild 3: *Verlinkung auf: Evaluation serielle Sanierung[3] (Quelle: dena)*

[2] Oktober 2025

[3] www.energiesprong.de/news-downloads/news/news-details/marktueberblick-serielle-sanierung (Stand: 24.10.2025)

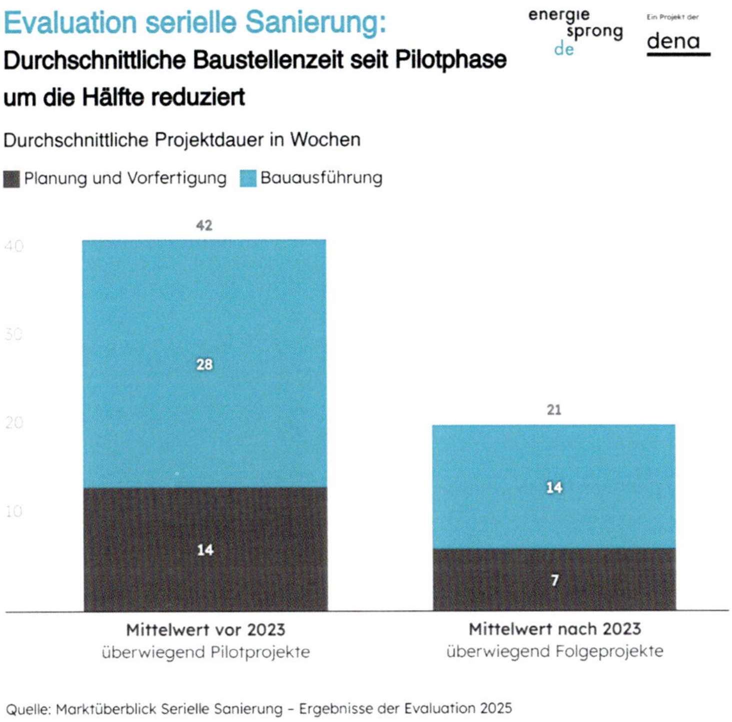

Bild 4: *Evaluation serielle Sanierung: Durchschnittliche Baustellenzeit (Quelle: dena)*

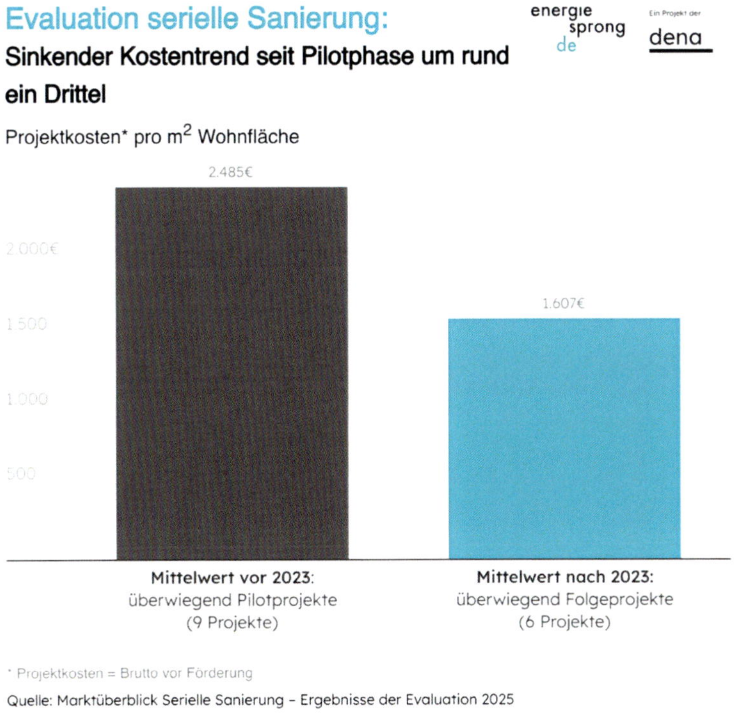

Bild 5: *Evaluation serielle Sanierung: Kostenentwicklung (Quelle: dena)*

Ein Marktüberblick

Die beschleunigte Marktentwicklung für serielle Sanierungslösungen wurde von der dena (Deutsche Energie-Agentur) im Jahr 2017 im Auftrag des Bundeswirtschaftsministeriums gestartet, gemeinsam mit einem engagierten Branchennetzwerk. Aufbauend auf einigen frühen, visionären Projekten und dem in den Niederlanden entwickelten Energiesprong-Prinzip hat sich inzwischen ein dynamisch wachsender Markt entwickelt: Im Mehrfamilienhausbereich wurde die Pilotphase für serielle Sanierungslösungen bereits erfolgreich abgeschlossen. Zahlreiche Wohnungs- und Bauunternehmen sowie Architektur- und Planungsbüros haben einen breiten Erfahrungsschatz aufgebaut, der in kontinuierlich weiterentwickelten Lösungen aufgegangen ist – bereit für den Roll-out. Mittlerweile sanieren Wohnungsunternehmen ganze Quartiere mit mehreren Tausend Wohneinheiten seriell: darunter die GEWOBAU Erlangen, Wohnungsbaugesellschaft der Stadt Erlangen mbH, Vonovia SE, LEG IMMOBILIEN SE, die Rheinwohnungsbau GmbH und die Beamten-Wohnungs-Baugenossenschaft eG in Düsseldorf, die Tuttlinger Wohnbau GmbH sowie die GBO Gemeinnützige Baugesellschaft mbH in Offenbach. Zudem wurde das Konzept auf weitere Gebäudetypen wie Schulen, Kitas sowie Ein- und Zweifamilienhäuser übertragen.

Bis Ende September 2025 wurden insgesamt 135 serielle Sanierungsprojekte fertiggestellt, 73 sind derzeit im Bau und 254 weitere befinden sich in unterschiedlichen Planungs- und Vorbereitungsphasen. Auf das Mehrfamilienhaussegment entfallen davon 65 abgeschlossene Projekte mit 1.484 Wohneinheiten, im Bau befinden sich 47 Vorhaben mit knapp 2.000 Wohneinheiten und 170 Projekte bzw. annähernd 18.000 Wohneinheiten sind in Planung und Vorbereitung.

Auf Anbieterseite sind derzeit über 500 Unternehmen im seriellen Sanieren aktiv, darunter 50 Gesamtlösungsanbieter, Komponentenhersteller und Digitalisierungsdienstleister sowie Architektur- und Ingenieurbüros.

Einen guten Überblick über modulare Lösungen verschafft ein neu erschienener Energiesprong-Produktkatalog. Er wurde gemeinsam erstellt vom dena-Kompetenzzentrum Serielles Sanieren und 40 Partnerunternehmen sowie Fachakteuren aus Wohnungswirtschaft, Industrie und Planung.

***Bild 1:** Überblick über serielle Sanierungsprojekte, Stand September 2025; MFH = Mehrfamilienhaus, NWG = Nichtwohngebäude, EFH = Einfamilienhaus (Quelle: dena/Energiesprong DE)*

Auf 80 Seiten präsentieren 15 Unternehmen ihre standardisierten Systeme – von technischen Parametern wie U-Wert über Materialaufbau und Dicke bis hin zu Installationsbedingungen und Nachhaltigkeitsaspekten. Neben Unternehmensdarstellungen und Produktbeschreibungen bieten visuelle Elemente wie Schnittzeichnungen, Produktbilder und Referenzobjekte eine praxisnahe Orientierung. Die erste Auflage fokussiert sich auf die Darstellung von Fassadenlösungen, weitere Kapitel zu Technischer Gebäudeausstattung (TGA) und Dachlösungen folgen in späteren Ausgaben.

Bild 2: *Verlinkung auf Wegweiser Wohnungswirtschaft*[1] *(Quelle: dena)*

Die beschleunigte Marktentwicklung ist auch auf die Einführung des 15-prozentigen Bonus im Rahmen der Bundesförderung effiziente Gebäude (BEG) Anfang 2023 durch das Bundesministerium für Wirtschaft und Energie (BMWE) zurückzuführen. Damit wurde der Weg für eine breite serielle Sanierungswelle bereitet. Bis 2022 hatte der Anteil serieller Sanierungen bei nicht einmal 2 % an sämtlichen KfW 55- und 40-Sanierungen gelegen. Seit dem Start des BEG-Bonus machen serielle Sanierungen nach gut zwei Jahren mehr als das Zehnfache, sprich über 20 %, aus. Dank des Bonus bewegen sich serielle Sanierungslösungen bei deutlich schnellerer Umsetzung und höherer Qualität bereits heute auf dem Kostenniveau konventioneller energetischer Modernisierungen.

Es ist zu erwarten – eine verlässlich verstetigte Förderung vorausgesetzt –, dass die Kosten serieller Sanierung perspektivisch unter das Niveau herkömmlicher Lösungen sinken können, da die Weiterentwicklung innovativer vorgefertigter Sanierungsprodukte und vor allem der aktuelle Nachfrageschub kostensenkend wirken und bei größeren Projekten und höheren Stückzahlen die erhofften Skaleneffekte anfangen zu greifen.

So wird ein schneller Markthochlauf möglich, mit dem bis 2045 mindestens 25 Mio. Tonnen CO_2 pro Jahr eingespart und die Sanierungsrate deutlich gesteigert werden kann.

[1] www.energiesprong.de/news-downloads/downloads/downloads-detail/wegweiser-wohnungswirtschaft (Stand: 14.11.2025)

Der Ablauf serieller Sanierung

Die Portfolioanalyse

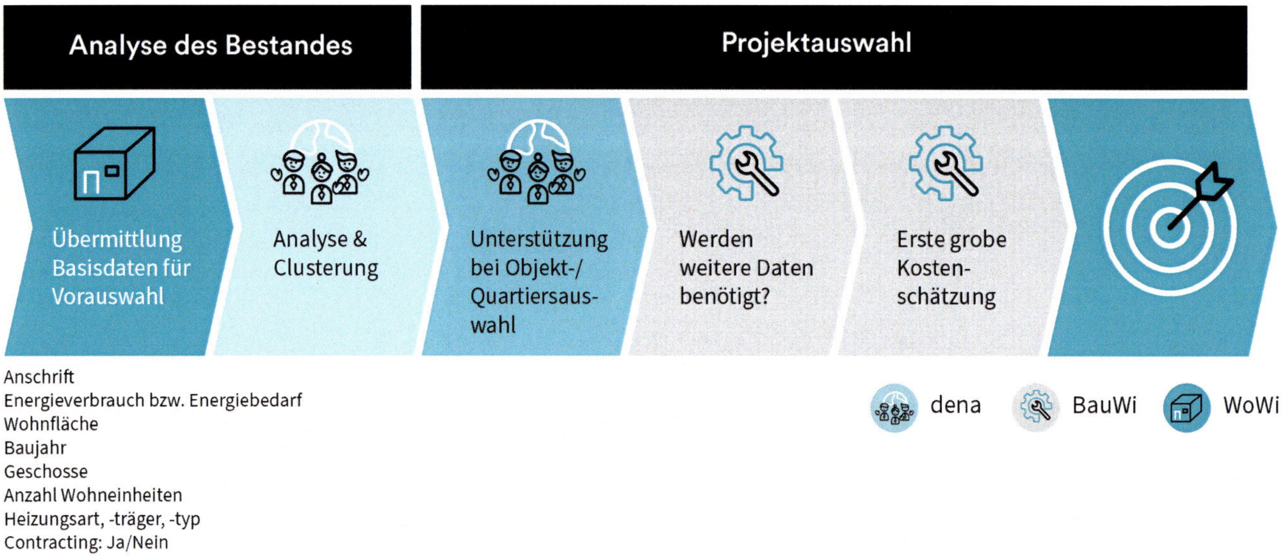

Bild 1: *Ablauf einer Portfolioanalyse (Quelle: dena/Heimrich & Hannot)*

Um eine Sanierungsstrategie für den eigenen Bestand zu entwickeln, ist eine ausführliche Portfolioanalyse unabdingbar. Sie bildet die Basis für die weitere Planung und unterstützt durch eine erste Kostenabschätzung bei zukünftigen Investitionsentscheidungen. Anhand relevanter Kriterien kann untersucht werden, welche Gebäude sich besonders gut für eine serielle Sanierung eignen. Dafür werden umfangreiche, in der Regel fein aufgelöste Daten von Gebäuden und ihrem Verbrauch herangezogen. Sollten diese nicht vorliegen, können zahlreiche Dienstleister und ein breites Angebot an digitalen Tools weiterhelfen. In der Regel reicht zunächst die Adresse einer Immobilie. Mithilfe öffentlich zugänglicher Daten, Statistik und Künstlicher Intelligenz lässt sich daraus eine Datenbasis generieren, die eine hinlängliche Näherung an die tatsächliche Bestandssituation von 75 bis 90 % aufweist – einschließlich der Chancen und Risiken.

Für die Übermittlung der Basisdaten liegen im Optimalfall folgende Informationen vor:

- Anschrift
- Energieverbrauch bzw. Energiebedarf
- Wohnfläche
- Baujahr
- Geschosse
- Anzahl Wohneinheiten
- Heizungsart, -träger, -typ
- Contracting: ja/nein

Die Einschätzung, welche Teile eines Portfolios für eine serielle Sanierung infrage kommen, erfordert Expertise und Erfahrung. Als erste Anlaufstelle rund um die serielle Sanierung unterstützt das Kompetenzzentrum Serielles Sanieren bei der dena relevante Akteure wie Wohnungsunternehmen, Bestandshaltende und Eigentümer kostenlos bei der Portfolioanalyse und der Ermittlung passender Gebäude. Und sollte bereits eine CO_2-Roadmap vorliegen, kann das Ergebnis der seriellen Sanierungsanalyse problemlos darin integriert werden.

Bereits umgesetzte Projekte zeigen, dass eine größere Anzahl baugleicher Gebäude erfahrungsgemäß zu wirtschaftlichen Sanierungen führen kann. Deshalb empfiehlt es sich, Gebäudetypen zu clustern und serielle Sanierungen auf Quartiersebene anzugehen. Die bereits erwähnte GEWOBAU Erlangen etwa hat im Juli 2025 die serielle Sanierung des Heinrich-Hertz-Quartiers mit sechs Mehrfamilienhäusern und 132 Wohnungen im Stadtteil Bruck abgeschlossen. Zusammen mit einem weiteren Quartier in Erlangen-Süd mit 23 Mehrfamilienhäusern und 475 Wohneinheiten, dessen Abschluss für das kommende Jahr geplant ist, handelt es sich um das bislang größte Sanierungsvorhaben dieser Art in Deutschland.

Da im Wohngebäudebereich auf die sog. Worst Performing Buildings (WPB) – die i. d. R. zu den schlechtesten Energieeffizienzklassen gehören – rund die Hälfte der CO_2-Emissionen zurückgeht, sollten diese bei einem größeren Bestand grundsätzlich als Erstes seriell saniert werden.

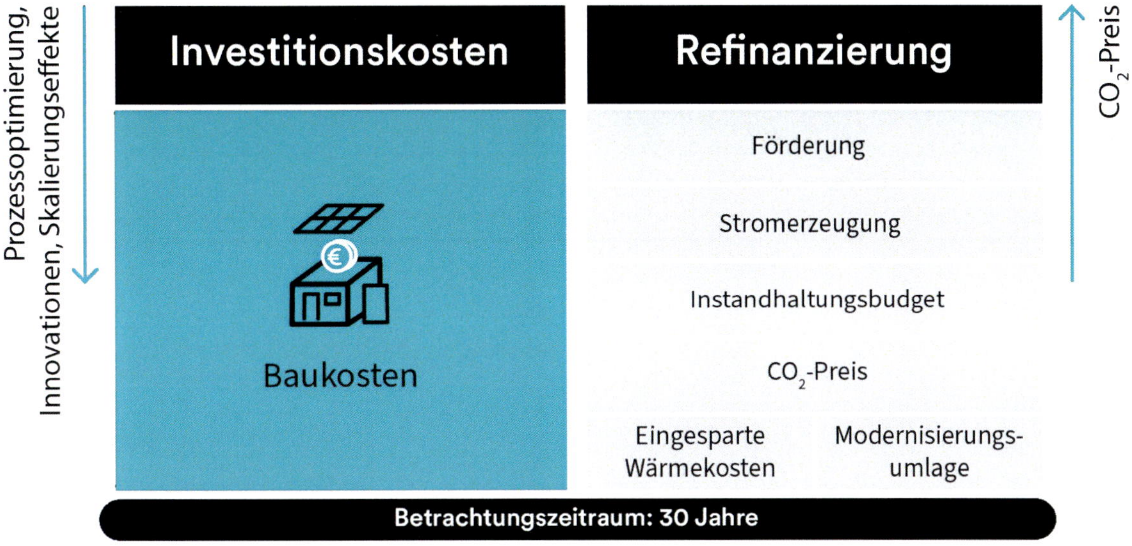

Bild 2: *Wirtschaftlichkeitsbetrachtung (Quelle: dena/Heimrich & Hannot)*

So lassen sich sehr schnell große Mengen an Energie und Treibhausgas einsparen.

In Deutschland gibt es rund 500.000 Mehrfamilienhäuser mit 3 Mio. Wohnungen, die zu den WPB zählen. Wenn davon ca. 1,8 Mio. Wohneinheiten bis 2045 saniert werden, liegt das Volumen bei derzeit geschätzten mindestens 120 Mrd. Euro.

Planung

Die serielle Sanierung folgt einer industriellen Logik, ohne die Besonderheit eines Gebäudes aus dem Blick zu verlieren, was den grundlegenden Unterschied zur klassischen Sanierung und seriellen Fertigung im Neubau ausmacht. Zunächst wird der Bestand durch millimetergenaue 3D-Scans vollständig aufgenommen und in ein Punktwolkenmodell als digitale Basis für die serielle Sanierung überführt. Daraus entsteht – gegebenenfalls unter Einbeziehung ergänzender Dokumente – ein sogenanntes As-Built-Modell bzw. digitales Bestandsmodell. Es bildet die Grundlage für das Sanierungskonzept, das in enger Zusammenarbeit von Architekten, Ingenieuren, Fertigungsplanenden, Montageleitenden und weiteren Fachleuten entwickelt wird. Währenddessen werden zentrale Planungsentscheidungen getroffen und verschiedene Performance-Simulationen durchgeführt – etwa zu Energie, Wärme, Tageslicht, Feuchte, Statik, Akustik und Brandschutz ebenso wie zu Produktion, Logistik und Montage.

Das interdisziplinäre Team entscheidet daraufhin über die Sanierungsstrategie, legt fest, wie neue Bauteile mit dem Bestand verbunden werden, und definiert sämtliche Schnittstellen – z. B. jene, wo ein neues Fassadenelement auf eine bestehende Decke trifft oder ein vorgefertigtes Fenster in eine vorhandene Öffnung eingesetzt wird.

Diese Faktoren beeinflussen sich gegenseitig und wirken sich nicht nur auf die Planung aus, sondern bestimmen auch, wie einzelne Bauteile letztlich produziert, transportiert und vor Ort montiert werden. Deshalb müssen sämtliche praxisrelevanten Aspekte von Beginn an gemeinsam durchdacht und geplant werden.

Sobald die Konzeptionsphase abgeschlossen und die Sanierungsstrategie final abgestimmt und freigegeben ist, folgt die detaillierte Ausführungsplanung. Diese umfasst neben Werk- und Montagezeichnungen Toleranztabellen und Schnittstellenspezifikationen sowie Verpackungs- und Transportvorgaben einschließlich Schritt-für-Schritt-Anleitungen für die Montage auf der Baustelle.

Fertigung

Was digital geplant wurde, bildet die Grundlage für den automatisierten Fertigungsprozess der Elemente im Werk. Dieser hält sich an enge Toleranzbänder – jedes Bauteil muss in einem festgelegten Größenbereich liegen, um vor Ort passgenau montiert werden zu können. Fassadenteile werden millimetergenau inklusive Dämmung, Fenster, sommerlichem Wärmeschutz und häufig schon mit der Witterungsebene vorproduziert.

Je nach Projekt können auch Anlagentechnikmodule vorgefertigt werden, die bereits fertig installierte Komponenten wie Wärmepumpen, Warmwasserspeicher, Lüftungsanlage mit Wärmerückgewinnung sowie Elektronik für Photovoltaik und Monitoring enthalten.

Jedes Modul wird maßangefertigt und passt nur an einer bestimmten Stelle des Gebäudes. Auf diese Weise können Fassaden- und Dachelemente – in die bereits eine Photovoltaikanlage integriert sein kann – in verschiedenen Abmessungen und für unterschiedliche Befestigungsmechanismen hergestellt werden.

Bevor die Anlagentechnik als Gesamteinheit und die bis zu 12 m langen, geschosshohen Fassadenmodule und Dachelemente per Tieflader zur Baustelle transportiert werden, wird alles einer Qualitätskontrolle unterzogen. Die Logistikplanung wiederum berücksichtigt alle relevanten Faktoren: Maße, Gewicht und die Notwendigkeit für eine Kranstellung oder Hebetechnik sowie die Reihenfolge der Montage.

Während der Planung und Fertigung werden die Voraussetzungen geschaffen, die eine serielle Sanierung besonders schnell, effizient und wirtschaftlich machen. Zudem werden Fehler früh erkannt, Materialflüsse optimiert, die Logistik effizient gestaltet, Abfall reduziert und Projektlaufzeiten sowie Kosten besser prognostizierbar.

Ausführung

Die Montage vor Ort ist der entscheidende Abschluss und weit mehr als das „Anschrauben" von Bauteilen: Das speziell geschulte Montageteam folgt einem zentral abgestimmten Montageplan, der sämtliche Schritte und Toleranzen vorgibt. Die vorgefertigten Module werden per Baukran oder Hubsteiger in ihre Position gebracht und können teilweise sogar ohne Gerüst montiert werden. Enthaltene relevante Schnittstellen – ob Fassadenelement, Fenster oder Leitungstrasse – werden im Rahmen einer Qualitätssicherung nochmals geprüft. Damit wird gewährleistet, dass alles wie geplant zusammenpasst, Störungen für die Nutzer verringert und eine schnelle Ausführung ermöglicht wird. Pro Tag sind 250 m^2 Fassadenfläche bei einfacher und 150 m^2 bei aufwendiger Kubatur ein realistisches Arbeitspensum. Sind mit konventionellen Verfahren je nach Gebäudetyp und -größe mehrere Monate erforderlich, um eine Fassade zu dämmen, sind es bei der seriellen Sanierung wenige Wochen. Währenddessen können die Bewohner in den Häusern verbleiben, wo sie den Belastungen durch die Baustelle für ein vergleichsweise kleines Zeitfenster ausgesetzt sind.

Betrieb und Überwachung

Nach Abschluss der Arbeiten wird das Gebäude als Bestandsmodell dokumentiert. Falls erforderlich, können daraus ein oder mehrere „digitale Zwillinge" des Gebäudes erstellt werden, Modelle zur kontinuierlichen Überwachung von Energieverbrauch, Betrieb und Wartung in Echtzeit. Bei größeren Portfolios helfen KI-gestützte Tools, die Daten zu verarbeiten und zu priorisieren, und das Wesentliche im Blick zu behalten.

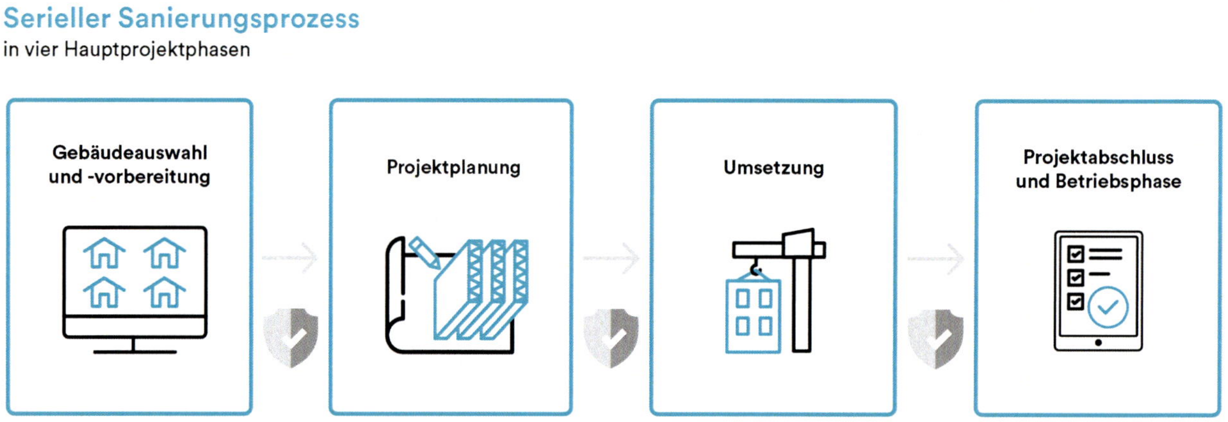

Bild 3: *Sanierungsprozess (Quelle: dena/Heimrich & Hannot)*

Förderungen und Unterstützung

Interessierte, die ein Gebäude oder ein Quartier seriell sanieren möchten, können Kontakt zum dena-Kompetenzzentrum Serielles Sanieren aufnehmen. Die dena treibt die Marktentwicklung serieller Sanierungen seit 2017 im Auftrag des Bundesministeriums für Wirtschaft und Energie (BMWE) voran. Dafür initiiert, koordiniert und unterstützt ein Team von rund 30 Expertinnen und Experten gemeinsam mit regionalen Partnern Lösungen nach dem Energiesprong-Prinzip für Ein- und Mehrfamilienhäuser sowie für Nichtwohngebäude. Schwerpunkte sind einerseits die Vernetzung und Beratung von Akteuren der Immobilien- und Baubranche wie Wohnungsunternehmen, öffentliche oder private Bestandshaltende, Bauunternehmen, Hersteller, Architektur- bzw. Planungsbüros oder weitere Innovationstreibende. Andererseits erhalten sämtliche Beteiligte Unterstützung bei der Durchführung neuer Sanierungsprozesse, der Konzeptentwicklung und der Umsetzung von Projekten, der Weiterentwicklung serieller Lösungen sowie der Stärkung des Wissenstransfers untereinander.

Das Angebot für Wohnungsunternehmen beispielsweise reicht von der Unterstützung bei der Portfolioanalyse, der Beantragung von Fördermitteln und der Baupartnersuche über die Vertragsgestaltung, Planung und Realisierung serieller Sanierungsprojekte bis zur Evaluierung und zum Monitoring. Sämtliche Beratungsleistungen sind kostenlos.

Bundesförderung effiziente Gebäude

Finanzielle Unterstützung bietet die Bundesförderung effiziente Gebäude (BEG). Hier erhalten Wohnungsunternehmen einen Bonus von 15 % für serielle Sanierungen, wenn das Gebäude nach der Sanierung den Effizienzhausstandard 55 oder 40 erreicht. Die Förderung setzt sich zusammen aus zinsgünstigen KfW-Krediten von bis zu 150.000 EUR pro Wohneinheit. Diese liegen unter den marktüblichen Zinskonditionen. Darüber hinaus gewährt die KfW Tilgungszuschüsse, die sich im günstigsten Fall mit dem Bonus auf 45 % summieren. Das entspricht einer Förderung von max. 67.500 EUR pro Wohneinheit.

Weitere Informationen zur Begleitung durch die dena und Fördermöglichkeiten auf www.energiesprong.de.

Bild 1: *(Quelle: dena)*